Python ではじめる ゲーム制作 超入門

廣瀬 豪 著

インプレス

本書情報および正誤表のWebページ

正誤表を掲載した場合、以下の本書情報ページに表示されます。

https://book.impress.co.jp/books/1122101052

はじめに

本書は、**プロのゲームクリエイターがやさしく解説する、ゲーム制作&プログラミングの入門書**です。

ゲームを自作するには、プログラミングやゲーム制作の知識に加えて、ゲームのアルゴリズムを組むための数学の知識も必要不可欠です。そこで、**ゲーム作りやプログラミングが初めて**という方に向けて本書を執筆しました。Pythonという学びやすいプログラミング言語を使って、ゲームを作りながら**プログラミングの基礎知識**、**ゲームの制作方法**、そして**ゲーム作りに必要なアルゴリズムや数学**を無理なく学べる内容になっています。

数学という言葉が出たとたん、「難しそう」「自分には無理」と思う方もいるかもしれませんが、心配は無用です。中学校から高等学校で学ぶ数学の中の、ゲーム作りに必要な知識を使って、簡単に作れるものから徐々に難しいものへとゲーム制作を進めます。そのため、本書は**数学に苦手意識を持つ方でも、楽しみながら学べる・自然に理解できる**ように構成されています。

また、本書は**プログラミングの入門書**としても活用できます。日本の義務教育と高等教育でプログラミングが必修化されました。多くの大学でプログラミングが必修科目となり、AIやデータサイエンスに関する知識を、文理問わず、全生徒に教える大学も出てきました。さらに、社会人向けのプログラミング講座も盛んに開催されており、社員にプログラミングを学ばせることで、IT系の力を底上げしようとする企業も増えています。

今の時代、**プログラミングは学ぶ価値のあるもの**ということを疑う人はいないでしょう。学生の方は、本書で楽しみながら、プログラミング(やアルゴリズムと数学)を学ぶことができます。社会人の方は、ソフトウェア開発の世界で広く普及したPythonの知識や技術を、しっかり学ぶことができます。本書を読破されたとき、みなさんの力は確実に伸びていることでしょう。

廣瀬 豪

本書のサンプルプログラム

本書は、グラフィック素材（イラスト素材）を使ってゲームを制作します。素材と本書掲載のプログラムを次のURL（本書情報ページ）からダウンロードできます。

https://book.impress.co.jp/books/1122101052

ダウンロードしたファイルは、zip圧縮されています（PythonGameIntro.zip）。解凍してできるファイル群は、図Aのようなフォルダ構成になっています。zipの解凍方法は、下記「zipファイルの解凍方法」を参照してください。

Chapter1〜8およびAppendixA〜Bというフォルダに、各章で使う素材と本書掲載のプログラムが入っています。プログラミングに慣れるため、プログラムは、Pythonに標準で付属する統合開発環境の「IDLE」を使って、ご自身で入力されることをお勧めします。入力したプログラムが動かないときは、ダウンロードしたプログラムと見比べて、入力ミスがないかを確認しましょう。

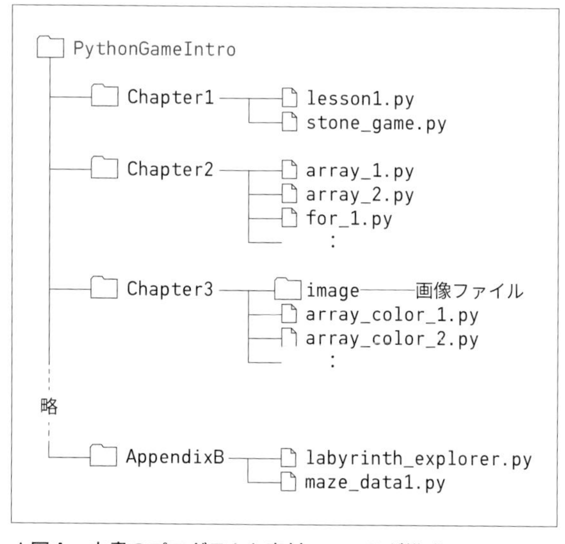

▲図A　本書のプログラムと素材のフォルダ構成

zipファイルの解凍方法

- Windows 11／Windows 10

ダウンロードしたzipファイルの上にマウスポインタを載せ、右クリックして［すべて展開］を選びます（図B）。解凍したフォルダを扱いやすい場所（たとえばデスクトップ）に移動するなどして、中身を確認しましょう。

Windows 11

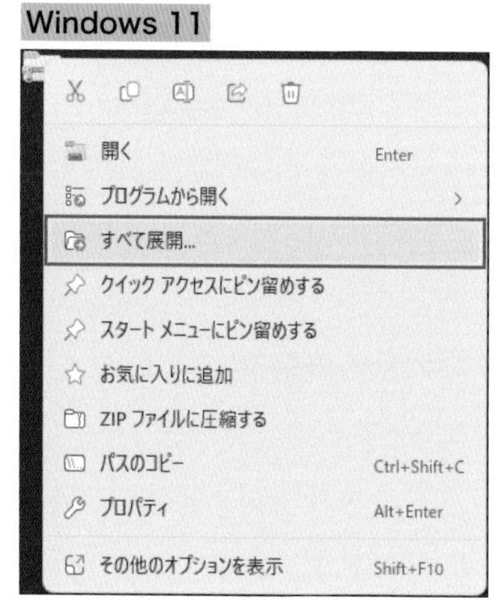

Windows 10

開く(O)
すべて展開(T)...
スタート メニューにピン留めする
共有
プログラムから開く(H)...
アクセスを許可する(G)
以前のバージョンの復元(V)
送る(N)
切り取り(T)
コピー(C)
ショートカットの作成(S)
削除(D)
名前の変更(M)
プロパティ(R)

▶図B
Zipファイル上で右クリックして［すべて展開］を選択

- Mac

ダウンロードしたzipファイルは、自動的に解凍されて使えるようになります。フォルダを扱いやすい場所（たとえばデスクトップ）に移動するなどして、中身を確認しましょう。

目次 | CONTENTS

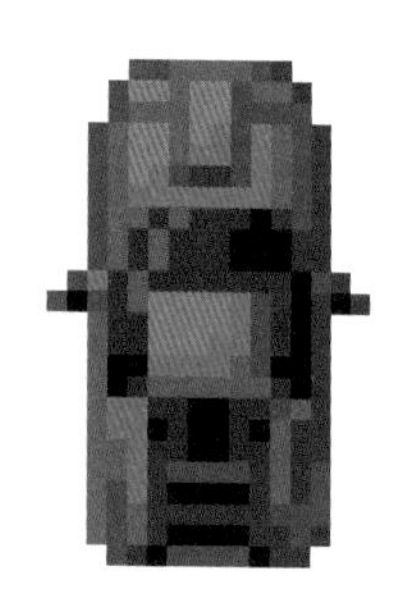

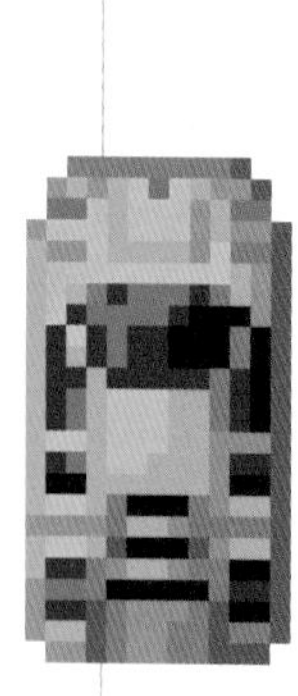

CHAPTER 8

APPENDIX A

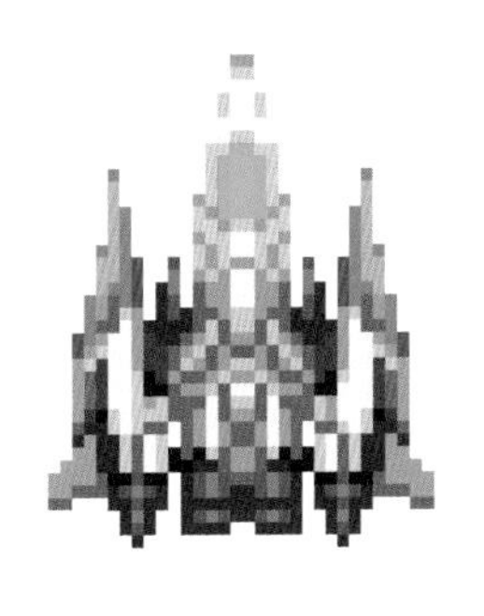

APPENDIX B

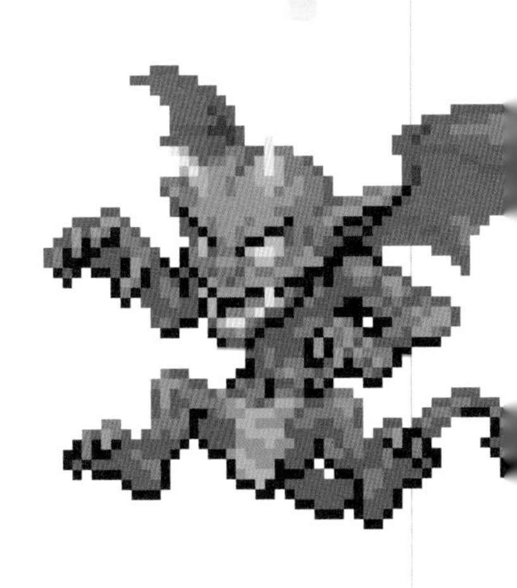

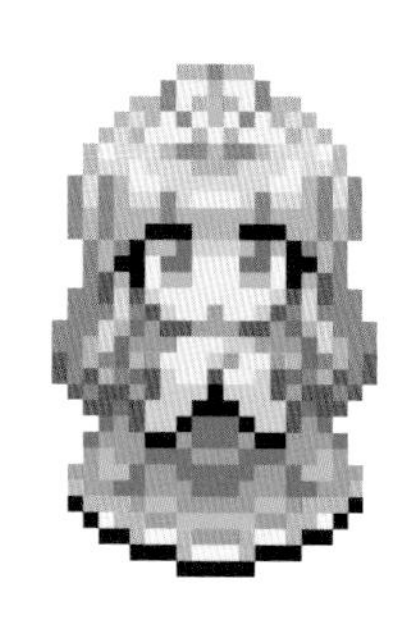

MEMO

COLUMN

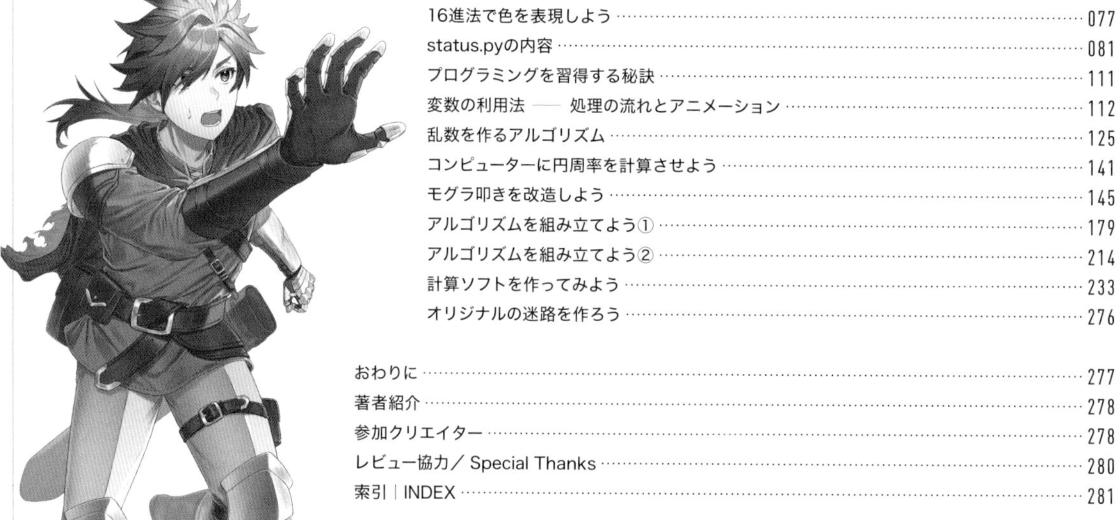

CHAPTER 1

ゲーム制作の仕組みを知ろう

この章では、コンピューターゲームのプログラムとはどのようなものかを説明し、プログラムと数学の関係について見ていきます。それから、Pythonをインストールする方法も説明し、プログラミングを始める準備をします。

Contents

何事もまずは準備からですね。

はい、師匠！がんばるぞ～。

1 ゲームの正体を知ろう

はじめにスマートフォンのゲームアプリや家庭用ゲーム機のゲームソフトの中身は、どうなっているのかを説明します。この節を読むことで、コンピューターのプログラムとはどのようなものかわかるはずです。それを知っておけば、この先で学ぶことが理解しやすくなるでしょう。ここで、コンピューターゲームやプログラムとは何かを考えてみましょう。

(1) コンピューター機器はプログラムで動いている

パソコン、スマートフォン、ゲーム機などで遊ぶコンピューターゲームは、単に**ゲーム**と呼ばれることが多く、本書でもゲームと呼びます。ゲームの正体を知るために、ハードウェアとソフトウェアについての話からはじめましょう。

みなさんがお使いのパソコン、スマートフォン、ゲーム機などには電子回路が組み込まれており、その中で様々なプログラムが動いています。それらのコンピューター機器は**ハードウェア**（略してハード）と呼ばれます。ハードウェアを制御し、ハードウェアに様々な処理をさせるものが**ソフトウェア**（略してソフト）です（図1-1）。

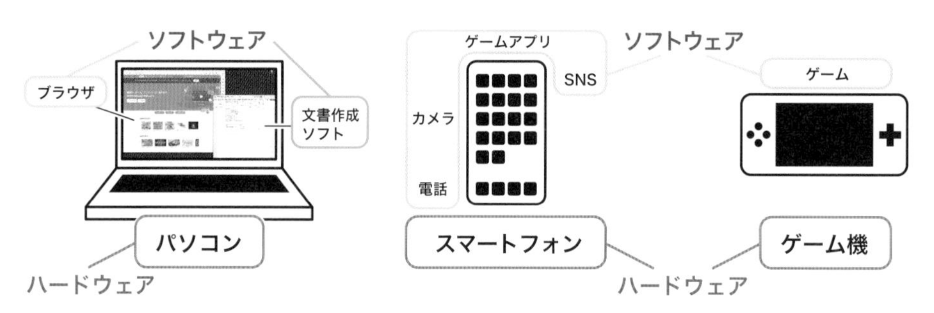

▲図1-1　ハードウェアとソフトウェア

たとえば、パソコンには、ホームページを閲覧するブラウザ、文書作成や表計算のソフトが入っています。スマートフォンには、電話を掛けるアプリや電卓アプリが入っています。SNSアプリを使ったり、ゲームアプリで遊ぶ方も多いことでしょう。ゲーム機では、様々なゲームソフトを遊ぶことができます。それらのソフトやアプリと呼ばれるものがソフトウェアです。

ゲームのような娯楽ソフトも仕事で使うビジネスソフトも、**ソフトウェアはすべてコンピューターのプログラムでできています。**プログラムを記述するには、**プログラミング言語**を使います。プログラミング言語とは、コンピューターに仕事をさせる（処理を命令する）ための言語です。有名なプログラミング言語には、C言語、C++、C#、Java、JavaScriptなどがあります。

本書では、Python（パイソン）というプログラミング言語を使います。Pythonは、ビジネスソフトの開発や学術研究の分野で広く使われるプログラミング言語です。公式サイトからダウンロードして無料で使うことができます。Pythonは数値計算に強く、AI（人工知能）の研究開発に使われることを、ご存じの方もいるでしょう。Pythonで高度なソフトウェアを開発できますが、記述ルールが簡潔で初心者が学びやすい言語でもあります。そのため、高校や大学など教育の現場でもPythonによるプログラミング学習が普及しています。

ここで1つ、みなさんに知っていただきたいことがあります。それは、**ハードウェアはソフトウェアがないと動かない**ということです。どんなに優れたコンピューター機器でも、勝手に動くことはなく、機器に仕事をさせるには、C言語やPythonなどのプログラミング言語で作ったプログラムが必要です。プログラムについては、この先で詳しく説明します。

C言語は1970年代に作られた歴史のあるプログラミング言語で、今も様々な開発に使われます。Pythonは1990年代初めに登場した言語です。

(2) ゲームの中身はどうなっている？

次に、ゲームというソフトウェアの中身は、どのようになっているのかを考えてみましょう（図1-2）。

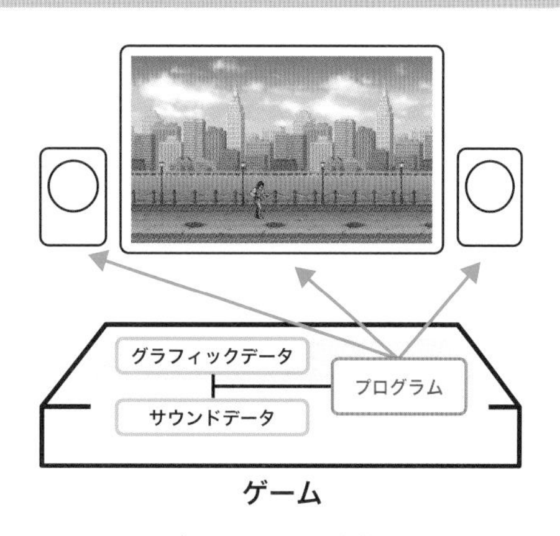

▲図1-2　ゲームソフトの中身

ゲームには、様々なキャラクターが登場します。色々な世界を冒険するゲームもあります。みなさんが操作する主人公、敵として登場するキャラクター、ゲームの世界を形作る背景などはグラフィックデータとしてゲームの中に入っています。

また、ゲームは場面ごとに雰囲気を盛り上げる**BGM**が流れ、操作に合わせて**SE**（サウンドエフェクト：効果音）が流れます。キャラクターがしゃべるゲームもあります。それらの音は、サウンドデータとしてゲームの中に入っています。

図1-2のように、ゲームは**プログラム**、**グラフィックデータ**、**サウンドデータ**で成り立っています。遊ぶ人の操作に応じてキャラクターを動かす、背景を表示する、音を鳴らすなどの処理を行うものがプログラムです。

この図では省略しましたが、セリフや物語などの**テキストデータ**が入っているゲームもあります。たとえば、会話シーンでキャラクターのセリフが表示されるゲームは、そのセリフがテキストデータとしてゲームの中に入っています。

画像や音を使わないゲーム、つまりプログラムだけでゲームを作ることもできますよ。

ボク、絵は苦手。作曲もできないけど、ゲームを作れるってことだね。

(3) プログラムとは？

ゲームは、プログラムで動いていることがわかりました。そのプログラムとは、具体的にどのようなものでしょう？　一言で表すと、**プログラムはハードウェアに処理を命じる指示書**です（図1-3)。

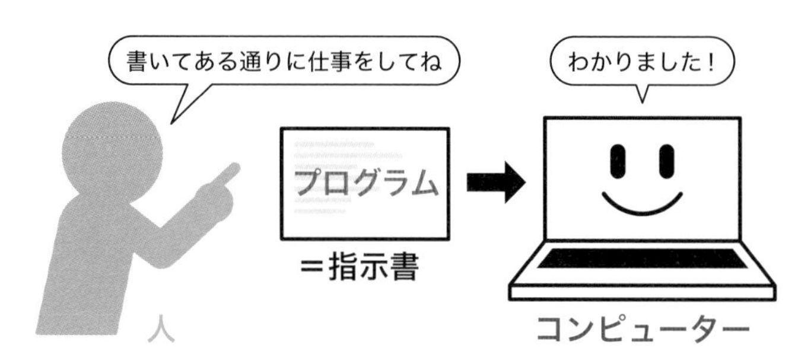

▲図1-3　プログラムは指示書

指示書とは何かは、ゲームで考えるとわかりやすいです。色々なジャンルのゲームがありますが、キャラクターをコントローラーで操るゲームを思い浮かべてみましょう（図1-4)。

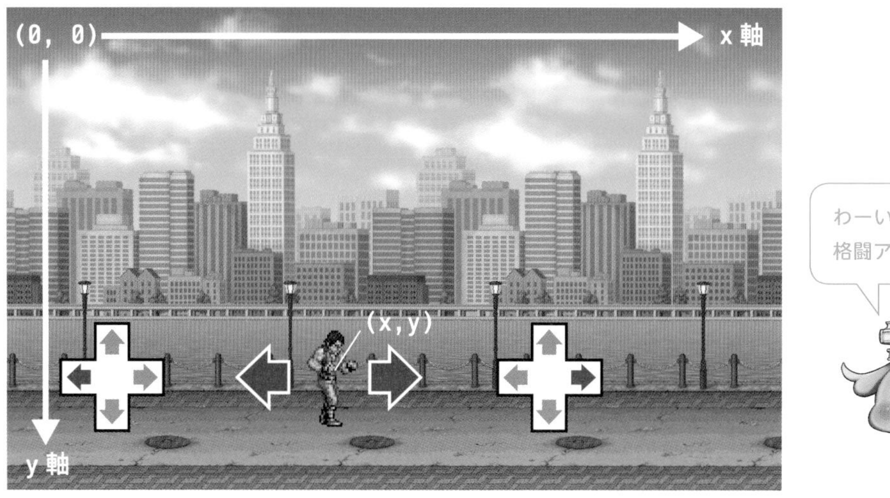

▲図1-4　主人公を操作するゲーム

主人公のキャラクターは左キーを押すと左に動き、右キーを押すと右に動きます。この処理は、プログラムで次のような指示を、ゲーム機というハードウェアに命令して実現しています。

プログラムによる指示の例（キャラクターの移動処理）

①キャラクターの座標を入れるxという箱と、yという箱※を用意せよ
②左キーが押されたらxの箱の中身を少し減らせ
③右キーが押されたらxの箱の中身を少し増やせ
④画面の(x, y)の位置にキャラクターを表示せよ

※この箱を変数と呼びます。変数は、第2章で説明します。

(4) プログラムの指示をCPUが理解する

プログラムの指示に従い、コンピューター機器の中にあるCPU(シーピーユー)と呼ばれる部品が様々な**計算**を行います。**CPU**はCentral Processing Unitの略で、日本語では**中央演算処理装置**と呼ばれます。その名の通り、コンピューター機器の中心的な役割を担っており、高速に計算（演算）する機能を持ちます（図1-5)。

CPUは計算結果に応じて、ハードウェアの各種の部品に指令を送ります。その指令によって、画面に映像が表示され、スピーカーから音声が流れます。

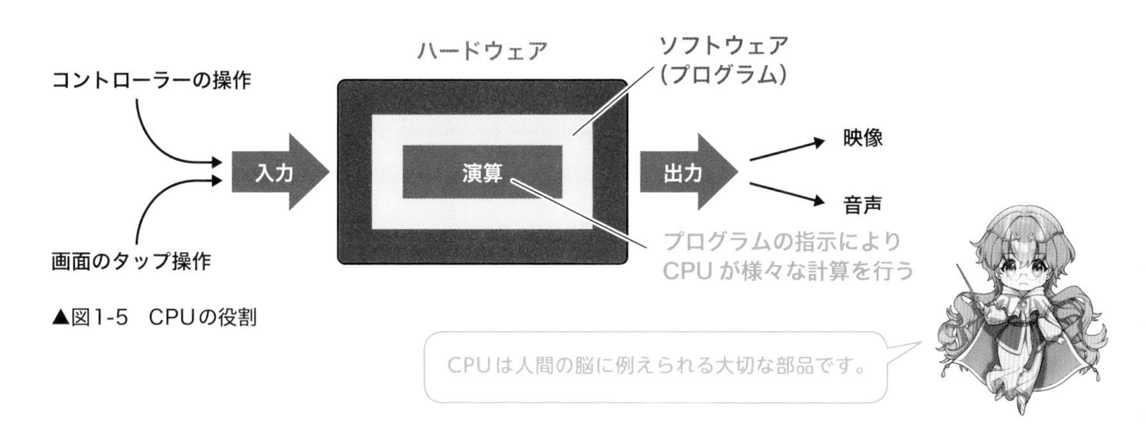

▲図1-5　CPUの役割

ゲーム機のコントローラーの操作や、スマートフォンの画面に触れる操作を**入力**といいます。画像や文章を表示することや、音を鳴らすことを**出力**といいます。

ここで出てきた「入力」「計算」「出力」という3つの言葉は、プログラムを作るうえでの大切なキーワードです。コンピューターで行う計算は**演算**と呼ばれることが多く、ここから先は計算を「演算」という言葉で説明します。

(5) コンピューターの基本機能「入力、演算、出力」

みなさんは、本書でゲームのプログラムを作りながら、数学の知識も学びます。プログラミングはハードウェアへの指示書作りですから、指示を出す相手（コンピューター）がどのような機能を持つか知っておくのは大切なことです。

コンピューターの基本機能は、先ほど出てきた入力、演算、出力です。コンピューターが行う基本的な処理は、**入力したデータを、演算で必要な形に変化させ、出力する**ことです。

ゲームも入力、演算、出力の流れで動いています。この処理の流れは、ゲームだけでなく、あらゆるソフトウェアに共通するものです。コンピューターに関する大切な知識として覚えておきましょう。

コンピューターの基本機能を知っておきましょう。

プログラミングで入力、演算、出力の処理の流れを作りますが、どのような流れを作るかは、完成を目指すソフトウェアの内容によって違います。本書では、複数のゲームを作りながら、各ゲームの制作に必要な知識と技術、そしてどのような処理を作ればよいのかを学んでいきます。

どんな流れを作ればゲームになるんだろう？

(6) コンピューターのもう1つの大切な機能 —— 記憶

入力、演算、出力の他に、コンピューターの大切な機能として**記憶**があります。記憶とは、ハードウェアの電源が入っている間、データを一時的に保持したり、電源を落としてもデータが残るように保存したりする機能のことです。

一時的なデータの保持は、CPU内にある記憶回路や、CPUにつながった**メインメモリー**（単にメモリーともいう）と呼ばれる部品が行います（図1-6）。永続的なデータの保存は、ハードディスク(HD)※1やSSD（ソリッドステートドライブ）、USBメモリなどの機器で行います※2。

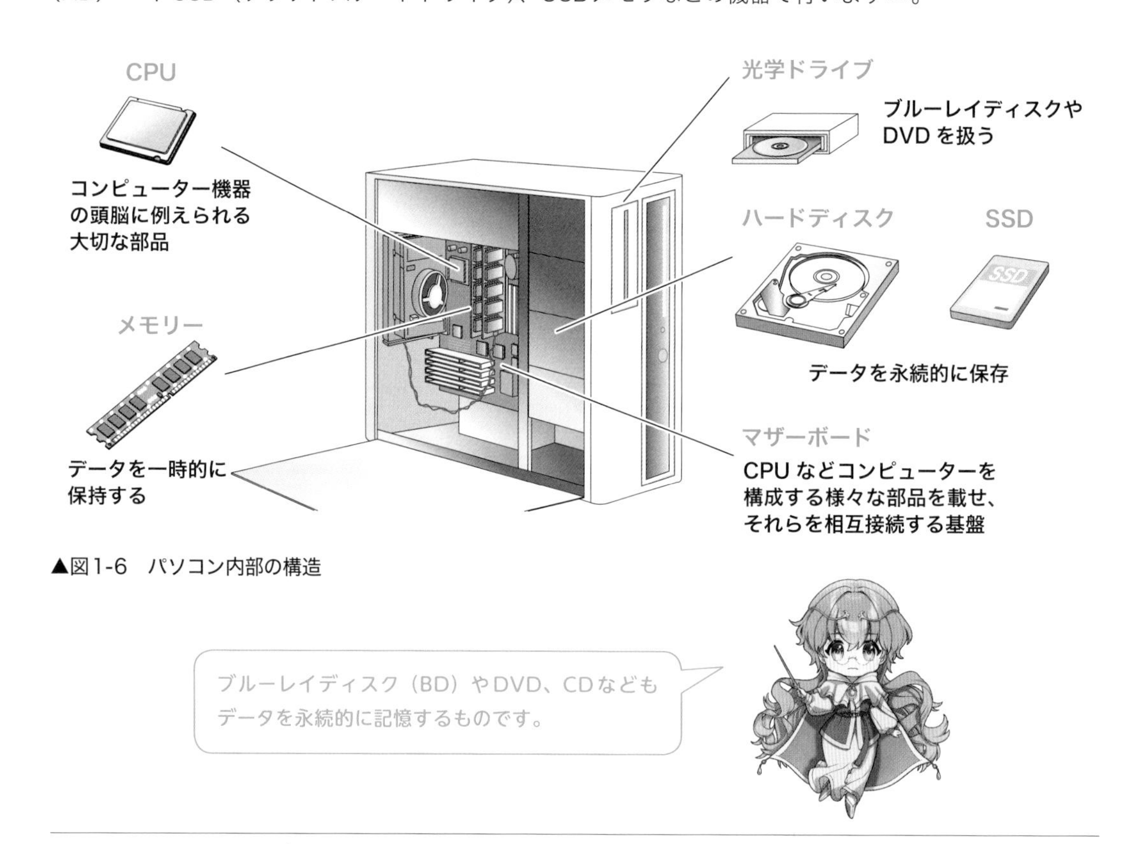
CPU
コンピューター機器の頭脳に例えられる大切な部品
メモリー
データを一時的に保持する
光学ドライブ
ブルーレイディスクやDVDを扱う
ハードディスク
SSD
データを永続的に保存
マザーボード
CPUなどコンピューターを構成する様々な部品を載せ、それらを相互接続する基盤
ブルーレイディスク（BD）やDVD、CDなども
データを永続的に記憶するものです。

▲図1-6　パソコン内部の構造

※1　ハードディスクドライブ（HDD）ともいいます。

※2　プログラミング言語には、ハードディスクなどにデータを書き込む命令がありますが、本書では扱いません。

COLUMN

広く使われているプログラミング言語は？

ソフトウェア開発の場で広く使われているプログラミング言語を紹介します。

C言語、C++（シープラスプラスまたはシープラプラ）

C言語は1970年代、C++は1980年代に作られた、歴史のあるプログラミング言語。企業のシステム開発、機器や機械の中で動くプログラム開発（組み込みシステムの開発）、ゲーム開発など、幅広い分野で使われます。

Java（ジャバ）

1990年代に登場した言語で、様々なハードでプログラムを動かせる仕組み（仮想マシン）を持つことが特徴。CやC++と同様に様々な開発に使われます。

JavaScript（ジャバスクリプト）

1990年代に登場した言語で、ホームページの裏側（ブラウザ上）で動きます。Webアプリの開発にも使われます。

C#（シーシャープ）

2000年代にMicrosoft社が開発した言語。Windows用のアプリ開発や、Unityというツールと組み合わせて様々な機器のアプリ開発に使われます。

Swift（スウィフト）

2010年代に登場した、Apple社の製品のプログラム開発に使われる言語。

VBA（ブイビーエー：Visual Basic for Applications）

Microsoft社のOfficeソフトの処理を制御できる言語。Excelなどの処理を自動化するプログラムを開発できます。

色々なプログラミング言語がありますね。
この本ではPythonを学ぶけど、次に何を学ぶか、迷っちゃうなぁ。

やる気があるのはよいことですが、ちょっと気が早いですね。これから学ぶPythonの知識が、他のプログラミング言語を学ぶときに役立ちます。まずはPythonをしっかり使えるようにしましょう。

CHAPTER 1 ゲーム制作の仕組みを知ろう

2 ゲームと数学の関係を知ろう

この節では、ゲームのプログラムと数学の関係について見ていきます。プログラミングと数学は密接な関係にあり、それを知っておくことは、この先の学習で役立ちます。数学といっても難しい話ではありませんので、気楽に読み進めてください。

(1) 体力を減らしたり、増やしたりする —— 変数

キャラクターに体力（HPやLIFEなど）が設定されているゲームがあります。主人公や仲間たちの体力は、大切な値です。ゲームによっては、敵のキャラクターにも体力があります。

体力などの値はプログラムでは、**変数**と呼ばれるものに入っています。変数は数値などのデータを入れておく箱のようなもので、ゲーム制作に限らず、ソフトウェアを作るときに必ず使います。変数をイメージで表すと、図1-7のようになります。

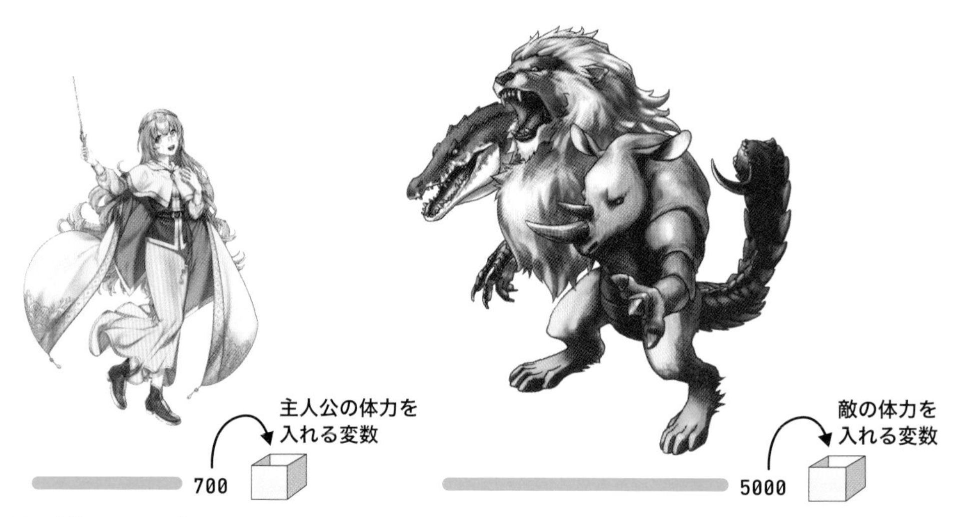

▲図1-7　変数のイメージ

特にボスの体力は重要な値ですね。倒すには攻撃を何度も当て、値をゼロにする必要がありますから。

いつかボスになるのがボクの夢～。

変数は第2章で学びますので、ここでは、**体力やスコアの値を保持しておく箱をプログラムで使う**と考えておきましょう。

プログラムの変数は、数学で使う変数と似たようなものです。プログラムでは、主人公がダメージを受けたら体力を減らす、回復アイテムを使ったら体力を増やすなどの計算を、変数の値を増やしたり減らしたりして行います。

プログラムの変数は数学と似た使い方をする他に、様々な処理を行うためにも使います。たとえば、プレイヤーがゲームをどこまで進めたかを管理する変数を用意し、値が1のときは「出発地点の町にいる」、値が2のときは「1つ目のダンジョンにいる」というように、ゲーム進行を管理するためにも使います。

(2) 敵が追いかけてくる —— 物体がどこにあるか（座標）

コンピューター画面の座標について、ゲームと数学の関係を交えて説明します。**座標**とは、直線上、平面上、空間内などで、物体がどこにあるかを示す値のことです。

たとえば、敵キャラが、プレイヤーが操作する主人公を追いかけてくるゲームを思い浮かべてください。主人公の体力が落ちているときに敵の群れが現れました。戦うには不利なので逃げても、敵キャラたちは執念深くあなたを追いかけてきます。このままではやられてしまいます！

そのような状況に出くわすと、敵キャラに意思があると感じることがあるかもしれません。実際には意思があるのではなく、キャラクターがそのような動きをするようにプログラミングされています。

では、敵キャラが主人公を追いかける仕組みは、どうなっているのでしょう？

その処理は、実は難しいものではありません。敵と主人公の座標の値を比べることで、敵をどちらに動かせばよいかを判断し、敵の座標を変化させます。この仕組みを、x軸上に敵と主人公がいると仮定して説明します（図1-8）。

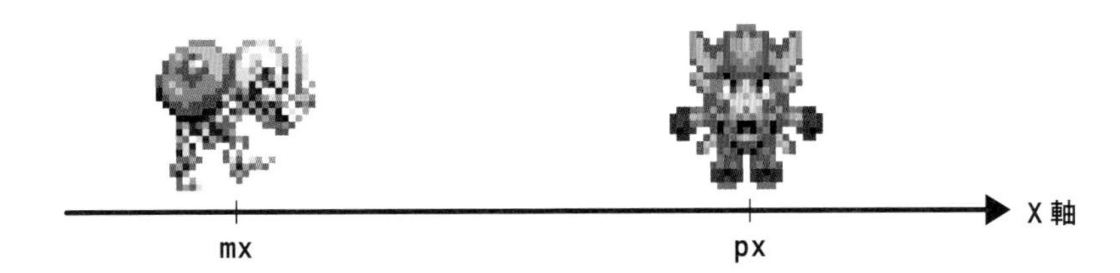

▲図1-8　キャラクターの座標 —— 単純な横への動き

敵はmx、主人公はpxという変数にx座標の値が入っているとします。mxはモンスター（monster）のxの値、pxはプレイヤー（player）のxの値と考えましょう。x軸の値は、プログラムでも数学でも、右に行くほど大きくなります。

敵が左、主人公が右にいるなら、mxの値はpxより小さく、大なり小なりの不等号で表すとmx < pxになります。このとき、mxの値を増やすと、敵は右に移動して主人公に近づきます。

主人公が左、敵が右にいるなら、変数の大小関係はpx < mx（あるいはmx > px）です。このとき、mxの値を減らせば、敵が主人公に近づきます。

(3) 近くにいる？　遠くにいる？
——ゲームの中に広がる世界（2次元平面）

座標について、もう少し考えてみましょう。図1-9のように、平面上に3種類のキャラクターがいるとします。緑のスライムは(mx_1, my_1)、紫のゴーストは(mx_2, my_2)、主人公は(px, py)の位置にいます。

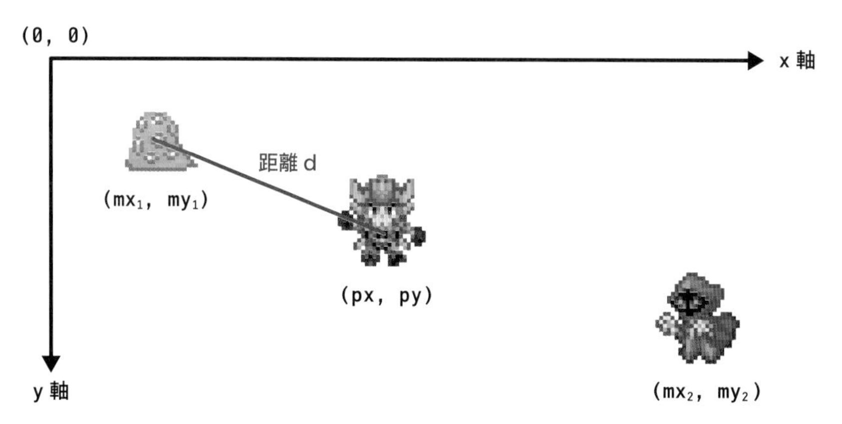

▲図1-9　キャラクターの座標——2次元平面

コンピューター画面における座標は、一般的に左上角が原点(0, 0)です。x軸は数学と同じ向きですが、**y軸は数学と逆で、下に行くほど値が大きくなります。**

敵は一定距離に近づくと主人公を追いかけ始めるとしましょう。それをプログラムで実現するには、主人公と敵がどれくらい離れているかを、2点間の距離を求める数学の公式で計算します。そしてたとえば、その値が200以内なら追跡をはじめ、400以上なら追跡をあきらめるなどの行動パターンをプログラミングします。距離を求める公式とその使い方は、ゲーム制作の技術を学ぶ中で説明します。

敵の行動をプログラムで複数パターン用意することで、そのキャラクターが意思を持って動いているように見せることができます。そのような仕組みのベースとなるものも数学なのです。

(4) 数学の様々な知識を活用する

ここでは、変数と座標についてゲームと数学の関係を説明しました。他にも図形、絶対値、n進法、三角関数など、数学的知識を使うことで、より凝った内容のゲームを作ることができます。本書では実際にゲームのプログラムを入力しながら、それらの知識を学んでいきます。

3 プログラミングの準備

この節では、プログラミングをはじめる準備として、「(1) 拡張子の表示」と「(2) 作業フォルダの作成」を行います。

(1) 拡張子を表示しよう

拡張子は、ファイル名の末尾に付く、ファイルの種類を表す文字列です。ファイル名と拡張子は、ドット(.)で区切られます（図1-10）。

拡張子とは何か知っており、すでにファイルの拡張子を表示している方は、ここは飛ばして（2）p.013へ進みましょう。

▲図1-10　拡張子

画像、文書、動画など、ファイルの種類ごとに拡張子が決められており、たとえば画像ファイルならpngやjpeg、動画ならmp4やaviが拡張子になります（表1-1）。拡張子が表示されていれば、ファイルを開かずとも、そのファイルの中身を推測できます。

▼表1-1　拡張子の例

ファイルの種類	拡張子の例
プログラム（ソースコード）	py、c、cpp、java、js
画像	png、bmp、gif、jpgやjpeg
音楽	mp3、ogg、m4a、wav
文書	doc、docx、pdf
テキスト	txt

※cはc言語、cppはC++、javaはJava、jsはJavaScriptのプログラムの拡張子。

Pythonのプログラムの拡張子はpyなのね。

拡張子を表示すると、ファイルを管理しやすくなります。プログラミングの学習やソフトウェアの開発で拡張子の表示は必須といえます。Windowsをお使いの方、Macをお使いの方がいると思いますが、それぞれ次のようにして拡張子を表示しましょう。

Windowsでの拡張子の表示

Windows 11では、フォルダを開き、上部メニューバーから［表示］→［表示］→［ファイル名拡張子］を選択してチェックを入れます（図1-11）。

Windows10では、フォルダを開き、「表示」タブをクリック→［ファイル名拡張子］にチェックを入れます（図1-12）。

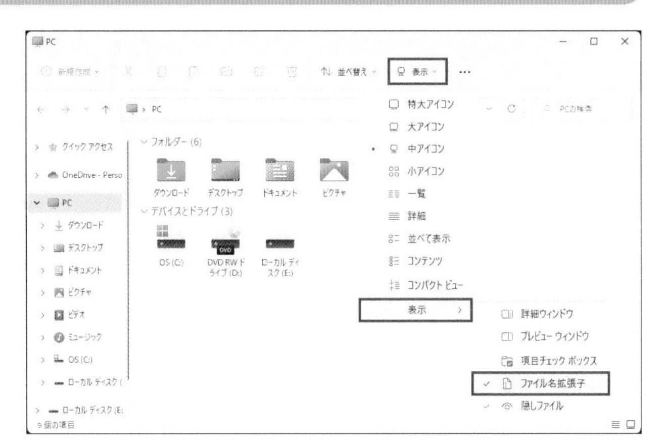

▲図1-11　Windows 11での拡張子表示方法

▲図1-12　Windows 10での表示方法

Macでの拡張子の表示

Finderの［設定］を選び、「詳細」タブの［すべてのファイル名拡張子を表示］にチェックを入れます（図1-13）。

▲図1-13　Macでの表示方法

よし、表示できた～！

(2) 作業フォルダを作ろう

Windowsでの新規フォルダの作成

デスクトップで右クリックすると開くメニューから［新規作成］→［フォルダー］を選ぶと、新しいフォルダが作られます（図1-14）。

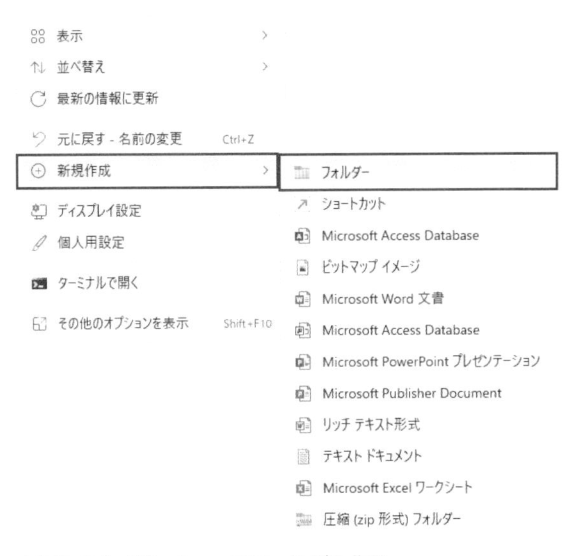

▲図1-14　Windowsでフォルダを作る

Macでの新規フォルダの作成

デスクトップで右クリックするか、Ctrlキーを押しながらクリックし、［新規フォルダ］を選ぶと、新しいフォルダが作られます。Finder→［ファイル］→［新規フォルダ］で作ることもできます（図1-15）。

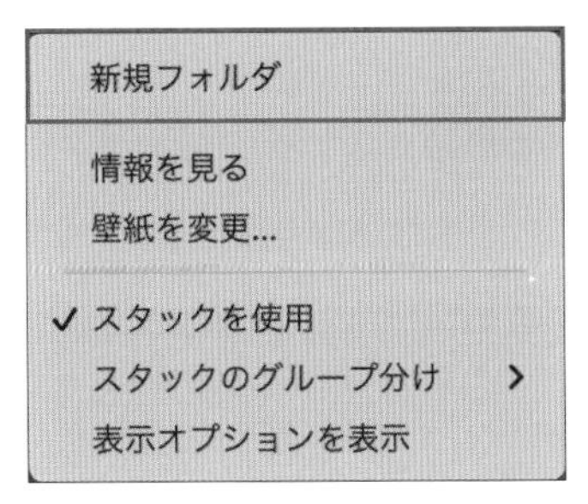

▲図1-15　Macでフォルダを作る

新しく作ったフォルダのフォルダ名を、「PythonGame」などわかりやすいものに変えておきましょう。

4 Pythonのインストール

Windows とMac、それぞれへのインストール方法を説明します。
Macをお使いの方は、(2) へ進んでください。

Pythonのインストール手順は簡単です。
インストールすればすぐにPythonを使えますよ。

(1) Windowsパソコンへのインストール方法

Webブラウザで、Python公式サイトにアクセスします（図1-16)。

https://www.python.org

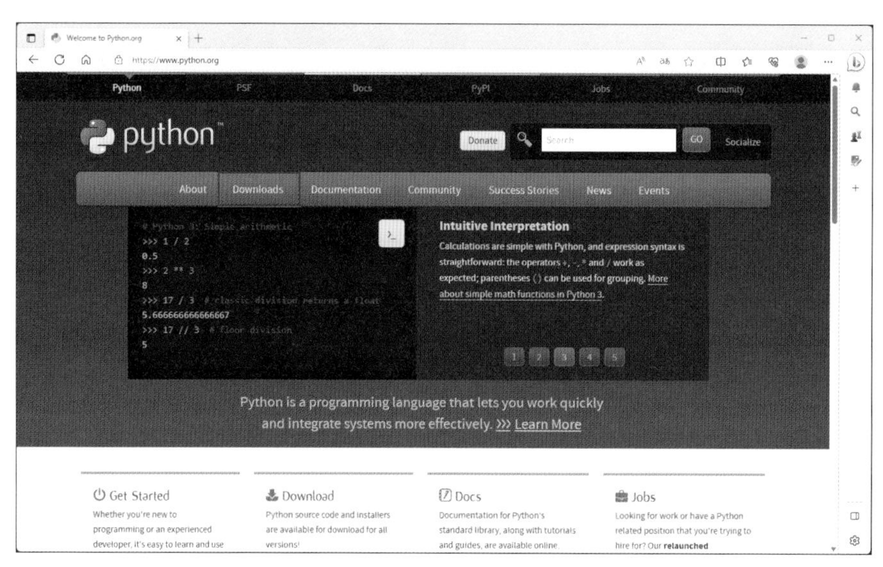

▲図1-16　Python公式サイト（Microsoft Edgeの場合）

「Downloads」にある［Python 3.*.*］のボタンをクリックします（図1-17)。

「ファイルを開く」(図1-18）をクリックするか、ダウンロードしたファイルを実行してインストールを開始します。ダウンロードしたファイルがどう表示されるかは、ブラウザの種類やバージョンによって異なります。

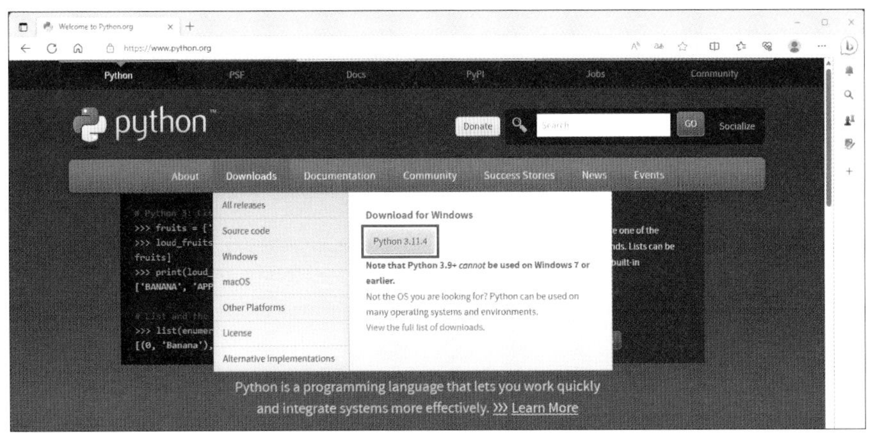

▲図1-17 [Downloads] クリック後

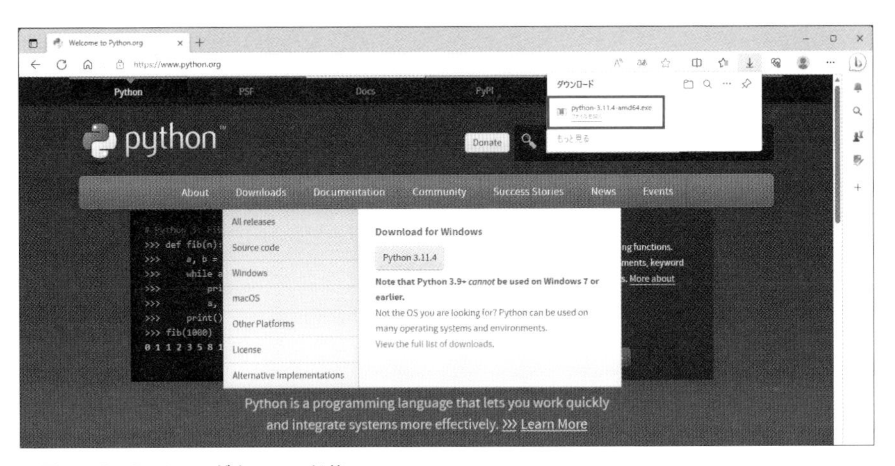

▲図1-18 Pythonダウンロード後

Pythonインストール画面（図1-19）で「Add python.exe to PATH」にチェックを入れたら、[Install Now] をクリックしてインストールを進めます。

Setup was successfulの画面（図1-20）で [Close] をクリックし、インストール完了です。

▲図1-19 Pythonインストール画面

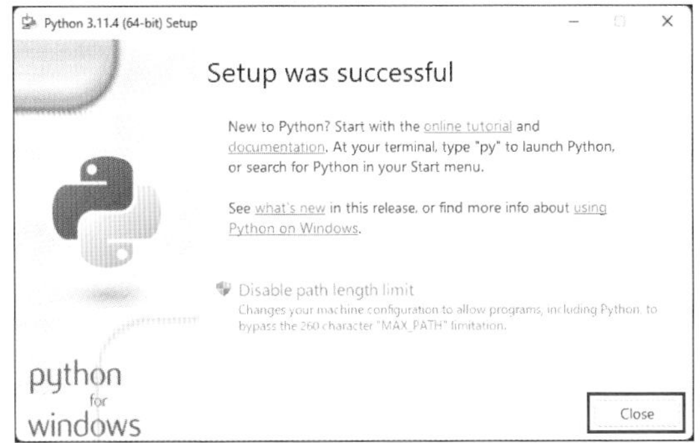

▲図1-20 Pythonインストール終了画面

(2) Macへのインストール方法

Webブラウザで、Python公式サイトにアクセスします（図1-21）。

Macユーザーのボクは、
こっちの手順でインストール♪

https://www.python.org

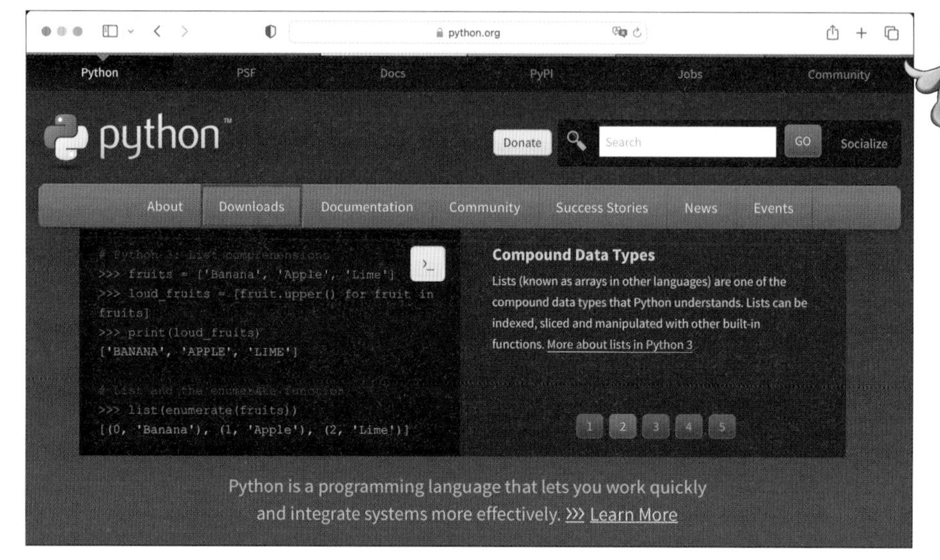

▲図1-21　Python公式サイト（Safariの場合）

「Downloads」にある［Python 3.*.*］のボタンをクリックします（図1-22）。

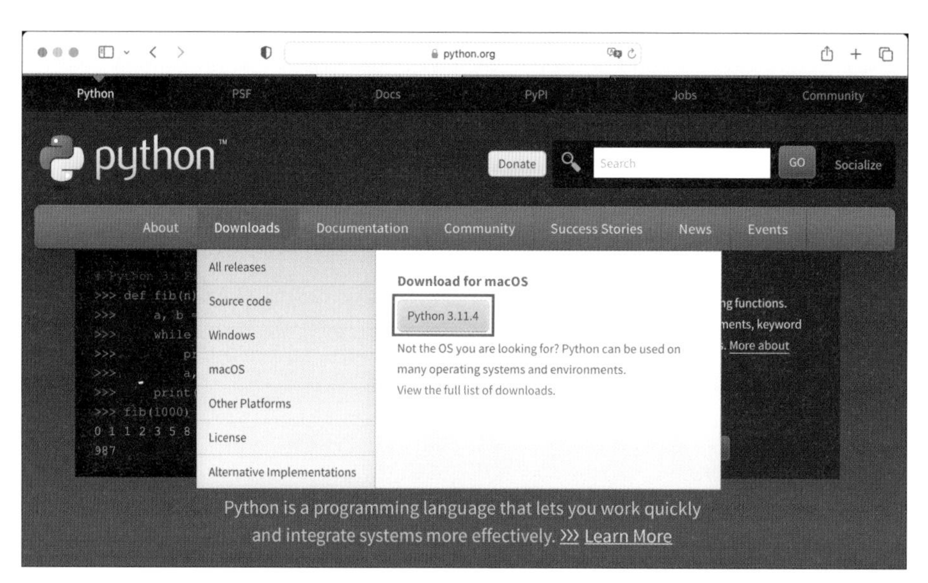

▲図1-22　「Downloads」クリック後

ダウンロードした「python-3.*.*-macos**.pkg」を実行します（図1-23）。ダウンロードしたファイルがどう表示されるかは、ブラウザの種類やOSのバージョンによって異なります。

▲図1-23　ダウンロード後

インストール画面（図1-24）で［続ける］を選び、インストールを開始します。

使用許諾契約に［同意する］を選び（図1-25）、インストールを続けます。

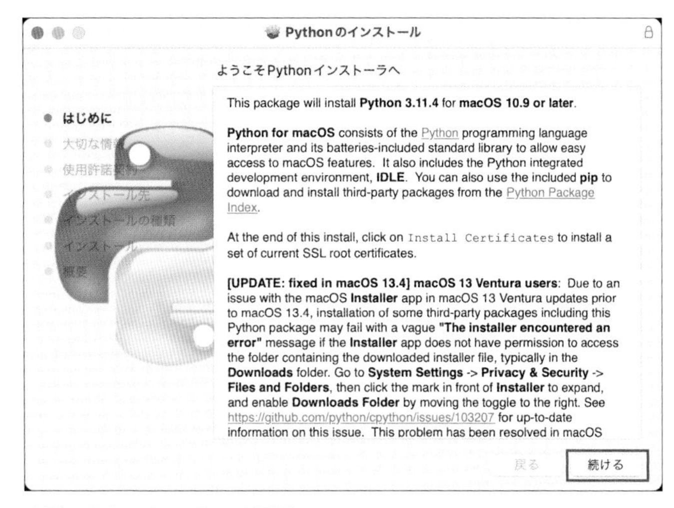

▲図1-24　インストール画面

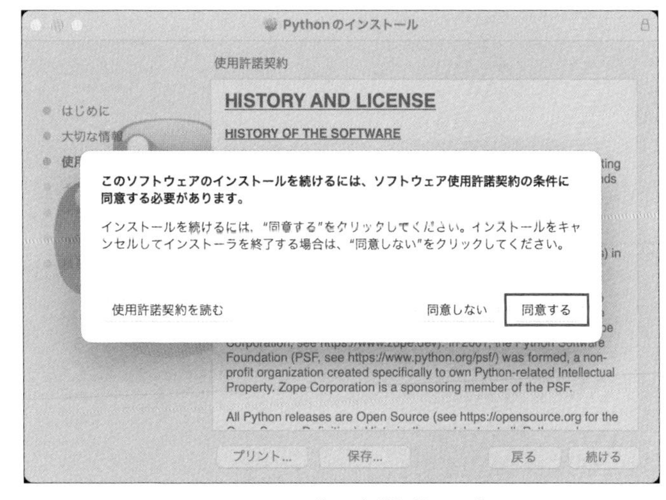

▲図1-25　インストール画面で使用許諾契約に同意

カスタマイズは不要です。画面の指示に従ってインストールを続けましょう。「インストールが完了しました。」の画面（図1-26）で［閉じる］をクリックし、インストール完了です。

▲図1-26　インストール完了画面

COLUMN

ゲーム作りの楽しさ

筆者は中学生から大学生まで、趣味でゲームを作っていました。そして大学卒業後、ナムコというゲームメーカーと任天堂の子会社で修業し、自分のゲーム制作会社を設立しました。本書執筆時点で30年近くゲームクリエイターをしています。趣味のゲーム作りは40年近く続けています。なぜそんなに長い間、ゲームを作っているのでしょう？

その答えは単純で、**ゲームのプログラミングはとても楽しいから**です。

少年時代、欲しかったパソコンを手に入れ、プログラミング雑誌を片手に打ち込んだプログラムが動いたとき、とても感動しました。そして、プログラミングの基礎知識を覚え、自分で作ったプログラムが動いたとき、その感動はさらに強いものでした。初めて自分の力で完成させたゲームで遊んだとき、どれほど嬉しかったことか。それらの思い出は筆者にとって宝物です。

みなさんにも本書で、そのような楽しさや感動を味わっていただくことも、筆者の願いです。

5 IDLEを使ってみよう① —— シェルウィンドウ

Pythonに標準で付属するIDLE（アイドル）というツールを使うと、プログラムの入力と動作確認を行うことができます。IDLEはPythonと一緒にインストールされるので、どのパソコンでも使うことができます。この節と次の節でIDLEの使い方を説明します。

(1) IDLEとは?

IDLE（アイドル）は、Pythonに標準で付属する統合開発環境です。**統合開発環境**（とうごうかいはつかんきょう）は、プログラムの記述、実行、動作確認ができるツールです。様々な統合開発環境をインターネットから入手できます。IDLEは他の統合開発環境に比べると、機能は絞られていますが、動作が軽く、プログラミングの学習に向いているツールです。そこで**本書では、IDLEを使ってプログラムの入力と動作確認を行います。**

統合開発環境は、英語でIntegrated Development Environmentといい、その頭文字をとってIDEとも呼ばれます。

(2) IDLEを起動しよう

WindowsでIDLEを起動

スタートメニューから、「すべてのアプリ」→「Python*.*」→「IDLE (Python*.* **-bit)」を選んで起動します（図1-27）。

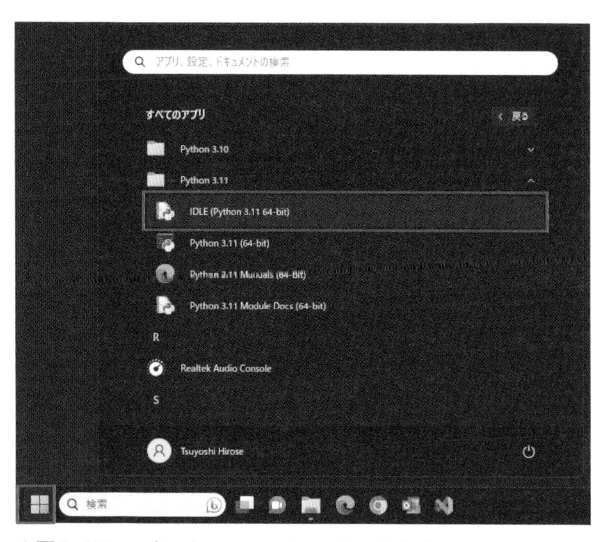

▲図1-27　スタートメニューからIDLEを起動

図1-28が起動したIDLEの画面で、この画面を**シェルウィンドウ**といいます。

```
IDLE Shell 3.11.4
File  Edit  Shell  Debug  Options  Window  Help
Python 3.11.4 (tags/v3.11.4:d2340ef, Jun  7 2023, 05:45:37) [MSC v.1934 64 bit (
AMD64)] on win32
Type "help", "copyright", "credits" or "license()" for more information.
>>>
```

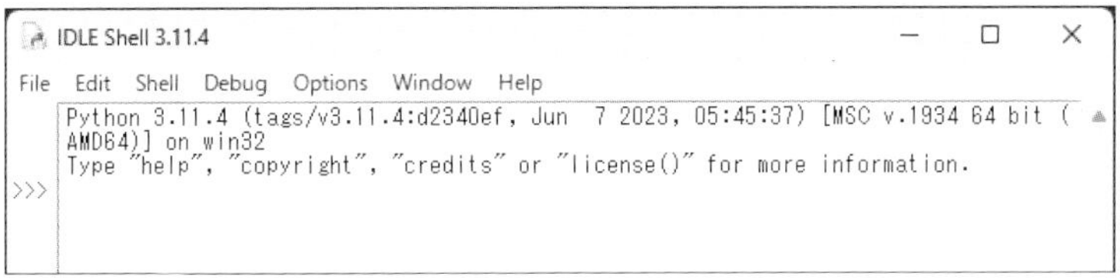

▲図1-28　シェルウィンドウ

MacでIDLEを起動

Launchpadから IDLEを選びます（図1-29）。図1-30が起動したIDLEの画面で、この画面を**シェルウィンドウ**といいます。

▲図1-29　LaunchpadからIDLEを起動

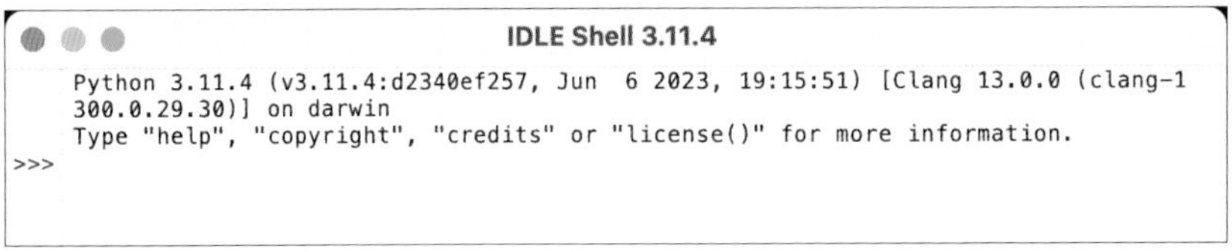

```
IDLE Shell 3.11.4
    Python 3.11.4 (v3.11.4:d2340ef257, Jun  6 2023, 19:15:51) [Clang 13.0.0 (clang-1
    300.0.29.30)] on darwin
    Type "help", "copyright", "credits" or "license()" for more information.
>>>
```

▲図1-30　シェルウィンドウ

Python対応のIDEで本書のプログラムがうまく動かない場合は、Python付属のIDLEを使いましょう。

Python対応のIDEやコードエディタ

Python対応のIDE（統合開発環境）にはAnaconda（**https://www.anaconda.com/**）、コードエディタにはVisual Studio Code（**https://code.visualstudio.com/**）などがあり、インターネットからダウンロードできます（その多くは無料で使えます）。

(3) IDLEで計算やカレンダーを表示してみよう

ここからは、Windowsの画面でIDLEの使い方を説明します。Macでの使い方も同じ操作になります。

IDLEで計算する

シェルウィンドウに**半角の数字と記号**で計算式を入力し、Enterキー（Returnキー）を押すと、Pythonに計算させることができます（図1-31）。掛け算の記号は＊（アスタリスク）、割り算の記号は/（スラッシュ）です。足し算と引き算は、数学と同じ＋と-を使います。計算に使う記号は、第2章で改めて説明します。

```
IDLE Shell 3.11.4
File  Edit  Shell  Debug  Options  Window  Help
Python 3.11.4 (tags/v3.11.4:d2340ef, Jun  7 2023, 05:45:37) [MSC v.1934 64 bit (
AMD64)] on win32
Type "help", "copyright", "credits" or "license()" for more information.
>>> 1+2
3
>>> 10-4
6
>>> 5*12
60
>>> 30/3
10.0
>>> |
```

IDLEは電卓にもなるのね～。

▲図1-31　シェルウィンドウで計算する

カレンダーを表示する

カレンダーを扱う命令を使ってみましょう。次のように入力すると、カレンダーを出力できます。これらの命令、記号、数字は**すべて半角の文字**で入力します。

```
import calendar                    入力後、Enterキーまたは Returnキー押下
print(calendar.month(2023,10))     入力後、Enterキーまたは Returnキー押下
```

他の西暦、他の月にしてもよいですよ。

まず「import calendar」と入力してEnterキーを押します。続いて、「print(calendar.month(西暦,月))」と入力してEnterキーを押しましょう。すると、図1-32のようにカレンダーが出力されます。

```
>>> import calendar
>>> print(calendar.month(2023,10))
    October 2023
Mo Tu We Th Fr Sa Su
                   1
 2  3  4  5  6  7  8
 9 10 11 12 13 14 15
16 17 18 19 20 21 22
23 24 25 26 27 28 29
30 31
>>> |
```

コードの実行結果

たった2行で
カレンダーが出た！

▲図1-32　カレンダーを出力

import（インポート）は、Pythonに特別な仕事させるときに使います。ここでは、カレンダーの機能を使うために「import calendar」と記述しました。

print()（プリント）は、文字列や数を出力する命令です。ここでは、カレンダーを表示するために使っています。

importやprint()の使い方は、この後の章で改めて説明します。

CHAPTER 1 ゲーム制作の仕組みを知ろう

6 IDLEを使ってみよう② ―― エディタウィンドウ

前節では、シェルウィンドウに計算式や命令を入力し、Pythonに処理をさせました。この節では、プログラムを記述して実行する方法を説明します。

(1) エディタウィンドウを開く

プログラムの入力は、**エディタウィンドウ**で行います。シェルウィンドウのメニューバーから［File］→［New File］選ぶと、エディタウィンドウが起動します（図1-33・図1-34）。

エディタウィンドウは、プログラムを入力するテキストエディタです。

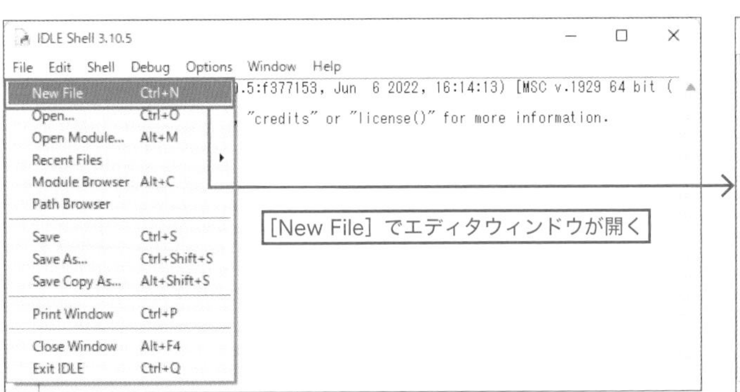

▲図1-33　シェルウィンドウからエディタウィンドウを起動

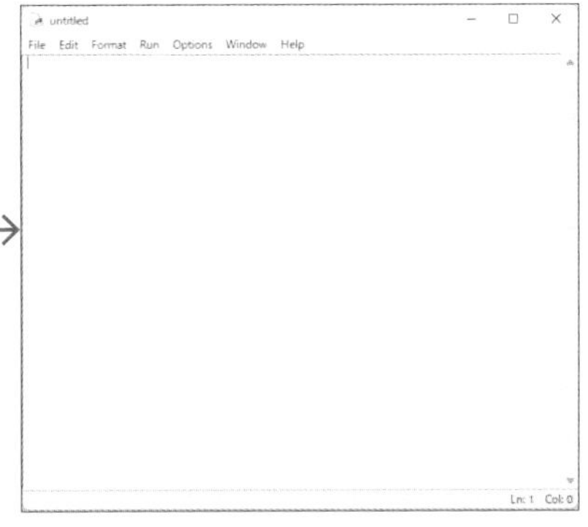

▲図1-34　エディタウィンドウ

エディタウィンドウとシェルウィンドウは似ているので、混同しないようにしましょう。タイトルバーに「untitled」と書かれたものがエディタウィンドウです。

エディタウィンドウのメニューバーから［Options］→［Show Line Numbers］を選ぶと（図1-35）、行番号が表示されます。

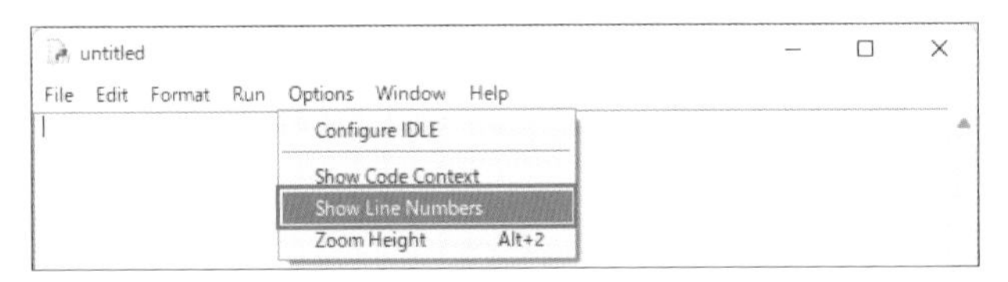

▲図1-35 ［Show Line Numbers］を選び、行番号を表示

(2) プログラムを入力する

エディタウィンドウに簡単なプログラムを入力して、動作を確認します。次の2行を入力してみましょう（図1-36）。

```
01 s = "ゲーム制作をはじめよう"        変数sに文字列を代入
02 print(s)                            sの値を出力
```

untitled
File Edit Format Run Options Window Help

```
1 s = "ゲーム制作をはじめよう"
2 print(s)
3
```

▲図1-36　エディタでプログラムを入力

プログラムは、大文字と小文字を区別します。Pythonでは、たいてい小文字を使うと考えておけば大丈夫です。

プログラムの命令や変数は、**半角文字で入力**します。「ゲーム制作をはじめよう」以外はすべて半角で入力してください。

「ゲーム制作をはじめよう」は、画面に出力する文字列です。文字列を扱うときは、その文字列の前後を**ダブルクォート（"）**でくくる（はさむ）決まりがあります。

このプログラムは、変数sに「ゲーム制作をはじめよう」という文字列を入れ、それを画面に出力（print）するというものです。変数やprint()は次章で説明しますので、ここで難しく考える必要はありません。まずは、プログラムの入力に慣れていきましょう。

(3) プログラムを保存する

エディタウィンドウのメニューバーから［File］→［Save As］を選び、入力したプログラムにファイル名を付けて保存します（図1-37）。保存先は1-3節（2）p.013で作ったフォルダにしましょう。

▲図1-37　プログラムの保存

(4) プログラムを実行する

保存したら、エディタウィンドウのメニューバーから［Run］→［Run Module］を選んでプログラムを実行します（図1-38）。

lesson1.py - C:¥Users¥Tsuyoshi Hirose¥Desktop¥Python Game¥lesson1.py (3.10.5)
File Edit Format Run Options Window Help
s = "ゲーム制作
print(s)
Run Module F5
Run... Customized Shift+F5
Check Module Alt+X
Python Shell

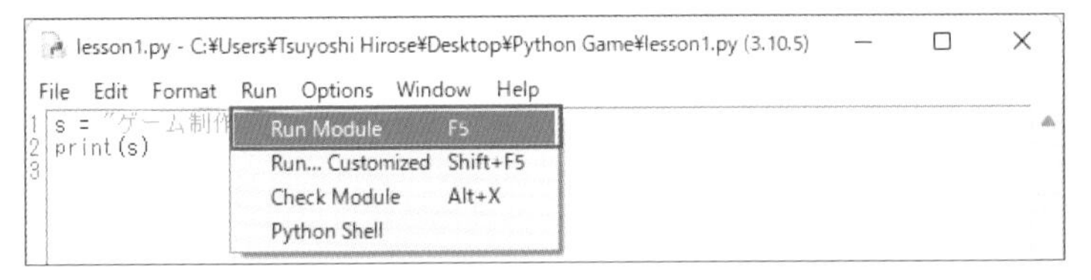

▲図1-38　プログラムの実行

シェルウィンドウに実行結果が表示されます（図1-39）。

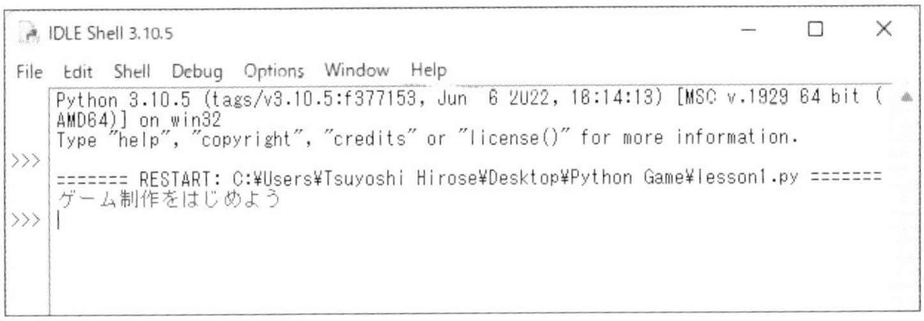

IDLE Shell 3.10.5
File Edit Shell Debug Options Window Help
Python 3.10.5 (tags/v3.10.5:f377153, Jun 6 2022, 16:14:13) [MSC v.1929 64 bit (AMD64)] on win32
Type "help", "copyright", "credits" or "license()" for more information.
>>>
======= RESTART: C:¥Users¥Tsuyoshi Hirose¥Desktop¥Python Game¥lesson1.py =======
ゲーム制作をはじめよう
>>>

▲図1-39　実行結果（シェルウィンドウ）

このように「ゲーム制作をはじめよう」と出力されます。正しく出力されないときは、記述したプログラムや、保存して実行する手順を見直しましょう。

(5) プログラムの入力方法のまとめ

IDLEでプログラムを入力し、動作を確認する方法をまとめます。

プログラムの入力と実行の手順

①IDLEを起動し、メニューバーの［File］→［New File］でエディタウィンドウを開きます。
②エディタウィンドウにプログラムを入力します。
③メニューバーの［File］→［Save As］でファイル名を付けて保存します。
④メニューバーの［Run］→［Run Module］でプログラムを実行します※。
⑤シェルウィンドウに結果が出力されます。

※F5キーを押しても、プログラムを実行できます。

COLUMN

石取りゲームで遊んでみよう

プログラミングをはじめる準備が整いました。みなさんは、いつでもPythonのプログラムを実行できます。さっそく、Pythonで作ったミニゲームで遊んでみましょう。

ここで遊ぶのは「石取りゲーム」や「ビン取りゲーム」と呼ばれる古典的ゲームです。これは、プログラミングの学習などで昔から多くの学生たちが作ってきたものです。

ダウンロードしたプログラムを実行する

プログラムは、本書の情報ページ（https://book.impress.co.jp/books/1122101052）からダウンロードしたzipファイル内にあります。zipを解凍してできるChapter1フォルダにstone_game.pyというプログラムが入っています（図1-A）。

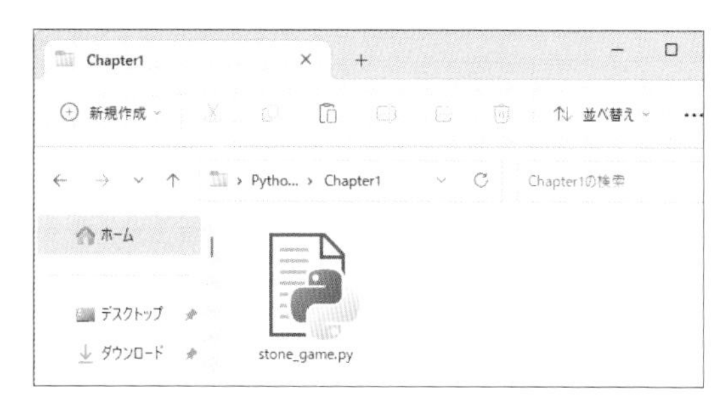

▲図1-A　Chapter1内のstone_game.py

まだダウンロードしていない方は、p.ivを参考にダウンロードしましょう。

IDLEを起動し、メニューバーから［File］→［Open］を選び、stone_game.pyを指定します。プログラムを開いたら、メニューバーの［Run］→［Run Module］で実行します。F5キーを押して実行することもできます。

プログラミングを初めて学ぶ方も、現時点ではプログラムの中身は気にせずに遊んでみましょう。次章で基礎知識を学ぶと、記述された内容がわかるようになります。

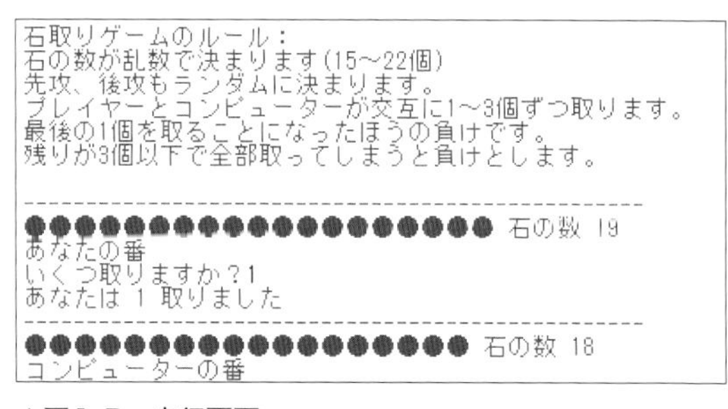

```
石取りゲームのルール：
石の数が乱数で決まります(15～22個)
先攻、後攻もランダムに決まります。
プレイヤーとコンピューターが交互に1～3個ずつ取ります。
最後の1個を取ることになったほうの負けです。
残りが3個以下で全部取ってしまうと負けとします。

------------------------------------------------------------
●●●●●●●●●●●●●●●●●●● 石の数 19
あなたの番
いくつ取りますか？1
あなたは 1 取りました
------------------------------------------------------------
●●●●●●●●●●●●●●●●●● 石の数 18
コンピューターの番
```

▲図1-B　実行画面

わーい、ゲームだー！
コンピューターに勝てるようにがんばってくださいね。

実行すると、ルールが表示されます（図1-B）。そのルール通りに1、2、3いずれかを半角数字で入力して石を取ります。最後の1個を取ることになったほうが負けとなるゲームです。

このプログラムは、文字列の入出力だけで遊びます。画像を使ったプログラムは、第3章から作っていきます。

コンピューターが強い

勝敗が決まったら、再びメニューバー［Run］→［Run Module］で遊んでみましょう。コンピューターが強いことがわかるでしょう。このゲームには必勝法があり、コンピューターはその方法を使っているので強いのです。必勝法は、"ある数列の式"になります。つまり、このゲームも数学と結び付いています。

第2章のCOLUMNで、
プログラムの内容と必
勝法を説明します。
お楽しみに！

CUIとGUI

IDLEのように、文字の入出力だけでコンピューターを操作する仕組みをCharacter User Interface、略して**CUI**（シー・ユー・アイまたはクイ）といいます。

CUIに対し、**GUI**（ジー・ユー・アイまたはグイ）という言葉があります。GUIはGraphical User Interfaceの略で、どこを操作すればよいか、すぐにわかるように、アイコンなどのグラフィックを使った操作系（操作できる画面などを持つもの）を意味します。GUIのソフトウェアには、ボタンやテキスト入力枠なども配置されます。みなさんが使うソフトやアプリの多くは、GUIの操作系になります。

CHAPTER 2

プログラミングの基礎知識

この章では、プログラミングの基礎知識である、入力と出力、変数と配列、条件分岐、繰り返し、関数について学びます。これらの知識は、あらゆるプログラムを作るうえで欠かせません。この章のプログラムは、どれも数行程度の短いものです。1つずつ自分で入力し、動作を確認しながら学んでいきましょう。

Contents

変数、配列、条件分岐などを学ぶと、ゲームが作れるようになるってことですね。がんばるぞ～。

ゲームだけではなく、様々なプログラムを書く際に必須の知識なので、しっかり身につけましょう。

2-1 この章で学ぶこと

プログラムを書くためには、入力と出力、変数と配列、条件分岐、繰り返し、関数というプログラミングの基礎知識を押さえておく必要があります。この章では、短いプログラム例を見ながら、これらについて学んでいきます（図2-1）。

どのような知識を学ぶかを、クイズゲームのプログラムを例に見てみましょう。

配列（2-4節）

```
QUESTION = [
    "任天堂の国民的人気キャラ「マリオ」の弟の名前は？",
    "モンスターボールを投げて「ポケモン」を仲間にする人気RPGといえば？",
    "RPG「ドラゴンクエスト」で最初に出てくるマスコット的な青い敵は？"
    ]
ANSWER = ["ルイージ", "ポケットモンスター", "スライム"]
def quiz():
    score = 0
    for i in range(3):
        ans = input(QUESTION[i])
        if ans==ANSWER[i]:
            print("正解です！")
            score = score + 1
        else:
            print("違います。答えは"+ANSWER[i])
    print(score, "問、正解しました。")
quiz()
```

変数（2-3節）
繰り返し（2-6節）
入力（2-2節）
関数（2-7節）
条件分岐（2-5節）
変数の計算（2-3節）
出力（2-2節）
関数の呼び出し（2-7節）

▲図2-1　この章で学ぶ知識

Chapter2フォルダの中にある**quiz_game.py**というファイルがこのプログラムです。それをIDLEで開いて実行すると、実際にクイズゲームを遊べます。

有名ゲームのクイズだね。
答えを入力して[Enter]キーを押そう。

問題数を増やすには、配列で定義しているデータを増やし、for文の範囲を変えます。この章で学んだ後は、プログラムの改造にチャレンジしましょう！

2-2 入力と出力

コンピューターは、入力→演算→出力という流れで処理を行います。この節では、入力と出力を行うPythonの命令を確認します。

(1) コンピューターの基本機能

コンピューターは、入力したデータを演算で変化させ、目的の値に変えて出力する機能を持ちます（図2-2）。

第１章で学んだね。たとえば、コントローラーの入力や液晶画面のタップ入力と、画像や音の出力があるよね～。

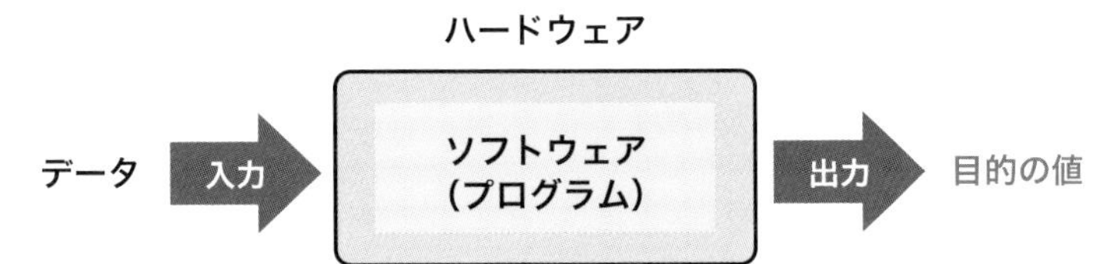

▲図2-2　コンピューターの基本機能

プログラムでは、変数や配列（次節で説明）で、数や文字列を扱います。また、色々な命令を組み合わせて、入力から出力までの流れを作ります。Pythonではデータの出力を**print()**、データの入力を**input()**という命令で行います。それらの命令の使い方を順に説明します。

(2) print()の使い方

IDLEを起動し、メニューバーから［File］→［New File］を選び、エディタウィンドウ（テキストエディタ）を開きます。そして、コード2-1のプログラムを入力しましょう。

▼コード2-1　print_1.py

行番号	プログラム	説明
01	print("師匠と弟子が現れた！")	print()で文字列を出力

"と"でくくられた日本語の文章以外は、すべて**半角文字**で入力します。文章を入力した後、必ず半角入力に戻してから、最後の"と)を入力しましょう。

入力したらファイル名を付けて保存し、メニューバーから［Run］→［Run Module］（または F5 キー）で実行しましょう。

▼実行結果

```
師匠と弟子が現れた！
```

1行のみの短いプログラムです。このプログラムは、文字列や変数の値を出力するprint()で、メッセージを表示しています。

文字列を扱うときは、その前後をダブルクォート（"）でくくる決まりがあります。Pythonでは、**シングルクォート（'）**を使うことも多いですが、本書では広く使われているC言語と同じルールで、ダブルクォート（"）で文字列をくくります。

print()のように()の付いた命令を**関数**といいます。関数については2-7節で説明します。

(3) 計算式の値を出力する

print()の()の中に、計算式を記述することができます。コード2-2のプログラムを入力して試してみましょう。

▼コード2-2　print_2.py

```
01 print(3+7)                    print()で計算結果を出力
```

▼実行結果

```
10
```

自分の手で入力することがプログラミングを習得する近道です。書面を眺めるだけでなく、実際に入力しましょうね。

print()に計算式を記述し、その答えを出力しました。

では、print("3+7")と、ダブルクォートを使って記述すると、どうなるでしょう？

ダブルクォートでくくったものは文字列として扱われるので、**3+7のまま**出力されます。

(4) input()の使い方

次は、文字列を入力するinput()の使い方を確認します。コード2-3のプログラムを入力し、ファイル名を付けて保存し、実行しましょう。シェルウィンドウに名前入力を促すメッセージが表示され、|（テキストカーソル）が点滅します。そこに文字列を入力してEnterキー（Returnキー）を押しましょう。

▼コード2-3　input_1.py

```
01 s = input("そなたの名を入力せよ")          input()で入力した文字列を変数sに代入
02 print(s, "よ、冒険の旅に出発しよう。")      sの値とメッセージをprint()で出力
```

▼実行結果

```
そなたの名を入力せよ隻眼の狼
隻眼の狼 よ、冒険の旅に出発しよう。
```

1行目のinput()で、Python（IDLE）が文字列を入力する状態になります。入力した文字列は変数sに代入されます。

2行目でsの値と「よ、冒険の旅に出発しよう。」という文字列をprint()で出力しています。

print()に変数sと文字列をカンマ（,）で区切って記述しました。Pythonのprint()は、複数の変数や文字列をカンマ区切りで記述し、それらの値をまとめて出力できます。

変数は、数値や
文字列を入れる
箱のようなもの
です。次の節で
学びますよ。

MEMO

input()の注意点

input()で-1、100、3.14などの数も入力できます。ただし**Pythonのinput()で入力した数は文字列として扱われます。**コンピューターは、数と文字列を区別するので、input()で入力した数を、そのまま計算に使うことはできません。入力した文字列を数として扱うには、int()やfloat()という命令で数値に変換します。その方法は、この後で説明します。

(5) コメント

プログラムの中に命令の使い方などを書いておくことができます。これを**コメント**といい、Pythonでは、#を使って記述します（行頭に#を書くと、その行がコメントになります）。コメントは実行されないので、処理の内容をコメントとしてプログラムに書いておけば、後でプログラムを見直すときなどに役立ちます。また、プログラムの一部分をコメントにして実行されないようにすることを**コメントアウト**といいます。

コメントを使ったプログラムを確認してみましょう（コード2-4）。

▼コード2-4　input_2.py

```
01 # input()の使い方を確認するプログラム                          コメントを記述
02 s = input("そなたの仲間は何という名じゃ？") # 文字列の入力    input()の後にコメントを記述
03 print("ふむ、"+s+"とはいずれ再会できよう")                      sの値と文字列を+でつないで出力
```

▼実行結果

```
そなたの仲間は何という名じゃ？緋色の翼
ふむ、緋色の翼とはいずれ再会できよう
```

このプログラムを実行すると、1行目は無視され、2行目に進みます。

2行目の#の後の部分も無視され、2行目はs = input("‥‥")だけが実行されます。

3行目では「ふむ、」と、sの中身と、「とはいずれ再会できよう」という3つの文字列を、+でつないで出力しています。文字列は、このように+の記号を使って、つなげることができます。

2-3 変数

プログラムでは、変数や配列を使って様々なデータを扱います。この節では、変数で数や文字列を扱う方法を説明します。配列は、次の節で説明します。

(1) 変数とは?

変数はデータを入れる箱のようなもので、コンピューターのメモリー上に作られます。 数学の$x = 1$、$y = x^2$などの変数と似たものですが、プログラムでは変数に文字列を入れることもできます。

図2-3は、lifeという名前の変数に100という数を、scoreという変数に0を、jobという変数に勇者という文字列を代入するイメージです。

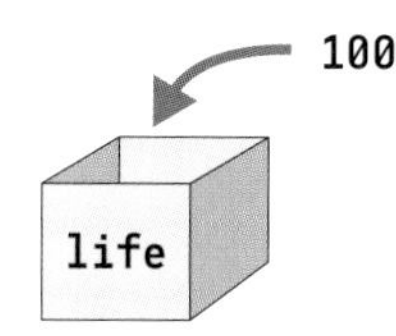

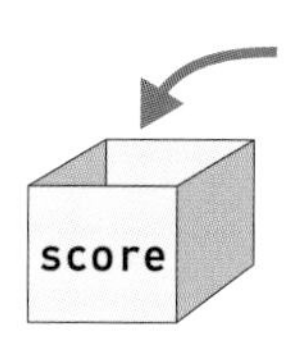

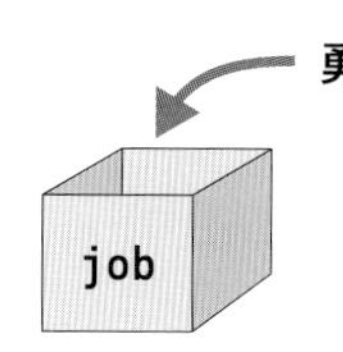

変数に値を
入れること
を代入する
といいます。

▲図2-3　変数のイメージ

わかりやすいように変数名を英単語としましたが、iやxのようにアルファベット1文字の変数名とすることもできます。変数名の付け方は、この後の(3) p.033で説明します。

図2-3をプログラムで記述すると、コード2-5のようになります。このプログラムも入力して、ファイル名を付けて保存し、実行して動作を確認しましょう。

3行目の「勇者」は、文字列です。文字列は前後にダブルクォート(")を記述して変数に代入します。

3行目の勇者と4〜6行目の文章以外は、すべて半角文字で入力だね。

▼コード2-5　variable_1.py

```
01 life = 100                                  変数lifeに数を代入
02 score = 0                                   変数scoreに数を代入
03 job = "勇者"                                 変数jobに文字列を代入
04 print("lifeに代入した体力値は", life)          print()でlifeの値を出力
05 print("scoreに代入した点数は", score)          print()でscoreの値を出力
06 print("jobに代入した職業の文字列は", job)       print()でjobの値を出力
```

▼実行結果

```
lifeに代入した体力値は 100
scoreに代入した点数は 0
jobに代入した職業の文字列は 勇者
```

(2) 代入演算子

Pythonの変数はイコール（=）の記号を使って、最初に代入する値（**初期値**）を記した時点から使えます。これを変数の**宣言**といい、値を入れるイコール（=）を**代入演算子**といいます。

変数の型指定について

Pythonの変数は宣言時に型（かた）指定を行わないので、C言語やC++、Javaなどを学んだことのある方はとまどわれるかもしれません。型指定はしませんが、Pythonの変数にも複数の型があります。型については、この後で説明します。

(3) 変数名の付け方

変数名はアルファベット、数字、アンダースコア(_)を組み合わせて、自由に付けることができます。ただし次のルールに従う必要があります。

変数の命名ルール

- **アルファベットとアンダースコアを使う**
  例）○hi_score = 10000、○job = "戦士"
- **数字を含めることができるが、数字から始めてはいけない**
  例）○player1 = "勇者"、×1player = "勇者"
- **予約語を変数名に使ってはいけない**
  例）×if = 0、×for = 2

_old_dataのようにアンダースコアから始まる変数名も使えます。

大文字のアルファベットも変数名に使えますが、Pythonの変数名は一般的に小文字で記述します。**大文字と小文字は区別される**ので、たとえばscoreとScoreは別の変数になります。

予約語とは、コンピューターに基本的な処理を命じるための語です。if、elif、else、and、or、for、while、break、continue、def、import、False、Trueなどの予約語があり、それらの意味と使い方は、この後で説明します。ここでは、これらの単語を変数名にすることはできないと理解しておきましょう。

変数名は、その変数でどのようなデータを扱うのか、わかりやすいものにしましょう。たとえば、点数を代入する変数はscore、体力を代入する変数はlife、プレイヤーの座標を代入する変数はplayer_xやplayer_yとして、誰が見ても理解できるようにしま

ソフトウェアを開発するとき、時間をかけて長いプログラムを入力することがあります。しばらく間を空けて再びプログラミングを始めるとき、変数名で何を扱っているのかをすぐに思い出せると、学習や作業がはかどります。

す。学習段階ではローマ字でtensuu、tairyokuなどとしてもよいでしょう。

なお、その場で使い捨てる変数は、アルファベット1文字でかまいません。本書でもこの後で学ぶforによる繰り返しでは、iというアルファベット1文字の変数を使います。

(4) 変数の値を計算式で変える

計算式を記述して、変数の値を変更できます。変数に代入した初期値を、計算式で別の値に変えるプログラムを確認しましょう(コード2-6)。

▼コード2-6　variable_2.py

```
01 score = 0                        変数scoreに初期値を代入
02 print("スコアの初期値は", score)   その値を出力
03 score = score + 100              scoreに100を足し、scoreに代入
04 print("計算後のスコアは", score)   計算後の変数の値を出力
```

▼実行結果

```
スコアの初期値は 0
計算後のスコアは 100
```

1行目で変数scoreに初期値0を代入し、2行目でその値を出力しています。

3行目のscore = score + 100は、「scoreに100を足した値をscoreに代入する」という意味です。score = score + 100をscore += 100と記述することもできます。

(5) 演算子

足し算は+、引き算は-、掛け算は*(アスタリスク)、割り算は/(スラッシュ)の記号を使って計算式を記述します(表2-1)。+、-、*、/を**演算子**(えんざんし)といいます。

▼表2-1　四則算の演算子

四則算	プログラムで使う記号
足し算(+)	+
引き算(−)	-
掛け算(×)	*
割り算(÷)	/

足し算と引き算は数学と同じ記号だけど、掛け算と割り算は数学と違う記号なんだね。

これらの他に、**累乗**(るいじょう)を求める**、割り算の商を整数で求める//、割り算の余り(**剰余**(じょうよ))を求める%という演算子があります(表2-2)。

累乗とは、同じ数を何度も掛け合わせることです。

//と%の使い方を図2-4で説明します。たとえば、a=26//8と記述するとaに3が代入され、b=26%8だとbに2が代入されます。

▼表2-2　その他の演算子

機能	プログラムで使う記号
累乗	**
割り算の商（整数）	//
剰余	%

商は 26//8 で求めることができる

26÷8＝3 余り 2

余りは 26%8 で求めることができる

▲図2-4　//と%の使い方

(6) 型（データ型）

コンピューターで扱うデータが数なのか、文字列かなどの種類を、**型**（かた）や**データ型**（がた）（data type）といいます。Pythonには、表2-3の型があります。

▼表2-3　Pythonのデータ型

データの種類	型の名称	値の例
数	整数型（int（イント）型）	-10、0、7890
	小数型（float（フロート）型）	-0.01、3.141592
文字列	文字列型（string（ストリング）型）	Python、ゲーム制作
論理値	論理型（bool（ブール）型）	TrueとFalse

データ型ははじめ難しく感じるかもしれませんが、
色々なプログラムを作るうちに理解できます。
ここで概要を頭に入れておきましょう。

小数型は、厳密には**浮動小数点数型**といいます。**論理型**は真偽（しんぎ）型ともいい、その値はTrue（トゥルー）（真（しん））とFalse（フォルス）（偽（ぎ））の2種類です。TrueとFalseは、「2-5 条件分岐」の学習の中で説明します。

コンピューターは扱うデータがどのような種類か（数なのか、文字列かなど）を判断して、それらのデータを保持します。そのため、プログラミング言語には、型という概念が存在します。

(7) 文字列と数は違う種類のデータ

文字列を扱うときは、前後をダブルクォート（"）でくくり、それが文字列であるとコンピューターがわかるようにします。数と文字列は、別の型なので、たとえば1+"1" と記述することはできません。1は数で、ダブルクォートで囲まれた"1" の1は文字列になります。

(8) 型変換

文字列を数として扱うには、**型変換**（かたへんかん）します。Pythonには、文字列や小数を整数に変える**int()**、文字列や整数を小数に変える**float()**という命令があります。

コード2-7のプログラムでint()の使い方を確認します。

数を文字列に変換するstr()という命令もあります。

▼コード2-7　variable_3.py

```
01 dmg_s = "999"
02 print("最大ダメージ値" + dmg_s + "を文字列として保持")
03 dmg_i = int(dmg_s)
04 print("int()でdmg_sを整数", dmg_i, "に変換")
```

変数dmg_sに文字列「999」を代入
dmg_sを文字列のまま+でつなげて出力
dmg_sの値を整数に変換してdmg_iに代入
dmg_iの値を数として出力

▼実行結果

```
最大ダメージ値999を文字列として保持
int()でdmg_sを整数 999 に変換
```

1行目で変数dmg_sに999という文字列を代入しています。この999はダブルクォートでくくっており、文字列になります。文字列同士は2行目のように+の演算子を使ってつなげることができます。

3行目のint()で文字列を整数に変え、変数dmg_iに代入しています。

2行目で出力された999は文字列、4行目で出力された999は数であることに注意しましょう。

数と文字列を区別しないといけないのね～。

そうです。プログラミングの基本ルールを1つずつ覚えていきましょう。

変数名の付け方

このプログラムの変数dmg_sのsはstring（文字列）のs、dmg_iのiはinteger（整数）のiを付けることで、変数名を区別しました。使い捨ての変数はiやxなど1文字でかまいませんが、大切なデータを扱うときは、何を扱うのかわかりやすい変数名にしましょう。

4 配列

配列は、複数のデータをまとめて管理するときに使う、番号の付いた変数です。ゲーム制作では、たとえば複数のキャラクターを動かすために配列を使います。この節では、配列の基礎知識を学びます。

(1) Pythonのリスト（データの入れ物）

Pythonには、**リスト**というデータの入れ物があります。このリストは、プログラムやコードという意味ではなく、データを効率よく扱えるように設計された、Python専用のデータの入れ物のことです。

このリストを一般的な配列として使うことができます。本書では、Pythonのリストを「配列」と呼んで説明します。

(2) 配列とは？

図2-5は、配列の動作イメージです。jobという名の箱がn個ありますが、このjobが配列です。この図では配列に文字列を代入していますが、数値を代入することもできます。

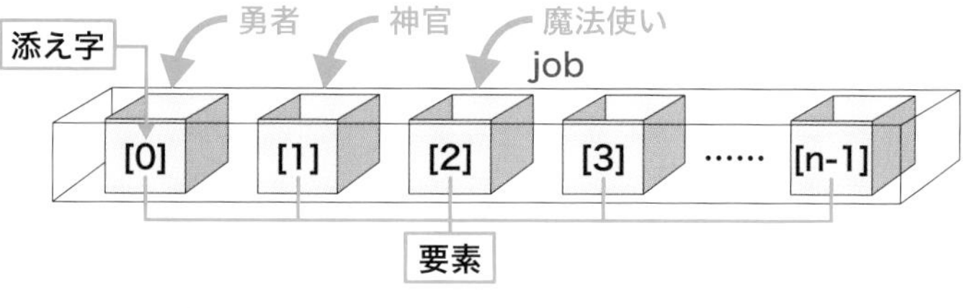

番号を付けた箱を用意し、複数のデータをまとめて管理する

入れ物がいくつもあれば便利に使えそう！

▲図2-5　配列のイメージ

job[0] からjob[n-1]の1つ1つの箱が**要素**です。箱が全部でいくつあるかを**要素数**といいます。

箱を管理する番号を**添え字**あるいは**インデックス**といいます。**添え字は0から始まり、箱がn個あるなら、最後の添え字はn-1になります。**

たとえば、ロールプレイングゲーム（RPG）のキャラクターには色々な職業があります。それらをjob = ["勇者", "神官", "魔法使い", "格闘家", "占い師"]と定義します。こう記述すると、5つの箱が作られ、job[0]に勇者、job[1]に神官、job[2]に魔法使い、job[3]に格闘家、job[4]に占い師という文字列が代入されます。

後ほど、この代入をプログラムで確認します。

(3) 配列の宣言

配列を使うことをコンピューターに教える作業が**配列の宣言**です。配列の宣言には、いくつかの書き方があり、代表的な記述の仕方は図2-6のようになります。

```
        [ ]でくくる
配列名 =[ データ0, データ1, データ2, ……]
        複数のデータをカンマで区切って記述
```

▲図2-6　配列への初期値の代入

変数も配列も、まずそれを使うことをコンピューターに教えます。

こう記述すると、各要素に初期値が代入されます。この例では、配列名[0]の値がデータ0、配列名[1]の値がデータ1、配列名[2]の値がデータ2になります。

(4) 配列を使ったプログラム

配列に初期値を代入するプログラムを確認します（コード2-8）。このプログラムでは、life[0]、life[1]、life[2]の3つの要素を持つ配列が作られ、それぞれの要素に数が代入されます。

▼コード2-8　array_1.py

```
01 life = [100, 500, 1000]                    数を初期値とする配列を用意
02 print("life[0]の値は", life[0])             0番目の要素の値を出力
03 print("life[1]の値は", life[1])             1番目の要素の値を出力
04 print("life[2]の値は", life[2])             2番目の要素の値を出力
```

▼実行結果

```
life[0]の値は 100
life[1]の値は 500
life[2]の値は 1000
```

データをまとめて扱う仕組みが配列なのね。

配列に文字列を代入するプログラムも確認しましょう（コード2-9）。このプログラムは、5つの要素を持つ配列に、ゲームキャラの職業を想定した文字列を代入します。

▼コード2-9　array_2.py

```
01 job = ["勇者", "神官", "魔法使い", "格闘家", "占い師"]    文字列を初期値とする配列を用意
02 print("job[0]の中身は", job[0])                       0番目の要素の値を出力
03 print("job[1]の中身は", job[1])                       1番目の要素の値を出力
04 print("job[2]の中身は", job[2])                       2番目の要素の値を出力
05 print("job[3]の中身は", job[3])                       3番目の要素の値を出力
06 print("job[4]の中身は", job[4])                       4番目の要素の値を出力
```

▼実行結果

```
job[0]の中身は 勇者
job[1]の中身は 神官
job[2]の中身は 魔法使い
job[3]の中身は 格闘家
job[4]の中身は 占い師
```


(5) 二次元配列

縦方向と横方向に添え字を使ってデータを管理する二次元の配列があります。本書では、シューティングゲームや、3Dダンジョンを探検するプログラムで二次元配列を使います。ここで、二次元配列の概要を知っておきましょう。

二次元配列は、1つの箱に2つの添え字を使って、**配列名[y][x]**と記述します。添え字は、図2-7のように、縦方向をy、横方向をxとするのが一般的です。

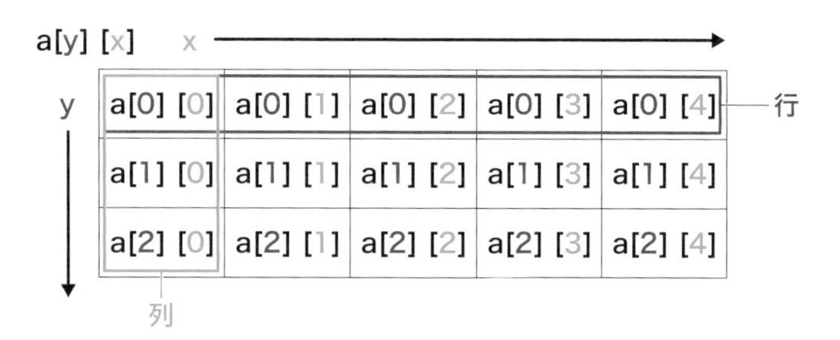

▲図2-7　二次元配列

データの横の並びを**行**、縦の並びを**列**といいます。

二次元配列は、二次元視点の迷路で考えるとわかりやすいでしょう。迷路のマス目を上からy行目、左からx列目として、どこに何があるのかを定めます。たとえば、通路を0、壁を1、魔法陣を2として、図2-8のようなデータを用意し、そのデータをもとに迷路を画面に表示します。

データとして定義 → そのデータをもとに迷路を描く

```
maze = [
    [1,1,1,1,1,1,1,1,1,1,1],
    [1,0,1,0,2,0,1,0,0,0,1],
    [1,0,1,0,1,0,1,0,1,1,1],
    [1,0,0,0,0,0,0,0,0,0,1],
    [1,0,1,0,1,0,1,0,1,0,1],
    [1,0,0,0,1,0,1,0,2,0,1],
    [1,0,1,0,1,0,1,1,1,0,1],
    [1,0,0,0,1,0,0,0,0,0,1],
    [1,1,1,1,1,1,1,1,1,1,1]
]
```

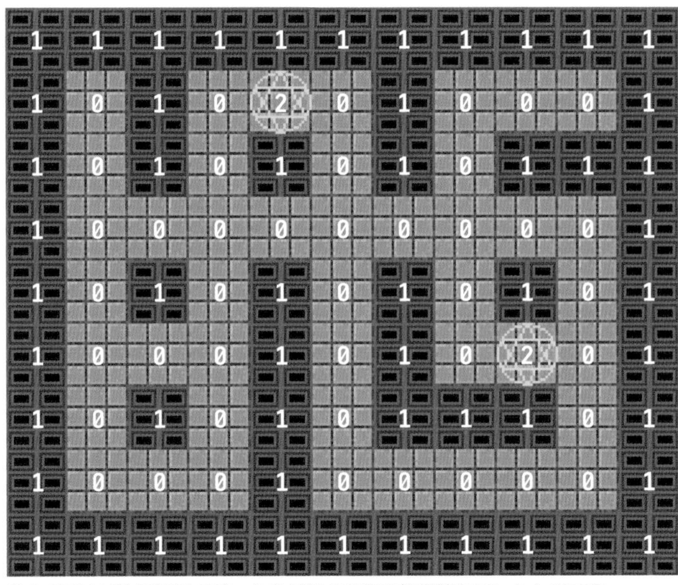

▲図2-8　二次元配列で迷路を定義

※この図は二次元配列でデータを保持する例を視覚的に示したものです。
二次元配列を定義しただけでは、画像は表示されません。

二次元配列を用意するには、いくつかの書き方がありますが、基本的な宣言方法は図2-9のとおりです。

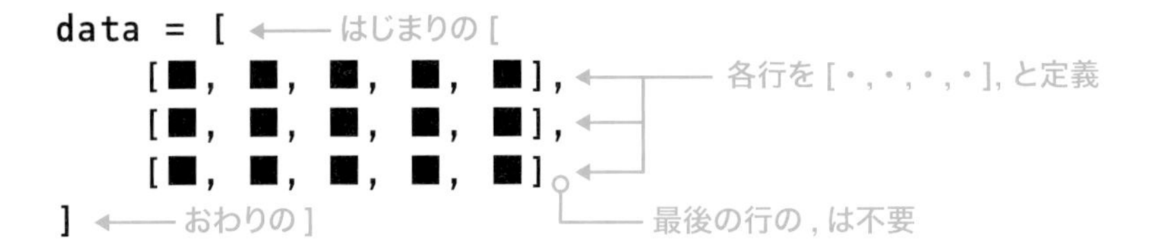
data = [
はじまりの [
[■, ■, ■, ■, ■],
[■, ■, ■, ■, ■],
[■, ■, ■, ■, ■]
各行を [・,・,・,・], と定義
]
おわりの]
最後の行の , は不要

▲図2-9　二次元配列を用意する記述例

■にデータを記述します。

配列は、はじめは難しいものです。すぐには理解できなくても、第3章でもう一度説明するので、そこで復習しましょう。ここでは、概要を頭に入れたら、次の条件分岐の学習へ進みましょう。

配列って難しいな～。一次元の配列はだいたいわかったけど、二次元になると、まだよくわからないです。

この後でもう一度学ぶので、心配しなくて大丈夫ですよ。

2-5 条件分岐

プログラムに記述した命令や計算式は、順に実行されて処理が進みます。その処理の流れを、何らかの条件が成り立ったときに分岐させる仕組みを**条件分岐**といいます。

(1) 条件分岐

条件分岐がどのようなものかイメージしやすいように、ゲームのプログラムでの例を挙げます。

ゲームでの条件分岐の活用例

- スコアがハイスコアを超えたら、ハイスコアにスコアの値を代入せよ
- 主人公と敵キャラが接触したら、主人公の体力を減らせ
- 主人公の体力が0以下になったら、ゲームオーバーの処理に移れ

やや高度な処理を挙げましたが、この節では条件分岐の基礎を学びます。

条件分岐は、「Aという条件が成立したらBをせよ」という指示をプログラムで記述します。それには、**if**という予約語を使います。

(2) ifには3つの書き方がある

ifは、次の3つの書き方があります。

①**if**
②**if ～ else**
③**if ～ elif ～ else**

処理の流れを示す図を**フローチャート**（流れ図）といいます。①～③の3つの条件分岐のフローチャートは、図2-10～図2-12のようになります。

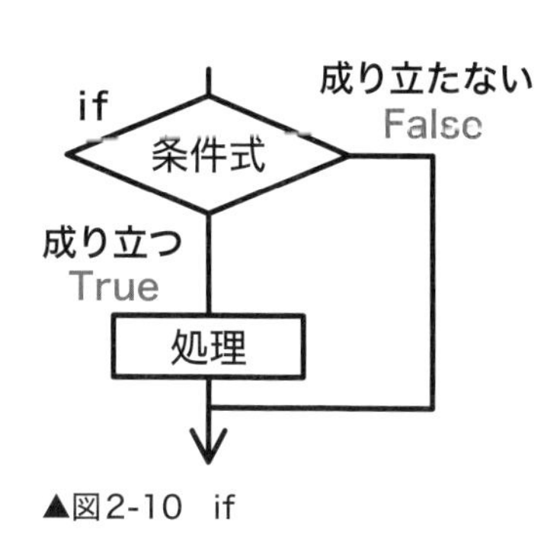

▲図2-10 if

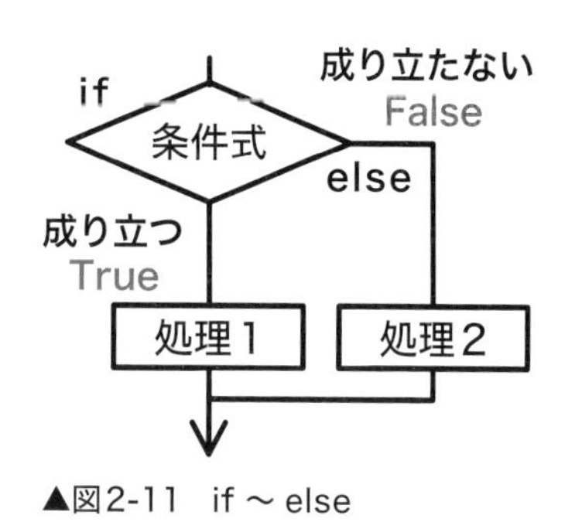

▲図2-11 if ～ else

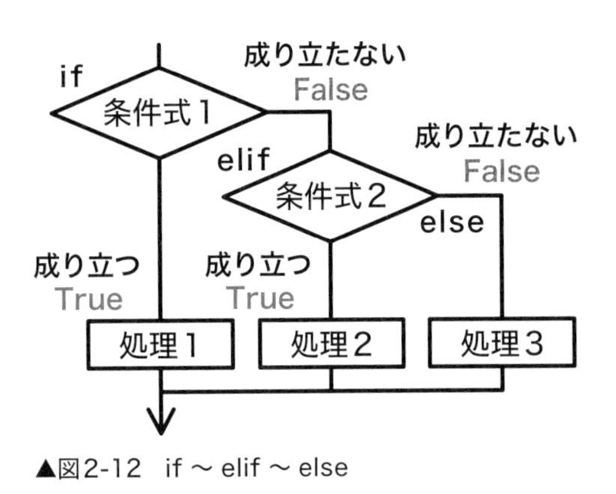

▲図2-12　if ～ elif ～ else

処理の流れを、図形を使って表したものがフローチャートです。

(3) ifの使い方

ifの基本的な書き方から見ていきます（図2-13）。

```
if␣life>0:
␣␣␣␣print("まだ体力が残っています")
```

条件式／コロンを記述／半角スペース／字下げ／条件が成立したときに行う処理

▲図2-13　if文の書き方

ifと条件式を使って記述した処理を**if文**といいます。条件が成立したかを調べる式が**条件式**です。条件式はifのすぐ後に書き、ifと条件式の間に半角スペースを入れます。ifの次の行に、条件成立時に行う処理を記述します。Pythonでは、図2-13のように、その処理を字下げします。

(4) 字下げ

Pythonでは、条件成立時に行う処理を**字下げ**して記述します。字下げを**インデント**ともいいます。Pythonの字下げは、通常、半角スペース4文字分とします。

字下げした部分は、**ブロック**と呼ばれる“処理のまとまり”になります。条件が成立したときに複数行に渡って処理を行うなら、それらの行をすべて字下げします。

(5) ifを使ったプログラム

コード2-10のプログラムでif文の処理を確認します。

Pythonの字下げは重要な意味を持ちますよ。プログラムを確認して、字下げの意味を理解していきましょう。

▼コード2-10　if_1.py

```
01 life = 100                      変数lifeに初期値を代入
02 print("体力の値は", life)       その値を出力
03 if life==0:                     lifeの値が0なら
04     print("もう戦えません")     「もう戦えません」と出力
05 if life!=0:                     lifeの値が0でないなら
06     print("まだ戦えます")       「まだ戦えます」と出力
```

▼実行結果

```
体力の値は 100
まだ戦えます
```

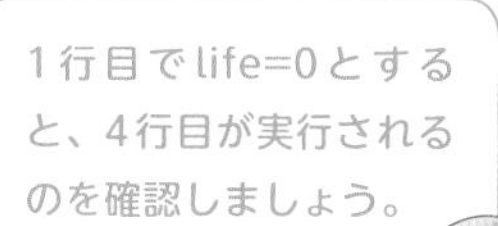

3行目の`if life==0`は、「変数`life`が`0`なら」という意味です。1行目で`life`に`100`を代入したので、この条件式は成り立ちません。

5行目の`if life!=0`は、「`life`が`0`でなければ」という意味です。こちらの条件式が成り立つので、6行目が実行されます。

(6) 条件式

条件式は、表2-4のように記述します。左辺と右辺が等しいか調べるにはイコール(=)を2つ並べ、等しくないかを調べるには!と=を並べる決まりです。数の大小の比較は、数学と同じ>と<の記号を使います。

▼表2-4　条件式

条件式	何を調べるか
a==b	aとbの値が等しいか
a!=b	aとbの値が等しくないか
a>b	aはbより大きいか
a<b	aはbより小さいか
a>=b	aはb以上か
a<=b	aはb以下か

(7) TrueとFalse

Pythonには真の意味を表す**True**(トゥルー)と、偽の意味を表す**False**(フォルス)という値があります。TrueとFalseを論理値や真偽値、あるいは`bool`(ブール)値といいます。条件が成り立つとき、その条件式はTrueになり、成り立たないときはFalseになります。**if文は、条件式がTrueならブロックに記述した処理が行われます。**

(8) if～elseの使い方

if～elseを使うと、条件が成り立たなかったときの処理を記述できます。

コード2-11のプログラムでif～elseの使い方を確認します。elseの後ろに**:**（**コロン**）が必要です。コロンを付けるのを忘れないようにしましょう。

▼コード2-11　if_2.py

```
01 score = 10000                       変数scoreに初期値を代入
02 print("スコアは", score)             その値を出力
03 if score>10000:                     scoreの値が10000より大きいなら
04     print("１万点を超えました！")      「1万点を超えました！」と出力
05 else:                               そうでないなら（10000以下なら）
06     print("まだ1万点以下です")         「まだ1万点以下です」と出力
```

▼実行結果

```
スコアは 10000
まだ1万点以下です
```

score>10000は、scoreの値が10000を超えると成り立ちます。

１行目でscoreの初期値を10000としたので、3行目の条件式は成り立ちません。そのため、elseの後に記述した6行目が実行されます。

(9) if～elif～elseの使い方

if～elif～elseを使うと、複数の条件を順に調べることができます。elif（エルイフ）はelse if（そうでなく、もし～ならという意味）の略です。C言語などelse ifを使うプログラミング言語もありますが、Pythonではelifと記述します。

コード2-12のプログラムでif～elif～elseの使い方を確認します。elifの条件式の後と、elseの後にコロン（:）が必要です。

▼コード2-12　if_3.py

```
01 attack = 0                          変数attackに初期値を代入
02 print("敵の攻撃力は", attack)         その値を出力
03 if attack>=1000:                    attackの値が1000以上なら
04     print("大きなダメージを受けた！")   「大きなダメージを受けた！」と出力
05 elif attack>0:                      そうでなくattackが0より大きいなら
06     print("ダメージを受けた")          「ダメージを受けた」と出力
07 else:                               いずれの条件も満たさないなら（0以下なら）
08     print("ダメージを受けない")        「ダメージを受けない」と出力
```

▼実行結果

```
敵の攻撃力は 0
ダメージを受けない
```

１行目のattackを1000以上や、1～999に変えて動作を確認しましょう。

1行目で変数attackに0を代入しています。3行目と5行目の条件式は、どちらも成り立たず、elseの後の8行目が実行されます。

このプログラムはelifを1つだけ記述しましたが、if〜elif〜‥‥〜elif〜elseのようにelifを2つ以上記述して、複数の条件を順に判定できます。

(10) andとor（論理演算子）

論理演算子と呼ばれる**and**や**or**を使って「if 条件式1 and 条件式2」や「if 条件式1 or 条件式2 or 条件式3」のように、1つのif文に複数の条件式を記述できます。**and**は**かつ**、**or**は**もしくは**の意味で使います（図2-14）。

ゲームのプログラムでは、たとえば次のように、if文に複数の条件式を記述します。

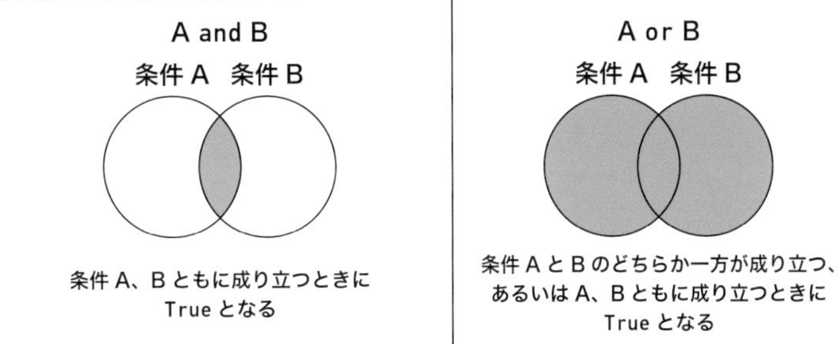

▲図2-14　andとor

ゲームでのif文と論理演算子の活用例

①もし←キーが押され、かつ(and)、x座標の値が0以上なら、プレイヤーキャラを左に移動
②もし→キーが押され、かつ(and)、x座標の値が1200以下なら、プレイヤーキャラを右に移動
③もしZキーが押されたか、もしくは(or)、Spaceキーが押されたら、ジャンプする

①と②の例は、ゲーム画面の横幅を1200の大きさとしたとき、プレイヤーキャラを画面内の見える範囲で動かすための条件式です。③はZキーとSpaceキーの、どちらでもジャンプできるようにする条件式です。ここでは簡単な説明のみにしますが、ゲームを作るための技術の学習と、ゲームを制作する中でandとorを使います。

覚えることがいっぱいで、自信がなくなってきたなぁ‥‥。

大丈夫よ。私もはじめは魔法のまの字も知らなかったのですから。

大賢者と名高い師匠が？　生まれついての天才と思ってました。

そんなことありません。私も千里の道を一歩から踏み出したのよ。

6 繰り返し

繰り返しとは、その言葉どおり、コンピューターに繰り返して処理を行わせることです。変数の値の範囲を指定したり、繰り返す条件を設けたりして繰り返します。

(1) 繰り返し

ゲームのプログラムでの繰り返しの例を挙げます。

繰り返しは、ループということもあります。

ゲームでの繰り返しの活用例

- 敵に0から9という番号を付け、そのうち1～3番の敵を動かす
- パーティメンバー5名の体力を、1人目から順に回復する
- 画面の左端から右端まで、ブロックの画像を1つずつ表示する

やや高度な処理を挙げましたが、この節では繰り返しの基礎を学びます。

(2) 繰り返しの命令は2種類ある

繰り返しは、`for`や`while`という予約語で行います。それぞれ次のような繰り返しになります。

2種類の繰り返し

- `for`の繰り返し → 変数の値を指定した範囲で変化させ、その間、処理を繰り返す
- `while`の繰り返し → 条件が成り立つ間、処理を繰り返す

繰り返しをフローチャートで表すと、図2-15と図2-16のようになります。

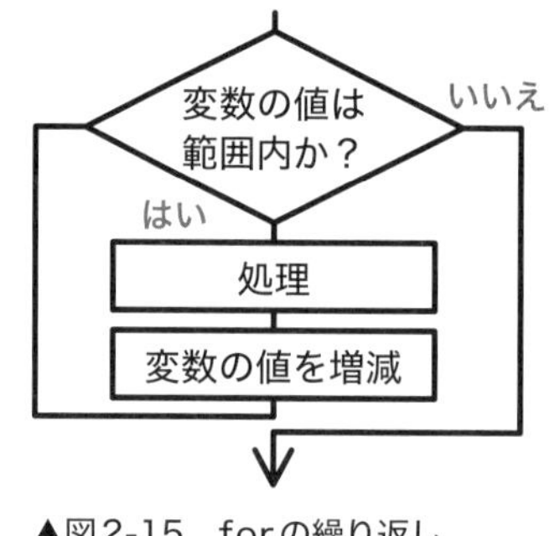

▲図2-15　forの繰り返し

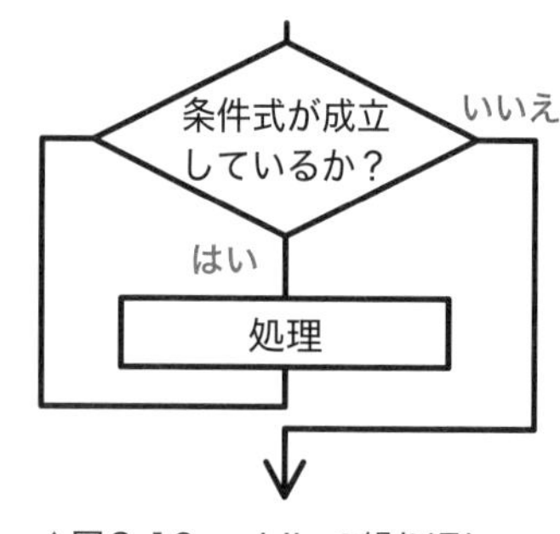

▲図2-16　whileの繰り返し

forを使った繰り返しを**for文**、whileを使った繰り返しを**while文**といいます。
forとwhileの記述の仕方と、どのような繰り返しが行われるかを、順に説明します。

(3) forの使い方

for文は**range()**という命令で繰り返す範囲を指定します。for文の基本的な書き方は、図2-17のようになります。

```
for␣i␣in␣range(1,10):
␣␣␣␣print(i)
```

繰り返しに使う変数　変数の範囲　コロンを記述　半角スペース　字下げ　繰り返して行う処理

▲図2-17　for文の書き方

(4) range()で範囲を指定する

繰り返しに使う変数の値の範囲をrange()で指定します。range()には、表2-5の書き方があります。

▼表2-5　range()の書き方

	書き方	どのような指定か
①	range(回数)	変数の値は0から始まり、指定の回数、繰り返す
②	range(初期値, 終値)	変数の値は初期値から始まり、1ずつ増えながら、終値の1つ手前まで繰り返す
③	range(初期値, 終値, 増分)	変数を初期値から終値の手前まで、指定の増分ずつ変化させながら繰り返す

range()は、指定した範囲の数の並びを意味します。たとえば、range(1, 5) は、1, 2, 3, 4という数の並びになり、終値の5は入りません。range(10, 20, 2)は、10, 12, 14, 16, 18という数の並びで、これも終値の20は入りません。**range()による範囲指定は、終わりの数に注意**します。

range()による範囲指定は、Python独自のものです。
C言語やJavaなど他の言語のfor文とは異なります。

(5) forを使ったプログラム —— 基本例

コード2-13のプログラムでfor文の基本的な動作を確認します。

▼コード2-13　for_1.py

```
01 for i in range(10):
02     print(i)
```

iは0から始まり、10回繰り返す
iの値を出力

▼実行結果

```
0
1
2
3
4
5
6
7
8
9
```

ちょっと難しいけど、
ゲームを作るために覚えるぞ〜。

その意気です。
がんばりましょう！

繰り返しに使う変数は、慣例的にiを使うことが多く、このプログラムもiとしています。

繰り返し範囲をrange(10) としたので、iの値は0から始まり、1ずつ増えながら、9になるまで2行目の処理を繰り返します。出力される最後の数は10でないことに注意しましょう。

このプログラムは学習用のシンプルなfor文で、0から9を単に出力するだけです。しかしゲームのプログラムでは、たとえば10体のキャラクターに0から9の番号を付け、それらをまとめて処理するときにforを使います。

(6) forを使ったプログラム —— range()による範囲指定

range(初期値, 終値)で範囲を指定する繰り返しを確認します（コード2-14）。

▼コード2-14　for_2.py

```
01 for i in range(1, 5):
02     print(i)
```

iは1から始まり、4まで1ずつ増える
iの値を出力

▼実行結果

```
1
2
3
4
```

forを使うと、同じ処理を
何度もコンピューターにさ
せられるんだね。

最後の数が、引数の終値の1つ手前の数になることに注意しましょう。

(7) 値を減らす繰り返し

range(初期値, 終値, 増分)の増分に負の数を記して、値を減らしていくことができます。コード2-15のプログラムでそれを確認します。この繰り返しも終値の手前の数まで出力されます。

▼コード2-15　for_3.py

```
01 for i in range(10, 5, -1):        iは10から始まり、6まで1ずつ減る
02     print(i)                      iの値を出力
```

▼実行結果

```
10
9
8
7
6
```

forの基本的な使い方を学びました。for文の中に別のfor文を入れる使い方もあり、第3章でそれを学びます。

range()で数列を作る

Pythonでは、range()とlist()という命令で、等差数列を作ることができます。等差数列とは、一定の数を次々に加えて作られる数の並びです。等差数列を作るプログラムを紹介します（コード2-A）。

▼コード2-A　arithmetic_progression.py

```
01 odd = list(range(1,10,2))        1〜9の奇数の数列を作りoddに代入
02 print(odd)                       その数列を出力
03 ten = list(range(0,101,10))      10〜100の等差10の数列を作りtenに代入
04 print(ten)                       その数列を出力
```

▼実行結果

```
[1, 3, 5, 7, 9]
[0, 10, 20, 30, 40, 50, 60, 70, 80, 90, 100]
```

1行目で1から始まる、等差2の数列を作っています。終値を10としているので、その手前の9までが並ぶ数列になります。3行目で0から始まる、等差10の数列を作っています。終値を101としているので、100までの数列になります。数列は第5章のCOLUMNでも説明します。

(8) breakとcontinue

for文でbreakやcontinueという命令を使い、繰り返しの途中で、繰り返す条件を変更できます。**break**は繰り返しを中断する命令、**continue**は繰り返しの先頭に戻る命令です。

breakとcontinueの使い方を確認します。breakやcontinueは、ifと組み合わせて記述します。

コード2-16がbreakを使ったプログラムの例です。1行目で範囲をrange(10)とし、10回繰り返すようにしていますが、3～4行目のifとbreakで、iの値が2になると繰り返しを中断するので、0、1、2だけが出力されます。breakで繰り返しを中断することを、**繰り返しを抜ける**ともいいます。

▼コード2-16　for_break.py

```
01 for i in range(10):          iは0から始まり、10回繰り返す
02     print(i)                 iの値を出力
03     if i==2:                 iの値が2なら
04         break                breakで繰り返しを抜ける
```

▼実行結果

```
0
1
2
```

コード2-17がcontinueを使ったプログラムの例です。1行目でiは0から始まり9まで繰り返すとしていますが、2～3行目のifとcontinueで、iが6未満なら繰り返しの先頭に戻しています。そのため、iが6未満の間は4行目が実行されません。iが6以上になるとprint(i)が実行されます。

▼コード2-17　for_continue.py

```
01 for i in range(10):          iは0から始まり、10回繰り返す
02     if i<6:                  iが6未満なら
03         continue             continueで繰り返しの先頭に戻る
04     print(i)                 iの値を出力
```

▼実行結果

```
6
7
8
9
```

breakとcontinueが難しく感じた方は、for文の基本的な書き方を頭に入れて、次へ進みましょう。そして、この後でまたbreakやcontinueが出たときに復習しましょう。

(9) whileの使い方

while文について説明します。while文は、図2-18のように記述します。

```
while␣条件式:
    処理
    :
```

字下げ → ␣␣␣␣

条件が成り立つ間、繰り返す処理

▲図2-18　Pythonのwhile文

while文では、繰り返しに使う変数をwhileの前で用意します。コード2-18のプログラムでwhileの動作を確認します。

▼コード2-18　while_1.py

```
01 i = 1                      繰り返しに使う変数iに初期値を代入
02 while i<=256:              whileの条件式をi<=256として繰り返す
03     print(i, end=",")      iの値を出力
04     i = i * 2              iの値を2倍してiに代入
```

▼実行結果

```
1,2,4,8,16,32,64,128,256,
```

これは数を倍にしていく計算だね！

1行目で繰り返しに使う変数iに1を代入しています。

2行目のwhileの条件式をi<=256とし、iが256以下の間、処理を繰り返します。

4行目の式でiの値は1→2→4→8····と倍々に増えていきます。

3行目のprint()に**end=","**という引数があります。これを入れると、改行せずにカンマ区切りで値を出力できます。複数のデータを出力するときなどに便利なので、この記述を覚えておきましょう。

繰り返しの意味はだいたいわかったけど、ボクにはwhileが難しいです。

まずforを覚えましょう。この章の最初に紹介したクイズゲームのプログラムp.028も参考にしてね。クイズを3問出すのにforを使っています。

CHAPTER 2 プログラミングの基礎知識

7 関数

コンピューターが行う処理を1つのまとまりとして記述したものが**関数**です。何度も行う処理があれば、それを関数として定義すると、プログラムがすっきりして読みやすくなります。この節では、関数の定義の仕方を学びます。

(1) ゲームの関数

ゲームのプログラムでは、たとえば、

- 主人公キャラを動かす関数
- 敵キャラを動かす関数
- 2つの物体が接触しているかを調べる関数

というように、大きな処理ごとに関数を定義します。

プログラミングには、**バグ**を修正する作業が伴います。バグとは、プログラムやデータに不具合があってソフトウェアがおかしな動作をすることです。大きな処理ごとに関数を定義しておけば、バグが発生した箇所を探しやすくなる利点もあります。

本書を読破したとき、関数を自分で作れるようになることを目標にしましょう。

(2) 関数の概要

関数には**引数**でデータを与え、関数内でそのデータをもとに計算し、導き出した結果を**戻り値**(ち)として返す機能を持たせることができます。その機能をイメージで表すと、図2-19のようになります。

引数と戻り値は必須ではなく、引数や戻り値がない関数を作ることもできます。

▲図2-19　関数のイメージ

(3) 関数の定義の仕方

Pythonでは、関数を**def**という予約語で定義します(図2-20)。

Pythonは、戻り値の有無にかかわらず、どの関数もdefで定義する決まりです。


```
関数名
def␣start(): ← コロンを記述
␣␣␣␣print("冒険の準備ができました")
字下げ          処理
```

▲図2-20　関数の定義の仕方

関数名には、()を付けます。引数を指定するときは、()内に引数となる変数を記述します。引数については、この後で説明します。関数で行う処理は、ifやforと同様に字下げして記述します。

関数名の付け方のルールは、変数名の付け方p.033と一緒です。ルールに従えば、自由に付けることができます。プログラムを見直すときなどのために、わかりやすい関数名としましょう。

なお、Pythonの関数名は一般的に小文字としますが、必要に応じて大文字を使ってもかまいません。

(4) 引数も戻り値もない関数

引数も戻り値もない簡素な関数を記述したプログラムを確認します(コード2-19)。このプログラムは、4行目で関数を実行することがわかりやすいように、3行目を空行にしています。

▼コード2-19　function_1.py

```
01 def start():                              start()という関数を定義
02     print("冒険の準備ができました")        文字列を出力
03
04 start()                                   定義した関数を呼び出す
```

▼実行結果

```
冒険の準備ができました
```

1〜2行目でstart()という名の関数を定義しています。この関数は、print()でメッセージを出力する機能を持ちます。

定義した関数を4行目で呼び出しています。関数を実行することを**呼び出す**といいます。**関数は、定義しただけでは働きません。働かせるには、実行したい位置に、その関数名を記述します。**

4行目を削除するか、頭に#を入れて#start()とすると、実行しても何も起きません。試してみましょう。

(5) 引数あり、戻り値なしの関数

引数あり、戻り値なしの関数を確認します（コード2-20）。

▼コード2-20　function_2.py

```
01 def life_check(val):              life_check()という関数を定義
02     if val>0:                     引数の値が0より大きいなら
03         print("まだ戦えます")       「まだ戦えます」と出力
04     else:                         そうでないなら（引数が0以下なら）
05         print("もう戦えません")     「もう戦えません」と出力
06
07 print("体力値100で関数を実行")      説明文を出力
08 life_check(100)                   引数を与えて関数を呼び出す
09 print("体力値0で関数を実行")        説明文を出力
10 life_check(0)                     引数を与えて関数を呼び出す
```

▼実行結果

```
体力値100で関数を実行
まだ戦えます
体力値0で関数を実行
もう戦えません
```

体力の確認という意味で、life_check()という関数名にしています。

引数が0より大きいか、0以下かを判断してメッセージを出力する関数を、1～5行目に定義しています。8行目と10行目で、それぞれ引数を与え、この関数を呼び出しています。定義した関数は、このように何度でも呼び出せます。

(6) 戻り値を持たせた関数

戻り値を持たせるには、関数内に**return 戻り値**と記述します。**戻り値は、変数や計算式を記述して、その値を返したり、条件によって異なる値（例：TrueやFalse）を返す**ようにします。

引数で攻撃力と防御力を与えると、ダメージの値を戻り値で返す関数を確認します（コード2-21）。

▼コード2-21　function_3.py

```
01 def damage(strength, defense):     damage()という関数を定義
02     d = strength - defense         引数の値からダメージを計算しdに代入
03     return d                       dの値を返す
04
05 d = damage(100, 20)                関数で計算したダメージ値をdに代入
06 print("相手の攻撃力100、自分の防御力20の時、ダメージ値は", d)              print()でdの値を出力
07 print("相手の攻撃力50、自分の防御力30の時、ダメージ値は", damage(50,30))   print()の引数に関数を記述し値を出力
```

▼実行結果

```
相手の攻撃力100、自分の防御力20の時、ダメージ値は 80
相手の攻撃力50、自分の防御力30の時、ダメージ値は 20
```

1〜3行目に定義したdamage()関数は、引数で攻撃力と防御力を受け取ります。d = strength - defenseでダメージの値を計算し、変数dに代入します。そして、return dでその値を返します。

5行目で関数に引数を与えて呼び出し、戻り値を変数dに代入しています。その値を6行目で出力しています。7行目はprint()の中にdamage()関数を記述して値を出力しています。関数からの戻り値を、このように変数を介さずに扱うこともできます。

(7) グローバル変数とローカル変数、それらの有効範囲

function_3.pyの2行目と5行目にdという変数があります。変数名は同じですが、それらは別の変数です。このことについて説明します。

変数は、グローバル変数とローカル変数の2種類があります。

- **グローバル変数 → 関数の外部で宣言した変数**
- **ローカル変数 → 関数の内部で宣言した変数**

function_3.pyの2行目のdはローカル変数、5行目のdはグローバル変数です。

ローカル変数とグローバル変数は、それぞれ扱える範囲（有効範囲）が違います。変数の有効範囲を**スコープ**といいます。変数のスコープを図示すると、図2-21のようになります。

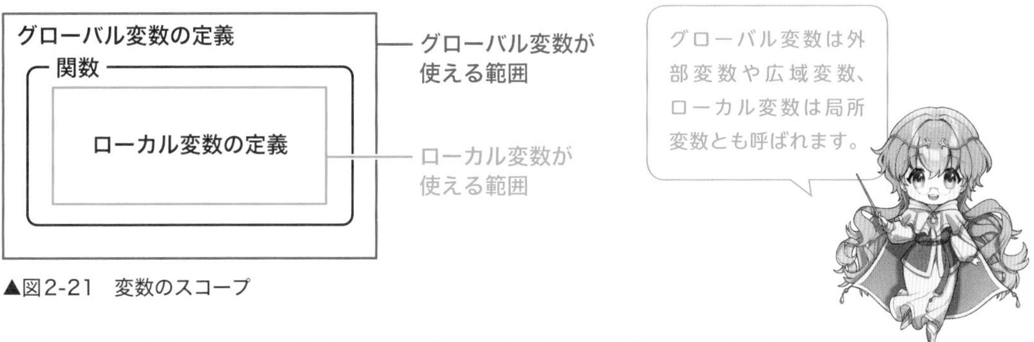

▲図2-21　変数のスコープ

グローバル変数は、それを**宣言したプログラム内のどこでも**使うことができます。

ローカル変数は、それを**宣言した関数内でのみ**使うことができます。

グローバル変数の値を関数内で変更するとき、Pythonには関数内でその変数をglobal宣言する決まりがあります。この決まりは、他のプログラミング言語にはないPython特有のもので、ゲーム制作の中で改めて説明します。

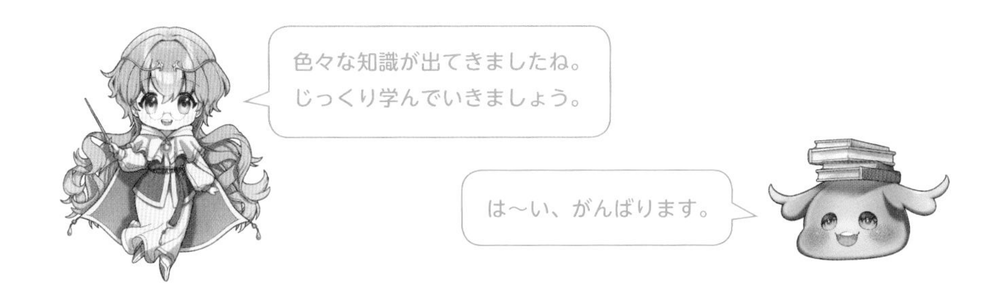

第2章のまとめ

2-2

- **print()** で文字列や変数の値を出力する。 ……… p.029
- **input()** で文字列の入力を受け付け、その文字列を変数に代入する。 ……… p.030
- プログラムの中に説明などを**コメント**として記述できる。 ……… p.031

2-3

- **変数**に数や文字列を入れて扱う。変数を使うには**変数名** = 初期値と記述する。 ……… p.032
- 変数名はアルファベット、数字、_（アンダースコア）を組み合わせて付ける。 ……… p.033
- 計算に使う記号を**演算子**といい、+、-、*、/、**、//、%などがある。 ……… p.034
- 変数は、扱うデータの種類によって、いくつかの**型**に分けられる。 ……… p.035

2-4

- 複数のデータを扱うために利用する、番号を付けた変数を**配列**という。 ……… p.037
- 配列の箱を**要素**といい、それがいくつあるかを**要素数**という。 ……… p.037
- **添え字**と呼ばれる番号で、どの要素を扱うかを指定する。 ……… p.037

2-5

- **if**、**if～else**、**if～elif～else**で**条件分岐**を記述する。 ……… p.041
- 条件が成り立つか調べる式を**条件式**といい、
成り立つときは**True**、成り立たないときは**False**になる。 ……… p.042-043
- A **and** Bは、条件A、Bともに成り立つことを意味する。 ……… p.045
- A **or** Bは、条件AとBのどちらか一方が成り立つか、
A、Bともに成り立つことを意味する。 ……… p.045

2-6

- Pythonでは**for**、**in**、**range()**、あるいは**while**で**繰り返し**を記述する。 ……… p.046-047
- **break**で繰り返しを中断し、**continue**で繰り返しの先頭に戻る。 ……… p.050

2-7

- コンピューターが行う処理を1つのまとまりとして記述したものが**関数**である。 ……… p.052
- Pythonは、**def**で関数を定義する。
関数には、**引数**と**戻り値**を持たせることができる。 ……… p.052-053
- 変数には**グローバル変数**と**ローカル変数**があり、
それぞれ**スコープ**（有効範囲）が違う。 ……… p.055

COLUMN

石取りゲームの解説

第1章のCOLUMNで取り上げた「石取りゲーム」の必勝法と、プログラムの説明です。

石取りゲームの必勝法

石取りゲームは、1回に取れる石の最大数をmとすると、取った後の数が**(m+1)*n+1**となるようにすれば勝てます。本書のプログラムは、1～3個を取るルールなので、m=3です。取った後の数を21、17、13、9、5、1としていけば、コンピューターに勝つことができます。

プログラムの解説

全コードと説明を掲載します。今はまだ読み解けなくても、本書を読破すれば理解できるようになります。わからない部分があっても気にせずに、一通り目を通したら次の章へ進みましょう。

▼stone_game.py

```
01 import random                                        乱数を使うためにインポート
02 import time                                          n秒待つためにインポート
03 print("""                                            ゲームの説明を出力
04 石取りゲームのルール：
05 石の数が乱数で決まります(15～22個)
06 先攻、後攻もランダムに決まります。
07 プレイヤーとコンピューターが交互に1～3個ずつ取ります。
08 最後の1個を取ることになったほうの負けです。
09 残りが3個以下で全部取ってしまうと負けとします。
10 """)
11 
12 stone = random.randint(15, 22)                       石の数を乱数で決める
13 turn = random.randint(0, 1)                          どちらの番かを乱数で決める
14 take = 0                                             石を取った数を代入する変数
15 
16 while stone>0:                                       石が0より大きい間、繰り返す
17     turn = 1 - turn                                  どちらの番かを変更
18     print("-"*40)                                    区切り線を出力
19     for i in range(stone):                           for文で石の数だけ
20         print("●", end="")                           ●を出力
21     print(" 石の数", stone)                          stoneの値を出力
22     if turn==0:                                      プレイヤーの番なら
23         print("あなたの番")                          あなたの番と出力
24         while True:                                  while、input()、ifで、いくつ
25             i = input("いくつ取りますか？")          取るかを入力させる処理を記述
26             if i=="1" and stone>0:
27                 take = 1                             1～3を入力したときは
28                 break                                takeにその数を入れ、
29             if i=="2" and stone>1:                   whileを抜けて35行目に進む
30                 take = 2
31                 break                                1、2、3以外を入力したときは
32             if i=="3" and stone>2:                   whileから抜け出さずに
33                 take = 3                             再び入力させている
34                 break
```

```
35         print("あなたは", take, "取りました")        いくつ取ったかを出力
36     else:                                          ここからコンピューターが取る
37         print("コンピューターの番")                  コンピューターの番と出力
38         take = (stone-1)%4                         取る数を、勝てる値とする
39         if take==0:                                その数が0になった場合は
40             take = random.randint(1,3)             取る数を乱数で決める
41             if take>stone: take = stone            石の残り数より大きくはしない
42         time.sleep(2)                              2秒待つ
43         print(take, "取りました")                   いくつ取ったかを出力
44     stone = stone - take                           石の数を減らす
45     time.sleep(2)                                  2秒待つ
46
47 print("------------- ゲーム終了 -------------")     区切り線を出力
48 if turn==1:                                        どちらが勝ったかを出力
49     print("あなたの勝ち！")
50 else:
51     print("コンピューターの勝ち！")
```

※学習用に19〜20行目でfor文を使っていますが、19〜21行目をprint("●"*stone, " 石の数", stone)と変更して1行で記述できます。

- 3〜10行目のように、"""でくくることで、複数の行をprint()できます。
- 18行目のprint("-"*40)は、**文字列*n**として、その文字列をn個出力します。
- timeモジュールが持つsleep()関数で、引数の秒数の間、処理を一時停止させます（42行目と45行目）。

グラフィックを表示しよう

Pythonには、ウィンドウを表示したり、図形や画像を描いたりする機能があります。この章では、その機能の使い方を説明します。また、図形描画に必要な、二次元平面や座標などの数学に関する知識を学びます。グラフィックを使ったゲームを作る準備として、この章を読み進めていきましょう。

Contents

1 この章で学ぶこと

ゲームでは、キャラクターやオブジェクト、背景など様々なグラフィックを使います。その前準備として、Pythonでウィンドウを表示する方法、図形や画像を描く方法、それらをプログラムで描画するために必要な数学の知識を学びます（図3-1）。

この章で学ぶ知識を使って、
次のような画面を描くことができますよ。

おっ、師匠のステータス画面だね。
どれどれ・・・・えっ、知力が9999？
カンストしてる！　すご〜い！

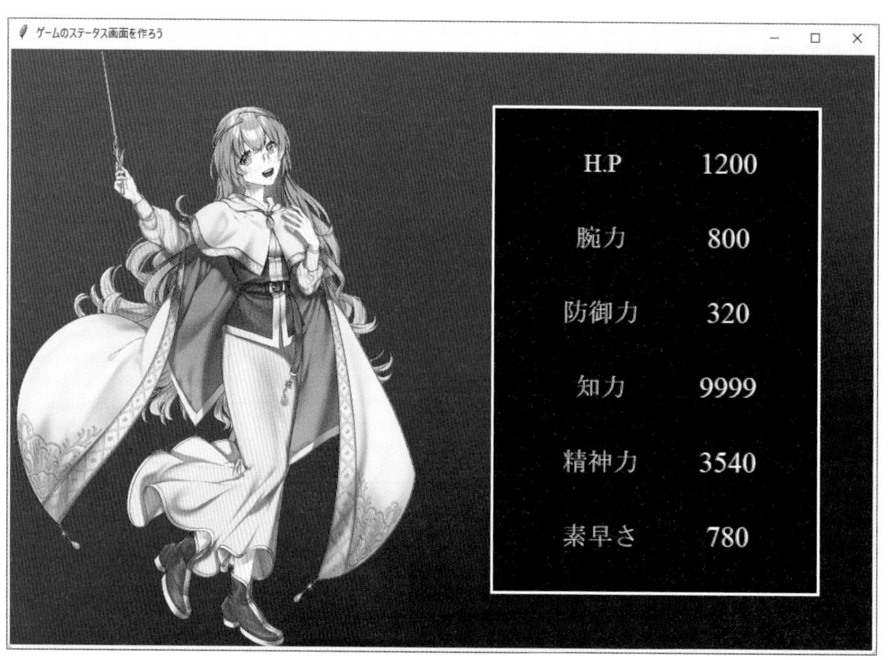

▲図3-1　この章で学ぶ知識で描いた画面（キャラクターのステータスを表示）

Chapter3フォルダの中にある**status.py**をIDLEで開いて実行すると、この画面を確認できます。このプログラムは、この章で学ぶ知識を使って作ったものです。プログラムの内容を章末に掲載しています。

2 tkinterでウィンドウを表示しよう

この節では、Pythonでウィンドウを表示する方法を説明します。

(1) ゲーム制作に必須のウィンドウ

グラフィックを使ったゲームを作るには、コンピューターの画面にウィンドウを表示する必要があります。Pythonでは、**tkinter**（ティーケイインター）というモジュールを使って**ウィンドウ**を作り、そこにキャンバスという部品を配置し、図形や画像を描くことができます。

(2) モジュール

プログラミングの基礎知識を学んだ第2章では、変数、計算式、**if**や**for**などの命令を使って簡単なプログラムを記述しました。それらのプログラムでは、変数を使って計算したり、文字列を出力したりといった処理を行うための準備は不要でした。一方、「ウィンドウを表示する」などの高度な処理は、Pythonの**モジュール**と呼ばれる機能を追加して行います。

本書で使うモジュールは、表3-1のとおりです。

▼表3-1　本書で使うモジュール

モジュール名	機能
tkinter	ウィンドウを作り、GUIの部品を扱う
calendar	カレンダーを出力する
random	乱数を扱う
time	時間に関する処理を行う
math	数学的な計算を行う（三角関数など）

GUIとはグラフィカルユーザーインターフェイスの略で、ボタンやテキスト入力部、アイコンやグラフィックなどで構成された操作画面を意味する言葉です。

calendarは、第1章のシェルウィンドウの使い方で体験しました。randomとtimeは、第1章と第2章のCOLUMN「石取りゲーム」で使っています。

randomは、第5章で使い方を詳しく説明し、ゲーム制作に使います。mathは、第4章で説明し、これもゲーム制作に使います。

この章では、tkinterモジュールを使ってウィンドウを作り、グラフィックを描くプログラムを制作します。

(3) Pythonでウィンドウを表示する

tkinterの機能を使ってウィンドウを表示します。コード3-1のプログラムを入力して実行し、動作を確認しましょう。

▼コード3-1 window_1.py

```
01 import tkinter                tkinterモジュールをインポート
02 root = tkinter.Tk()           ウィンドウのオブジェクトを作る※
03 root.mainloop()               ウィンドウの処理を開始
```

※tkinterに備わるTk()がウィンドウを作るための命令です。

▼実行結果

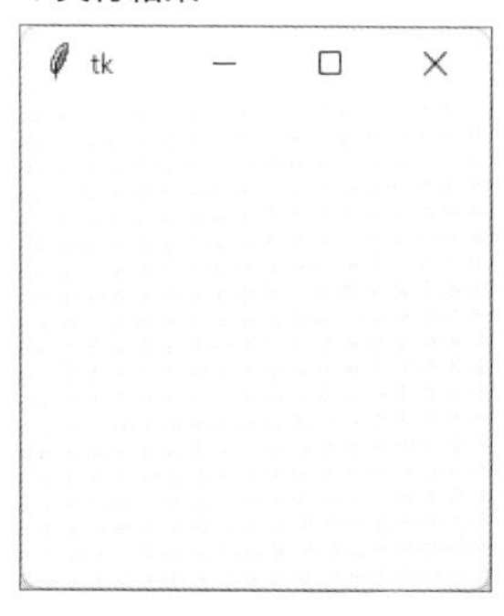

tkinterモジュールを使うには、1行目のようにimport tkinterと記述します。

2行目の変数 = tkinter.**Tk()**でウィンドウとなる部品(**オブジェクト**といいます)を作ります。このプログラムでは、その変数名をrootとしています。Pythonでは、ウィンドウを作るときの変数名をrootとすることが多く、本書のプログラムでもrootという変数名を使います。

3行目のroot.**mainloop()**でウィンドウの処理を開始します。このmainloop()は、tkinterを使って作るソフトの処理を開始するための決まり文句です。3行目を難しく考える必要はありません。

root.mainloop()と記述してウィンドウの処理を始めると考えましょう。

(4) タイトルとウィンドウの大きさを指定する

コード3-1のプログラムに、ウィンドウの大きさを指定する命令と、ウィンドウのタイトルを指定する命令を追加します。コード3-2のプログラムでそれを確認します。このプログラムを実行すると、指定のサイズで、タイトルの文字列が表示されたウィンドウが作られます。

▼コード3-2 window_2.py

```
01 import tkinter                 tkinterをインポート
02 root = tkinter.Tk()            ウィンドウを作る
03 root.geometry("800x480")       ウィンドウの大きさを指定
04 root.title("タイトル")          ウィンドウのタイトルを指定
05 root.mainloop()                ウィンドウの処理を開始
```

コード3-1のプログラムに3行目と4行目を追加するんだね。

▼実行画面

geometryは、幾何学という意味です。幾何学とは、図形や空間の性質を解き明かす学問のことですよ。

ウィンドウの幅と高さは、3行目の**geometry()**の引数に"幅x高さ"を記述して指定します。xは、半角小文字のエックスです。

タイトルは、4行目にある**title()**の引数で指定します。

COLUMN

ピクセルとドット

パソコンやスマートフォンなどの液晶表示部は、発光する小さな点が無数に集まってできています。その点の1つ1つを**ピクセル**（画素）やドットといいます。

画素とは、画像を構成する最小単位を意味する言葉です。デジタルデータとしての写真や、本書で学習に使うイラストなどのグラフィック素材には、たくさんの画素、つまりピクセルが並んでいます。

ピクセルの1つ1つは、色の情報を持ちます。たとえば、リンゴの写真なら、赤い部分には赤いピクセルが並び、影の部分には暗い色のピクセルが並んでいます。

本書では、キャンバスや図形の幅と高さを「○ピクセル」と呼んで説明します（○にはピクセルの数を表す数字が入ります）。ピクセルとドットという言葉は、少し違う意味で使われることがありますが、プログラミングの学習では、ピクセル≒ドットと考えて問題ありません。たとえば、幅800ピクセル、高さ600ピクセルのキャンバスを作ると、そこには横に800個、縦に600個、合計48万個（800×600）のドットが並びます。

第7章でドット絵のカーレースを作ります。

レトロゲームってやつですね。楽しみだな～。

3 キャンバスに線を引こう

この節では、tkinterで図形や画像を描くキャンバスの使い方を説明します。また、グラフィックを描くには、コンピューターの座標について知る必要があるので、座標の説明も行います。

(1) キャンバスとは？

tkinterで作ったウィンドウ（画面）には、入力を受け付けるボタンや文字列を表示するラベルと呼ばれる部品、グラフィックを描く**キャンバス**（canvas）という部品などを配置できます。本書では、tkinterのキャンバスを使ってゲームを制作します（図3-2）。

tkinterで画面に配置する部品は、ウィジェット（widget）と呼びます。第8章のCOLUMNで、ボタンなどのウィジェットを使ったプログラムを紹介します。

tkinter で作ったウィンドウ

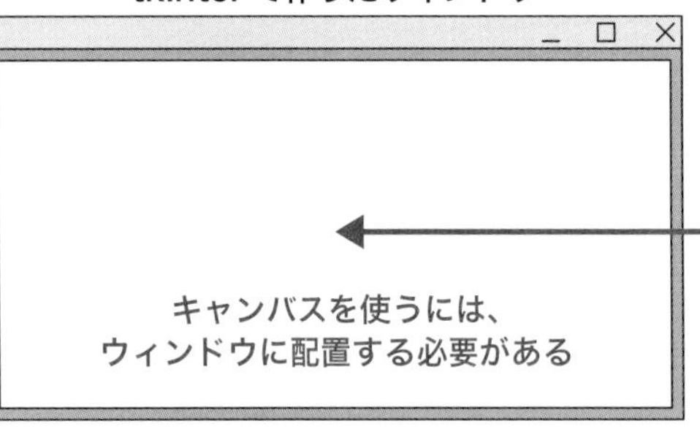
キャンバスを使うには、
ウィンドウに配置する必要がある

グラフィックを描くキャンバス

▲図3-2　キャンバス

(2) コンピューターの座標について知ろう

グラフィックを使ったソフトウェアを作るには、コンピューターの**座標**（ピクセルの位置）についての知識が必要です（図3-3）。ここで、その概要を頭に入れておきましょう。

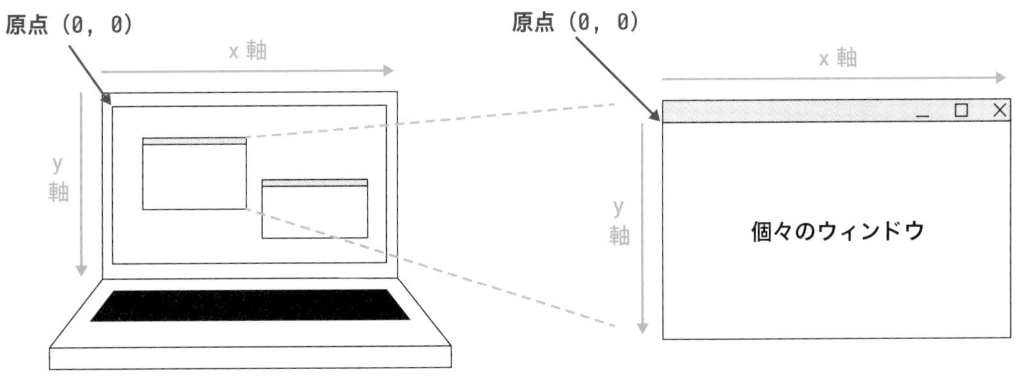

▲図3-3　コンピューターの座標

コンピューターの画面は左上の角が原点(0, 0)で、横方向がx軸、縦方向がy軸です。コンピューター画面に表示される個々のウィンドウも、ウィンドウ内の左上角が原点、横方向がx軸、縦方向がy軸です。**コンピューターのy軸の向きは数学と逆**で、下に向かってyの値が大きくなります。

(3) キャンバスを使う

ウィンドウに**キャンバス**を配置し、そこに線を引くプログラムを確認します（コード3-3）。

▼コード3-3　canvas_1.py

```
01 import tkinter                                                    tkinterをインポート
02 root = tkinter.Tk()                                               ウィンドウを作る
03 root.title("キャンバスに線を引く")                                 タイトルを指定
04 cvs = tkinter.Canvas(width=600, height=400, bg="black")           キャンバスを用意
05 cvs.create_line(0, 0, 580, 380, fill="red", width=5)              キャンバスに幅5の赤い線を引く
06 cvs.pack()                                                        キャンバスをウィンドウに配置
07 root.mainloop()                                                   ウィンドウの処理を開始
```

▼実行結果

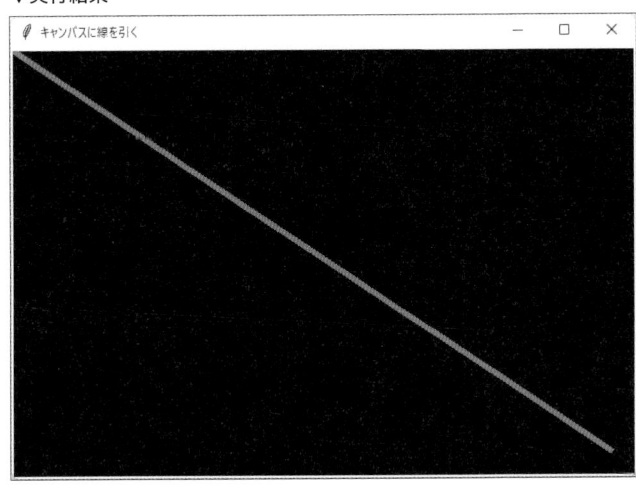

おっ、線が引けた！

図形を描くときは、
原点とy軸の向きに
注意しましょう。

4行目で、幅600ピクセル、高さ400ピクセルのキャンバスの部品（オブジェクト）を用意しています。キャンバスは次のように記述して作ります。

```
キャンバスの変数名 = tkinter.Canvas(width=幅, height=高さ, bg=背景色)
```

このプログラムでは、変数名をcanvasの英単語を略してcvsとしました。

キャンバスの背景色をbg=で指定しますが、この指定は省略できます。色を指定するなら、bg=の後にred、green、blue、black、whiteなどの英単語か、16進法の色の値を記します。16進法については、本章末のCOLUMNで説明します。

線を引くには、5行目のように、キャンバスの変数に対して**create_line()**という命令を使います。このプログラムでは、キャンバスの原点(0, 0)から、右下角の少し手前の(580, 380)を、幅5ピクセルの赤い線で結んでいます。

create_line()の引数は、始点の(x, y)座標、終点の(x, y)座標、fill=線の色、width=線の幅（太さ）です。fill=を省略すると黒い線になり、width=を省略すると幅1ピクセルの線になります。

6行目の**pack()**という命令で、キャンバスをウィンドウに配置しています。pack()で配置すると、ウィンドウがキャンバスの大きさに合わせて広がるので、コード3-2のプログラムで使ったgeometry()を省略できます。

コード3-3のプログラムでは、キャンバスを準備する→そこに線を引く→ウィンドウにキャンバスを配置するという順に処理を行っていますが、キャンバスを配置した後に図形を描くこともできます。

Canvas()命令でキャンバスを用意しただけでは配置されません。pack()などの命令で、ウィンドウにキャンバスを配置します。

(4) 軸となる線を引く

次は、数学のグラフの図のようにx軸とy軸を想定した直線を引きます。キャンバスの座標は左上角が原点、y軸は下向きであることに注意します。コード3-4のプログラムでx軸とy軸の引き方を確認します。

▼コード3-4　canvas_xy.py

```
01 import tkinter                                              tkinterをインポート
02 root = tkinter.Tk()                                         ウィンドウを作る
03 root.title("x軸とy軸を引く")                                 タイトルを指定
04 cvs = tkinter.Canvas(width=800, height=600, bg="white")     キャンバスを用意
05 cvs.create_line(0, 300, 800, 300, fill="red")               赤い線を引く
06 cvs.create_line(400, 0, 400, 600, fill="blue")              青い線を引く
07 cvs.pack()                                                  キャンバスを配置
08 root.mainloop()                                             ウィンドウの処理を開始
```

▼実行結果

x軸とy軸を引く

(400, 0)

(0, 300)　(800, 300)

(400, 600)

わかりやすいようにx軸とy軸の色を変えています。

キャンバスの幅を800ピクセル、高さを600ピクセルとしています。

5行目で(0, 300)から(800, 300)まで赤い線を引いています。これがx軸を想定した線です。

6行目で(400, 0)から(400, 600)まで青い線を引いています。これがy軸を想定した線です。

コンピューター上の二次元平面の原点と軸の向きを頭に入れて、次へ進みましょう。次の節では色々な図形を描きます。

命令1つで線が引けるなんて、プログラミングの命令は、師匠が使う魔法の呪文みたいですね。

そうですね、呪文に似ているかもしれません。プログラミングの命令を覚えれば覚えるほど、コンピューターに色々な処理をさせることができますよ。

CHAPTER 3 グラフィックを表示しよう

4 色々な図形を描こう

この節では、キャンバスに色々な図形を描きます。

(1) 図形の描画命令

これらの命令は図形の英単語から作られています。

キャンバスに図形を描く命令は、次のとおりです。lineは線、rectangleは矩形（長方形）、ovalは楕円、polygonは多角形、arcは円弧という意味です。

▼表3-2 図形の描画命令

図形	描画命令	描画イメージ
線	create_line(x1, y1, x2, y2, fill=色, width=線の太さ) • 座標の引数は[x1,y1,x2,y2]のように配列でも指定できる。 • 三点以上をまとめて指定し、それらを線で結べる。 • 三点以上指定してsmooth=Trueという引数を加えると曲線になる。	(x1, y1) (x2, y2)
矩形	create_rectangle(x1, y1, x2, y2, fill=塗る色, outline=周りの線の色, width=線の太さ)	(x1, y1) (x2, y2)
楕円	create_oval(x1, y1, x2, y2, fill=塗る色, outline=周りの線の色, width=線の太さ) • (x1, y1)を左上角、(x2, y2)を右下角とした矩形の中に入る楕円を描く。	(x1, y1) (x2, y2)
多角形	create_polygon([x1,y1,x2,y2,x3,y3,··,··], fill=塗る色, outline=周りの線の色, width=線の太さ) • 複数の点を指定する。	(x1, y1) (.. , ..) (x2, y2) (x3, y3)
扇形（円弧）	create_arc(x1, y1, x2, y2, fill=塗る色, outline=周りの線の色, start=開始角, extent=何度開くか, style=tkinter.形状) • 角度は度（degree）の値で指定する。 • style=は省略可。指定するならARC、CHORD、PIESLICEのいずれかを記す。 • ARCは弧、CHORDは弦の意味。PIESLICEは一部を切り取ったパイの形。	(x1, y1) (x2, y2)

矩形とは、4つの角が直角の長方形を意味する言葉です。正方形を除く四角形を指すことが多いですが、プログラミングでは正方形と長方形を区別しないので、**本書ではどちらも矩形と呼びます。**

これらの命令は、引数のfill=で塗る色、outline=で周りの線の色、width=で線の太さを指定します。塗る色を指定しなければ、線だけで図形が描かれます。

(2) 図形の描画命令を使う

キャンバスに各種の図形を描くプログラムを確認します（コード3-5）。

▼コード3-5　canvas_figure.py

```
01 import tkinter                                                              tkinterをインポート
02 root = tkinter.Tk()                                                         ウィンドウを作る
03 root.title("キャンバスに図形を描く")                                        タイトルを指定
04 cvs = tkinter.Canvas(width=800, height=500, bg="white")                     キャンバスを用意
05 cvs.create_line(0, 0, 100, 160, 200, 20, 300, 60, smooth=True)              曲線を引く
06 cvs.create_rectangle(50, 150, 300, 400, fill="red", width=0)                赤い矩形を描く
07 cvs.create_oval(400, 50, 700, 200, outline="blue", width=20)                青い楕円を描く
08 cvs.create_polygon(450, 250, 350, 450, 550, 450, fill="green", outline="lime",
   width=10)                                                                   緑の多角形（三角形）を描く
09 cvs.create_arc(600, 220, 780, 400, start=45, extent=270, fill="orange", outline="")  橙色の扇形を描く
10 cvs.pack()                                                                  キャンバスを配置
11 root.mainloop()                                                             ウィンドウの処理を開始
```

▼実行結果

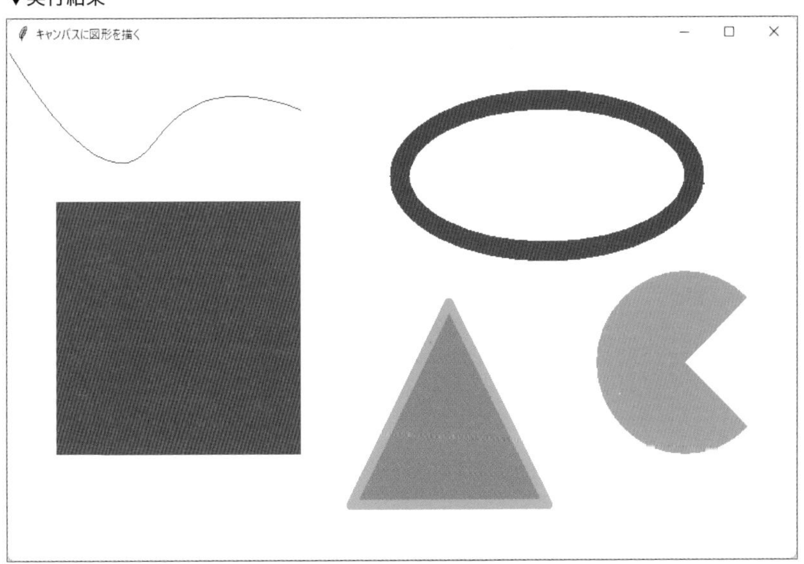

5行目のcreate_line()で4つの点を指定し、smooth=Trueとして曲線を引いています。

6行目のcreate_rectangle()で左上角の座標と右下角の座標を指定し、矩形を描いています。

7行目のcreate_oval()で楕円の接する枠の左上角と右下角の座標を指定し、楕円を描いています。このプログラムでは幅を高さより長く指定し、横長の図形としています。

8行目のcreate_polygon()で複数の点を指定し、それらを結んだ多角形を描いています。このプログラムでは、三点を指定し三角形を描いています。

9行目のcreate_arc()で扇形の接する枠の左上角と右下角の座標を指定し、扇形を描いています。描き始める角度をstart=で、そこから開く角度をextent=で指定します。このプログラムでは、45度の角度から270度開いた扇形としています。

6行目のcreate_rectangle()の引数にあるwidth=0や、9行目のcreate_arc()の引数にあるoutline=""で、図形の周りの線を省くことができます。

師匠、色々な図形が描けましたね。でも菱形は、どの命令で描くんだろう？

菱形は、多角形を描く命令で描けますよ。

(3) キャンバスに文字列を表示する

キャンバスに文字列を表示するには、次のように記述します。

```
cvs.create_text(x座標, y座標, text=文字列, font=(フォントの種類, サイズ))
```

create_text()の詳しい使い方は、この章の終わりp.081に掲載した、師匠のステータス画面を表示するプログラムの解説の中で説明します。

大切なのは座標指定です。好きな位置に図形を表示できるようになればバッチリですね。

3-5 画像を表示しよう

この節では、画像ファイルを読み込んで表示する方法を説明します。

(1) 画像ファイルの準備

画像を扱う方法を学ぶので、事前に画像ファイルを用意しましょう。本書掲載のプログラムや学習に使う素材一式は、次の本書情報ページからダウンロードできます。まだダウンロードしていない方は、p.ivを参考にダウンロードしてください。

https://book.impress.co.jp/books/1122101052

ダウンロードしたzipを解凍すると、各章のフォルダが作られます。ここで使う画像はChapter3フォルダに入っていますよ。

(2) プログラムの確認

コード3-6のプログラムを入力して実行しましょう。chap3_illust.pngという画像ファイルを読み込んで表示します。**画像ファイルは、プログラムと同じフォルダ内のimageフォルダに置きましょう。**

▼コード3-6　canvas_image.py

```
01 import tkinter                                                  tkinterをインポート
02 root = tkinter.Tk()                                             ウィンドウを作る
03 root.title("キャンバスに画像を表示")                              タイトルを指定
04 cvs = tkinter.Canvas(width=1080, height=720)                    キャンバスを用意
05 img = tkinter.PhotoImage(file="image/chap3_illust.png")         変数imgに画像を読み込む
06 cvs.create_image(540, 360, image=img)                           キャンバスに画像を表示
07 cvs.pack()                                                      キャンバスを配置
08 root.mainloop()                                                 ウィンドウの処理を開始
```

▼実行結果

ボクと師匠のイラストが表示されたよ〜。

このイラストは、幅1080ピクセル、高さ720ピクセルの大きさになっています。4行目のcvs = tkinter.Canvas(width=1080, height=720)で、その大きさに合わせたキャンバスを用意しています。

(3) PhotoImage() ―― 画像読み込み

5行目のPhotoImage()命令のfile=という引数で、画像ファイルのある場所とファイル名を指定して、変数に画像を読み込みます。今回はプログラムと同じフォルダ（階層）内のimageフォルダにあるchap3_illust.pngを指定しています。

ファイルを扱うときは、ファイルのある場所を正しく指定しましょう。

(4) create_image() ―― 画像表示

読み込んだ画像を表示するには、6行目のように、キャンバスの変数に対してcreate_image()命令を使います。create_image()の引数は、x座標、y座標、image=画像を読み込んだ変数です。

create_image()の引数の座標の値で注意すべきことがあります。それは、指定したx座標とy座標が画像の中心になることです。このプログラムでは、(540, 360)を指定して、キャンバスの中央に画像を配置しています。座標指定をたとえば(0, 0)にすると、画像が左上に寄って1/4しか表示されません。6行目をcvs.create_image(0, 0, image=img)と書き換えて試してみましょう。

(5) 手元の画像ファイルを表示してみよう

写真などのファイルも表示できます。ただし、tkinterで扱えるのは、png形式やgif形式の画像ファイルです。ここで使った命令でjpeg形式の画像ファイルを読み込むことはできません。写真は一般的にjpeg形式で保存されるので、表示するときはpng形式で保存し直したファイルを使いましょう。

自分で用意した画像を表示するときは、画像の大きさに合わせて、キャンバスの幅や高さ、画像の表示位置の座標を変更しましょう。

画像の扱いに慣れるために、手元の画像を表示してみましょう。Windowsに付属するペイントでpng形式のファイルを作れます。

どれどれ、この前撮ったスライム集会の写真を表示してみよう。

3-6 配列で色を扱ってみよう

配列は、複数のデータを扱うときに使う、番号の付いた変数です。配列は、ゲーム制作だけでなく、様々なソフトウェアを作るときに使われます。この節では、配列で定義した色で図形を描き、配列と図形描画への理解を深めます。

(1) 色の文字列を配列に代入する

虹の7色の英単語を配列に代入し、それらの色で矩形を描くプログラムを確認します(コード3-7)。

▼コード3-7 array_color_1.py

```
01 import tkinter                                                              tkinterをインポート
02 root = tkinter.Tk()                                                         ウィンドウを作る
03 root.title("配列で色を定義")                                                 タイトルを指定
04 cvs = tkinter.Canvas(width=840, height=160)                                 キャンバスを用意
05
06 rainbow = ["red", "orange", "yellow", "green", "blue", "indigo", "violet"] 配列で色を定義
07 for i in range(7):                                                          iは0から6まで1ずつ増える
08     X = i*120                                                               矩形を描くx座標を計算しXに代入
09     cvs.create_rectangle(X, 0, X+120, 160, fill=rainbow[i], width=0)        色を指定して矩形を描く
10
11 cvs.pack()                                                                  キャンバスを配置
12 root.mainloop()                                                             ウィンドウの処理を開始
```

▼実行結果

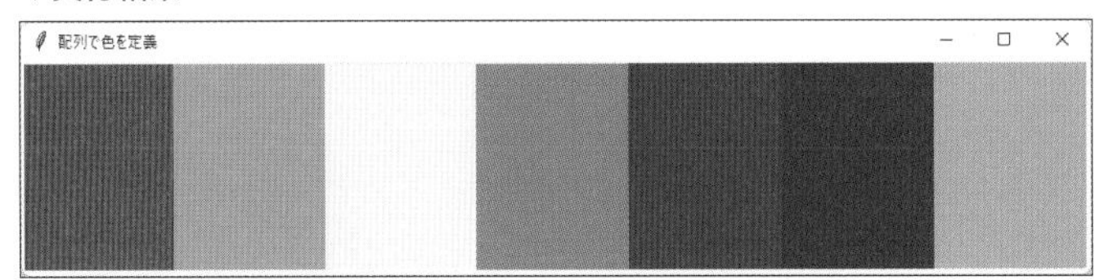
配列で色を定義

第2章で学んだ配列の知識を使いますよ。

rainbow[0] ← red
rainbow[1] ← orange
rainbow[2] ← yellow
rainbow[3] ← green
rainbow[4] ← blue
rainbow[5] ← indigo
rainbow[6] ← violet

▲図3-4 配列への代入イメージ

6行目に記述したrainbow = ["red", "orange", "yellow", "green", "blue", "indigo", "violet"]で、配列に色の文字列を代入しています。このように記述すると、配列の各要素に、赤、橙、黄、緑、青、藍、紫を表す英単語の文字列が代入されます(図3-4)。

わー、虹の7色が並んだ！配列の要素の番号(添え字)は0から始まるんだったね。

これらの色を使って、7〜9行目のforとcreate_rectangle()で、キャンバスに7色の矩形を描いています。矩形をどのように描いているかを説明します。

forで使う変数名をiとし、変数の値の範囲をrange(7)で指定しています。これでiは0から始まり、6になるまで1ずつ増えながら繰り返します。

8行目で矩形を描くx座標をX = i*120として変数Xに代入しています。9行目のcreate_rectangle()で左上角の座標を(X, 0)、右下角の座標を(X+120, 160)と指定して、やや縦長の矩形を描いています。その際、塗る色をfill=rainbow[i]と指定することで、配列で定義した色を1つずつ取り出し、7つの色が並ぶようにしています。

そうか、配列で定義しておけば、そこから取り出して使えるんだ。便利ですね〜。

たしかに配列は便利です。
自分で使えるようにしていきましょう。

プログラミングでは、命令を知れば知るほど、色々なことができるようになりますね。

そうですね。あせらず少しずつ覚えていきましょう。

3-7 二次元配列を使ってみよう

この節では、二次元配列で色のデータを扱い、キャンバスを複数の色で塗る仕組みを学びます。配列への理解をさらに深めていきましょう。

(1) 二次元配列で色を定義する

3行4列の二次元配列で、赤系統の色、緑系統の色、青系統の色を定義し、それらの色の円を3行4列で描くプログラムを確認します（コード3-8)。

▼コード3-8　array_color_2.py

```
01 import tkinter                                                    tkinterをインポート
02 root = tkinter.Tk()                                               ウィンドウを作る
03 root.title("二次元配列で色を定義")                                  タイトルを指定
04 cvs = tkinter.Canvas(width=800, height=600, bg="black")           キャンバスを用意
05
06 color = [                                                         二次元配列で色を定義
07     ["brown", "red", "orange", "gold"],                           1行目は赤系統の色
08     ["darkgreen", "green", "limegreen", "lime"],                  2行目は緑系統の色
09     ["navy", "blue", "skyblue", "cyan"]                           3行目は青系統の色
10 ]
11
12 for y in range(3):                                                yは0から2まで1ずつ増える
13     for x in range(4):                                            xは0から3まで1ずつ増える
14         X = x*200                                                 円を描くx座標を計算
15         Y = y*200                                                 円を描くy座標を計算
16         cvs.create_oval(X, Y, X+200, Y+200, fill=color[y][x])     色を指定して円を描く
17
18 cvs.pack()                                                        キャンバスを配置
19 root.mainloop()                                                   ウィンドウの処理を開始
```

▼実行結果

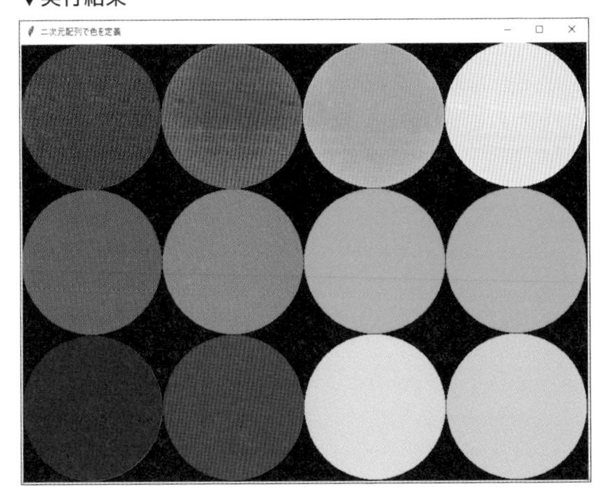

第２章で学んだ二次元配列を実際に使ってみますよ。

6～10行目で、3行4列の二次元配列を定義しています（図3-5）。二次元配列は、2つの添え字を使って、**配列名[行][列]**と記述します。横の並びが行で、縦の並びが列です。一般的に行をy、列をxとします。

color[y][x]

y \ x				
y	brown	red	orange	gold
	darkgreen	green	limegreen	lime
	navy	blue	skyblue	cyan

▲図3-5　色の英単語を代入する二次元配列

color[0][0]にbrown、color[1][2]にlimegreen、color[2][3]にcyanという文字列が代入されます。

この二次元配列のyの値は0～2、xの値は0～3です。行と列がいくつの箱に、どのデータが入っているかを、この図3-5を参考に理解しましょう。

定義した色の文字列というデータを、for文を二重に記述した処理で、効率よく扱っています。その処理の仕組みを説明します。

(2) forの多重ループ

forの繰り返しの中に、別のfor文を入れることができます。これをforの**二重ループ**といいます。for文内にfor文を記述することを、forを**入れ子にする**や、**ネストする**といいます。forを3つ入れ子にしたり、4つ入れ子にしたりなど、複数のforを入れ子にでき、それらをまとめてforの**多重ループ**といいます。

array_color_2.pyの12～16行目に、二重ループの繰り返しを記述して、二次元配列colorに代入された色の文字列を取り出しています。この二重ループは、変数yを使ったfor文に、変数xを使ったfor文が入る構造になっています。図3-6でその構造を確認しましょう。

```
for y in range(3):
    for x in range(4):
        X = x*200
        Y = y*200
        cvs.create_oval(X, Y, X+200, Y+200, fill=color[y][x])
```

▲図3-6　二重ループ

for xが4文字分、字下げされ、for xの次の3行はさらに4文字分（計8文字分）、字下げされています。Pythonの二重ループはこのように記述します。

この二重ループは、yの値が0から始まります。yが0のとき、内側のfor文でxの値は0→1→2→3と変化します。これにより、まず赤系統の色で円が描かれます。

次に、yの値が1になります。再び内側のfor文でxは0→1→2→3と変化し、緑系統の色で円が描かれます。

続いて、yは2になり、内側のfor文でxは0→1→2→3と変化し、青系統の色で円が描かれます。

以上のように、2つの変数yとxを使った二重ループで、二次元配列に代入されているデータを順に取り出して利用しています。

最後にyは2、xは3になってcyan（水色）の円が描かれ、二重ループの処理が終わります。

ちょっと難しいけど、二重ループで複雑な処理ができるのね。ボクも使えるようにがんばるぞ。

COLUMN

16進法で色を表現しよう

数学で学ぶ**n進法**は、プログラミングにおいても大切な知識です。特に16進法は、色や文字コードの情報を扱うときや、特定の分野のプログラミングで使う機会があります。ここでは16進法について説明し、16進法で色を扱えるようにします。

n進法を理解しよう

私たちは、一般的に数を10進法で数えています。プログラミングでも10進法を使いますが、2進法や16進法を使うこともあります。

10進法は、0から9の10種類の記号で数を表します。10進法は、値が10になると繰り上がって2桁の数（10～99）になります。次は、10×10の100になると繰り上がり、3桁の数（100～999）になります。その次は、10×10×10の1000で4桁の数（1000～9999）になり、以後も10倍の値に達するごとに繰り上がって桁数が増えます。

n進法の基本的な考え方は、

①n種類の記号を使って数を表す

②値がnになると繰り上がる。次はn×n、その次はn×n×nと、nを掛け合わせた値になるごとに繰り上がる

というものです。

ボクたちが使う0から9は、10進法で数を扱うための記号だったのね。

2進法は、値が2になると繰り上がります。次は2×2の4になったとき、その次は2×2×2の8になったときに繰り上がります。16進法は値が16、次は16×16の256、その次は16×16×16の4096になると繰り上がります。繰り上がりについては、この後、もう一度、説明します。

なお、n進法は0からn-1までの記号で数を表します。2進法は0と1で数を表し、2という記号は使いません。また、16進法は0～9およびA（10）～F（15）で数を表し、16を意味する記号は使いません。

これらの考えを元に2進法と16進法がどのようなものかを説明します。

2進法

2進法は、0と1の2種類の記号で数を表します（表3-A）。2進法の数は、2^nに達するごとに繰り上がります。具体的には、10進法で2を掛け合わせた値（2、4、8、16、32、64、128、256‥‥）になると、繰り上がって桁が1つずつ増えていきます。

2進法は、0と1だけが並ぶのね～。

そうです。どんな大きな数も2進法では0と1だけで表します。2進法も大切な知識なので、しっかり理解しましょう。

▼表3-A　2進法の表記　※たとえば10進法の10を、2進法では1010と表記します。

2進法	10進法
0	0
1	1
10	2
11	3
100	4
101	5
110	6
111	7

2進法	10進法
1000	8
1001	9
1010	10
1011	11
1100	12
1101	13
1110	14
1111	15

2進法	10進法
10000	16
10001	17
10010	18
10011	19
10100	20
10101	21
10110	22
:	:

2進法	10進法
:	:
11111001	249
11111010	250
11111011	251
11111100	252
11111101	253
11111110	254
11111111	255

MEMO

コンピューターの最小単位

0と1いずれかが入る最小単位を**ビット**（bit）といいます。8つのビットを1セットとし、8ビットを1**バイト**（byte）といいます。1バイト（8ビット）で0から255、あるいは-128〜127の数を扱えます。
コンピューターを動作させる素子（そし）の最小単位の部分では、電気信号がON（1）とOFF（0）いずれかの状態にあります。つまり、コンピューターの中では、情報が2進法でやりとりされています。本書ではコンピューターの中身に関する解説はしませんが、2進法の知識があればコンピューターの仕組みを理解しやすくなります。

16進法

16進法は、0、1、2、3、4、5、6、7、8、9、A、B、C、D、E、Fの16種類の記号で数を表します（表3-B）。16進法のA〜Fは一般的に大文字と小文字を区別しないので、a〜fの小文字を使ってもかまいません。16進法は、16^nの値に達するごとに繰り上がります。

▼表3-B　16進法の表記　※たとえば10進法の10を、16進法ではAと表記します。

16進法	10進法
0	0
1	1
2	2
3	3
4	4
5	5
6	6
7	7
8	8
9	9
A	10
B	11
C	12
D	13
E	14
F	15

16進法	10進法
10	16
11	17
12	18
13	19
14	20
15	21
16	22
17	23
18	24
19	25
1A	26
1B	27
1C	28
1D	29
1E	30
1F	31

16進法	10進法
20	32
21	33
22	34
23	35
24	36
25	37
26	38
27	39
:	:
F9	249
FA	250
FB	251
FC	252
FD	253
FE	254
FF	255

16進法では、0を00、Fを0Fのように、左側をゼロで埋めて表記することもありますが、そうしても00や0Fは1桁の値です。これは、たとえば10進法の1000を、表示位置を揃えるなどの理由で00001000と表記しても、1000という数は4桁のままであり8桁にならないのと同じことです。

16進法での色指定

16進法で色を指定するには、**光の三原色**を理解する必要があります。まずは光の三原色について説明します。

赤、緑、青の3つの光を三原色といいます。赤と緑が混じるとイエロー（黄）に、赤と青が混じるとマゼンタ（明るい紫）に、緑と青が混じるとシアン（明るい水色）になります。赤、緑、青の3つを混ぜると白になります。光の強さが弱い色、つまり暗い色を混ぜるときは、図3-Aのように混ぜた色も暗い色になります。

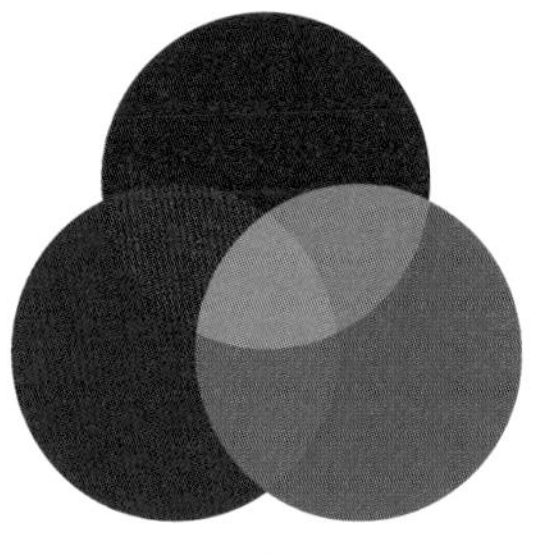
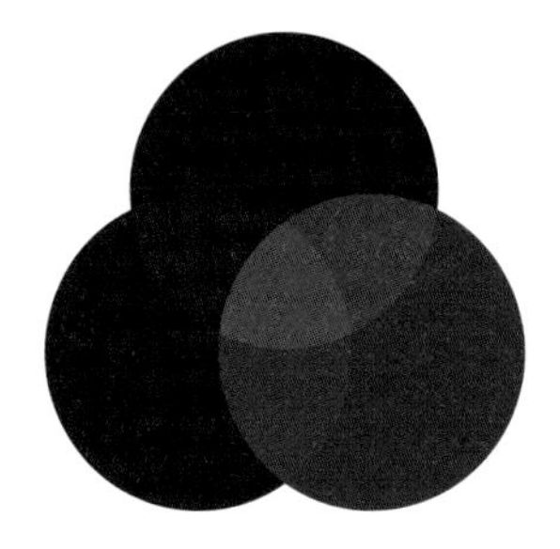

▲図3-A　光の三原色（RGB：Red、Green、Blue）

コンピューターでは赤（**R**ed）の光の強さ、緑（**G**reen）の光の強さ、青（**B**lue）の光の強さを、それぞれ0〜255の256段階の値で表します。0が最も暗く（0は真っ黒な値）、255が最大の明るさです。たとえば、明るい赤はR=255、暗い赤はR=128という値になります。暗い水色を表現するならR=0、G=128、B=128程度の値、薄いピンクはR=255、G=224、B=255程度の値になります。

10進法の256段階の数を、16進法にして色を指定するには、**#RRGGBB**と記述します（RRのところに赤の光の16進法の値、GGのところに緑の光の16進法の値、BBのところに青の光の16進法の値が入ります）。具体例としては、黒は#000000、明るい赤は#FF0000、明るい緑は#00FF00、黄色は#FFFF00、明るい水色は#00FFFF、灰色は#808080になります。この#は、それに続く記号が16進法であることを意味するものです。

Pythonでの色指定や、ウェブカラー（ホームページの色）の指定で、赤、緑、青の各階調を16段階とし、#RGBと記述することもあります（R、G、Bは各光の16進数の値）。その場合、たとえば黒は#000、明るい赤は#F00、黄色は#FF0、灰色は#888、白は#FFFになります。

16進法を使えば、色の英単語で指定するより、もっと細かな色指定ができるわけですね？

そうですね。たとえば、コンピューターを使ったデザインの仕事をしたいなら、16進法による色指定の知識は欠かせませんよ。

COLUMN

status.pyの内容

この章の冒頭に掲載したステータス画面を表示するプログラムの内容は、次のとおりです。

▼status.py

```
01 import tkinter                                          tkinterをインポート
02 root = tkinter.Tk()                                     ウィンドウを作る
03 root.title("ゲームのステータス画面を作ろう")              タイトルを指定
04 cvs = tkinter.Canvas(width=960, height=640)             キャンバスを用意
05 img = tkinter.PhotoImage(file="image/character1.png")   変数imgに画像を読み込む
06 cvs.create_image(480, 320, image=img)                   キャンバスに画像を表示
07 cvs.create_rectangle(540, 60, 900, 580, fill="black", outline="white",
   width=3)                                                画面右側の枠を描く
08 ability = ["H.P", "腕力", "防御力", "知力", "精神力", "素早さ"]  能力値の名称を配列で定義
09 value = [1200, 800, 320, 9999, 3540, 780]               それらの値を配列で定義
10 for i in range(6):                                      iは0から5まで1ずつ増える
11     y = 120+80*i                                        文字を表示するy座標を計算
12     cvs.create_text(660, y, text=ability[i], font=("Times New Roman", 20),
   fill="white")                                           能力値の名称を表示
13     cvs.create_text(800, y, text=value[i], font=("Times New Roman", 24),
   fill="white")                                           その値を表示
14 cvs.pack()                                              キャンバスを配置
15 root.mainloop()                                         ウィンドウの処理を開始
```

画像の読み込み、画像の表示、矩形を描く方法は、この章で学んだとおりです。このプログラムは、キャンバスに文字列や数値を表示するcreate_text()で、能力値の名称と値を表示しています。この命令はキャンバスの変数に対して、

```
create_text(x座標, y座標, text=文字列, font=(フォントの種類, サイズ))
```

と記述します。このプログラムでは、フォントの種類をTimes New Romanとしています。Times New Romanは、Windows、Macともに用意されているフォントで、どのパソコンでも使えます。

8〜9行目でHPや腕力などの文字列と、それらの値を配列に代入しています。配列は大切な知識です。しっかり覚えましょうね。

Chapter3フォルダ内のimageフォルダにあるcharacter2.pngがボクのイラストなんだ。ボクの能力画面も作ってね！

ダウンロードしたフォルダのChapter3/image/character2.png（図3-B）を活用し、自由にステータス画面を作ってみましょう。

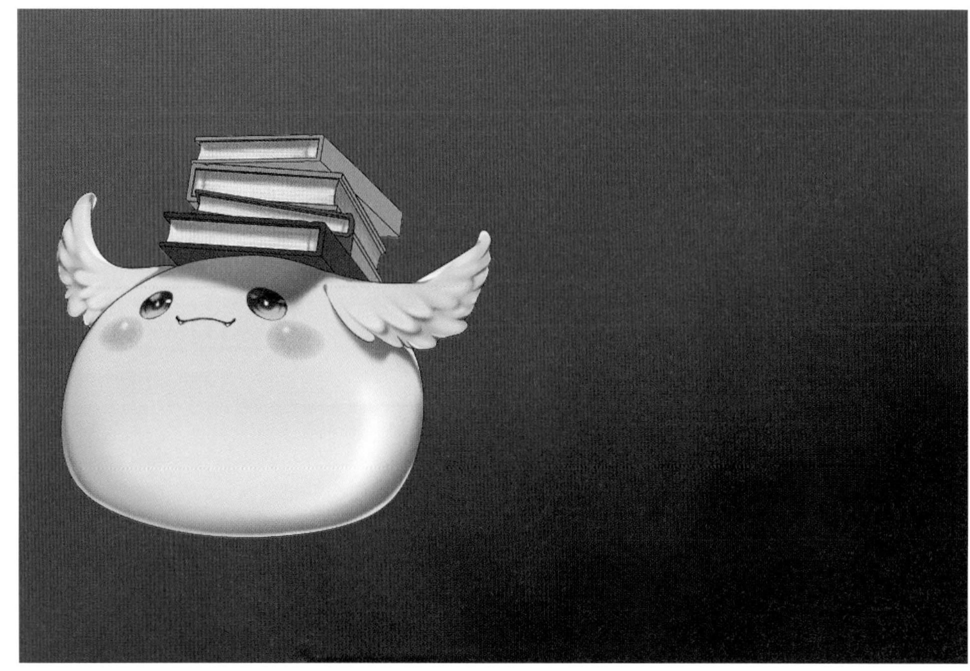

▲図3-B　character2.png

CHAPTER 4

ゲームを作るための基礎知識

この章では、パソコン用などのゲームをイチから制作する際に必要なリアルタイム処理、マウスやキーの入力を受け付ける方法、物体同士が接触したかを調べる方法などを学びます。物体が接触したかどうかは、数学的な計算で調べます。この章で学んだ知識を使って、次の第5章から色々なゲームを制作していきます。

Contents

4-1 リアルタイム処理とは？

ゲームのプログラムは、常に入力を受け付け、画面を描き換えながら処理を続けます。背景がスクロールしたり、キャラクターが動き続けたりなどの、時間軸に沿って続いていく処理は、**リアルタイム処理**と呼ばれます。この節では、Pythonでリアルタイム処理を行う方法を説明します。

(1) Pythonでのリアルタイム処理

リアルタイム処理は、ゲーム制作に欠かせない技術の1つです。tkinterで作ったウィンドウでは、**after()**という命令を使ってリアルタイム処理ができます。after()は、指定した時間が経過したら特定の関数を呼び出す命令で、次のように記述します。

```
ウィンドウのオブジェクト変数.after(ミリ秒, 呼び出す関数)
```

(2) 数をカウントする

数を自動的に数えるプログラムで、リアルタイム処理のイメージをつかみます。コード4-1のプログラムを入力して動作を確認しましょう。after()で呼び出す関数名は、()を付けずに記述する決まりがあります。9行目を入力するときに注意しましょう。

▼コード4-1　count_up.py

```
01 import tkinter                                                  tkinterをインポート
02
03 n = 0                                                          初期値0の変数nを用意
04 def count():                                                   リアルタイム処理を行う関数
05     global n                                                   nをグローバル変数として扱う
06     n = n + 1                                                  nの値を1増やす
07     cvs.delete("all")                                          キャンバスに描いたものを削除
08     cvs.create_text(200, 100, text=n, font=("System", 80))     キャンバスにnの値を表示
09     root.after(1000, count)                                    1000ミリ秒後にcount()を呼び出す
10
11 root = tkinter.Tk()                                            ウィンドウを作る
12 root.title("リアルタイム処理")                                  タイトルを指定
13 cvs = tkinter.Canvas(width=400, height=200)                    キャンバスを用意
14 cvs.pack()                                                     キャンバスを配置
15 count()                                                        count()関数を呼び出す
16 root.mainloop()                                                ウィンドウの処理を開始
```

▼実行結果

リアルタイム処理
7
数を増やす計算と画面の描き換えをリアルタイムに行っていますよ。
数が自動的に増えていくね〜。

表示された数が1秒ごとに増えていきます。4〜9行目に定義したcount()関数で、この処理を行っています。

(3) グローバル変数の宣言

数のカウントに使う変数nを、3行目のようにcount()関数の外側で宣言しています。関数の外側で宣言した変数を**グローバル変数**といいます。グローバル変数の値を関数内で変更するときは、5行目のように、その関数の冒頭で**global 変数名**と記述します。

p.087の(7)でグローバル変数について補足します。

(4) 文字列の表示

6行目でn = n + 1とし、nの値を1増やしています。続く7行目のcvs.delete("all")で、キャンバスに描いたものを消しています。allは、すべて消すという意味の引数です。cvs.delete("all")を実行せずに新たな文字や図形を描くと、描いたものが重なってしまいます(図4-1)。この命令が必要な理由がもう1つあるので、次の(5)で説明します。

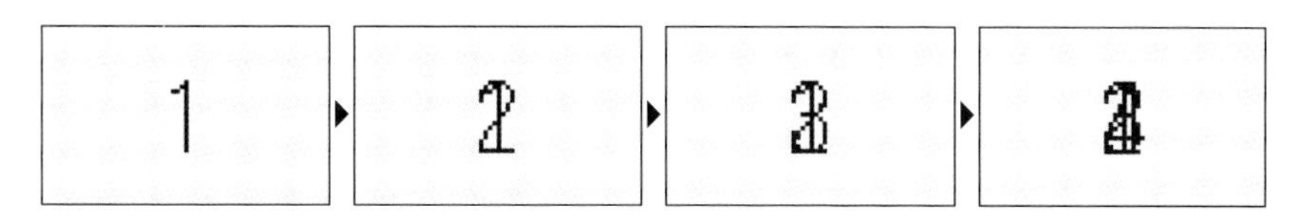

▲図4-1 delete("all")を入れないと、描いたものが消えずにどんどん重なっていく

8行目のcreate_text()でnの値を表示します。create_text()の引数は、次のとおりです。

```
cvs.create_text(x座標, y座標, text=文字列, font=(フォントの種類, サイズ))
```

このプログラムでは、フォントの種類を"System"と指定しています。Systemとすると、半角文字がドット絵風の文字になります。

Systemは
レトロゲームっぽい
フォントだね〜。

tkinterのウィンドウで
リアルタイム処理を行う
ときは、delete("all")
で図形などを消してから、
画面を描き直しましょう。

(5) delete("all")が必要なもう1つの理由

tkinterのキャンバスに図形や文字を何度も上書きすると、処理が重くなることがあります。 しかし、描いたものをdelete("all")ですべて消してから新しい図形や文字を表示すれば、処理は重くなりません。

次の第5章からゲームを作っていきますが、遊んでいるうちに動作が遅くなるようなゲームになってはいけないので、ゲーム制作でもdelete("all")を使います。

(6) リアルタイム処理の流れ

9行目のroot.after(1000, count)でリアルタイム処理を行っています。このプログラムでは、時間指定を1000ミリ秒、つまり1秒とし、1秒後に再びcount()を呼び出しています。after()によるリアルタイム処理の流れを図解します(図4-2)。

```
def count():  ← 1秒後にcount()を呼び出すことで、延々と実行し続ける
    global n
    n = n + 1  ← count()を呼び出すたびにnの値が1ずつ増える
    cvs.delete("all")
    cvs.create_text(200, 100, text=n, font=("System", 80))
    root.after(1000, count)
```

▲図4-2 after()による処理の流れ

15行目でcount()関数を最初に呼び出します。その後は、root.after(1000, count)で1秒(1000ミリ秒)ごとに呼び出しを続けています。count()を実行するたびに、nの値は1増えます。その値をキャンバスに表示することで、数をカウントしています。

(7) グローバル変数とローカル変数

第2章のp.055でグローバル変数とローカル変数の概要を説明しましたが、大切な知識なので、ここで詳しく説明します。

関数の外で宣言した変数が**グローバル変数**、関数の中で宣言した変数が**ローカル変数**です（図4-3）。

count_up.pyのプログラムでは、関数の外側で宣言したnというグローバル変数を使って、数を数えています。

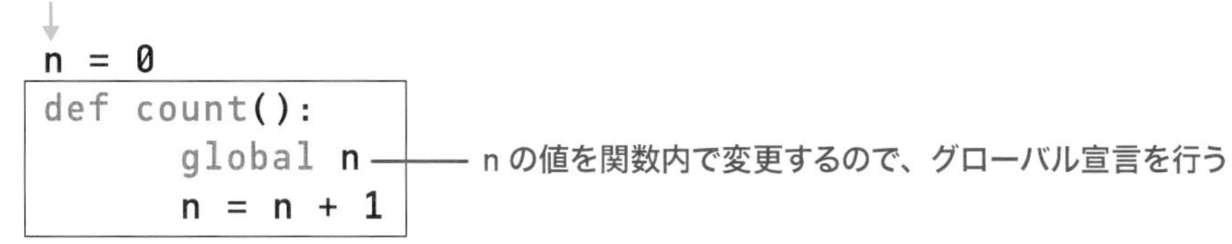
このnは関数の外側で宣言したので、グローバル変数になる
n = 0
def count():
global n
n = n + 1
nの値を関数内で変更するので、グローバル宣言を行う

▲図4-3　グローバル変数とグローバル宣言

Pythonには、グローバル変数の値を関数内で変更するなら、その関数の冒頭でグローバル宣言する決まりがあります。global nが変数nのグローバル宣言です。

グローバル変数の値は、プログラムが終了するまで保持されます。一方、ローカル変数の値は、それを宣言した関数を呼び出すたびに初期化されます。これは、多くのプログラミング言語に共通のルールであり、覚えておくべき大切な知識になります。

変数nをcount()内で宣言すると、count()を呼び出すたびにnは初期値になってしまい、数を数えることができません。

MEMO

フレームレート

1秒間に画面を描き換える回数を**フレームレート**といいます。フレームレートは、frames per secondを略して**fps**という単位で表します。このプログラムは1秒に1回、キャンバスを描き換えているので、フレームレートは1fpsです。

フレームレートの値は、ゲームソフトごとに異なります。家庭用ゲーム機やパソコンのゲームでは、1秒間に30～60回（一部のハードでは120回）の描画が行われます。スマートフォンの場合はゲーム機に比べて処理能力が劣る機種があり、スマホ用のゲームアプリには30fps未満のフレームレートで画面を描き換えるものもあります。

4-2 マウスの動きを取得しよう

ウィンドウ内でマウスポインタを動かしたことや、マウスボタンをクリックしたことを知る命令があります。ここではその命令について説明し、マウスポインタの座標を取得するプログラムを作ります。

(1) イベントとは？

ユーザーがキーやマウスを操作することを**イベント**といいます（図4-4）。たとえば、ウィンドウをクリックすると、ウィンドウに対して**クリックイベント**が発生します。キーボードのキーを押すと、**キーイベント**が発生します。

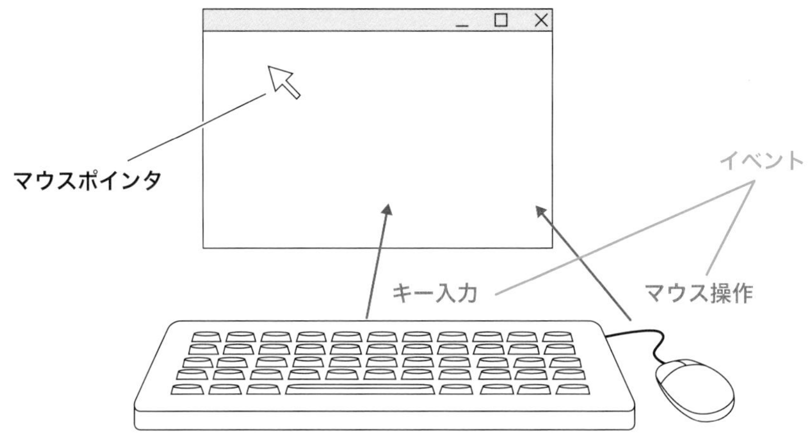

▲図4-4　イベント

(2) イベントが発生したことを知る

イベントが発生したとき、プログラムでそのイベントを受け取ることができます。tkinterで作ったウィンドウでは**bind()**という命令でイベントを受け取ります。bind()は、次のように記述します。

```
ウィンドウのオブジェクト変数.bind(イベントの種類, 呼び出す関数)
```

マウス操作やキー入力をイベントというのね。

(3) bind()の使い方

bind()を使うには、イベントが発生したときに呼び出す関数を定義します。そして、bind("<イベント名>", 呼び出す関数)と記述して、呼び出す関数を指定します。

bind()で取得できる主なイベントは、表4-1のとおりです。

▼表4-1 bind()で取得できるイベント

イベント	イベントの内容
<Motion>	マウスポインタを動かした
<Button>あるいは<ButtonPress>	マウスボタンを押した
<ButtonRelease>	マウスボタンを離した
<Key>あるいは<KeyPress>	キーを押した
<KeyRelease>	キーを離した

(4) マウスポインタの座標を知るプログラム

マウスポインタの動きを知るには、次の2つをプログラムに組み込みます。

マウスポインタの座標を表示する

①マウスを動かしたときに呼び出す関数を定義する。

②bind()命令を記述し、1つ目の引数のイベントを"<Motion>"とする。また、2つ目の引数で①の関数を指定する。指定する関数名には()を付けない。

①と②を組み込んで、マウスポインタの座標をキャンバスに表示します。コード4-2のプログラムを入力して動作を確認しましょう。

▼コード4-2 mouse_motion.py

```
01 import tkinter                                          tkinterをインポート
02
03 FNT = ("Times New Roman", 40)                           フォントの定義
04 def move(e):                                            マウスを動かしたときに呼び出す関数
05     cvs.delete("all")                                   キャンバスに描いたものを削除
06     s = "({}, {})".format(e.x, e.y)                     ポインタの座標の文字列を用意
07     cvs.create_text(400, 200, text=s, font=FNT)         その文字列をキャンバスに表示
08
09 root = tkinter.Tk()                                     ウィンドウを作る
10 root.title("マウスポインタの座標")                        タイトルを指定
11 root.bind("<Motion>", move)                             イベント発生時に呼び出す関数を指定
12 cvs = tkinter.Canvas(width=800, height=400)             キャンバスを用意
13 cvs.pack()                                              キャンバスを配置
14 root.mainloop()                                         ウィンドウの処理を開始
```

▼実行結果

ウィンドウ内でマウスを動かすとポインタの座標が表示されます。

マウスを動かしたときに呼び出す関数を、4〜7行目にmove()という関数名で定義しています。**イベントを受け取る関数には引数を設け、その引数でイベントを受け取ります。**move()関数には、eという引数を設けています。そのeに.xと.yを付けたe.xとe.yがマウスポインタの座標になります。

イベントを受け取る引数は、move(event)のように任意の名前にできます。eventとするなら、event.x、event.yがポインタの座標になります。

(5) format()の使い方

6行目の**format()**という命令で、ポインタの座標を文字列にして変数sに代入しています。この命令は、.format()の前に記した文字列の{}の部分を、引数の値に置き換えます(図4-5)。

```
s = "({}, {})".format(e.x, e.y)
```

▲図4-5　format()の使い方

format()の引数は、いくつでも記述できます。たとえば、5つの変数を引数とするなら、format()の前の文字列に、"({}, {}, {}, {}, {})"のように5つの{}を記述します。

(6) マウスボタンをクリックしたことを知るには？

ここでは、マウスポインタの動き（座標）を知るプログラムを作りました。マウスのボタンが押されたか（画面をクリックしたか）を知る方法も、ここで学んだとおりです。具体的には、ボタンを押したときに呼び出す関数を定義し、bind()でその関数を指定します。たとえば、def click(e)のように関数を定義し、root.bind("<Button>", click)と記述します。これで、クリックイベントが発生したときにclick()関数が呼び出されます。

仕組みはわかったけど、ボクには難しいなぁ。

次の節でポインタに向かって図形が移動するプログラムを作ります。そこで復習すれば大丈夫ですよ。

4-3 マウスで図形を動かそう

4-1節で学んだリアルタイム処理と、4-2節で学んだマウスポインタの座標を知る方法を組み合わせて、キャンバスに描いた円がポインタを追いかけるプログラムを作ってみましょう。

(1) どのようにして図形を動かすか

マウスポインタの座標を取得する関数と、リアルタイム処理を行う関数を用意し、次のような仕組みで円を動かします(図4-6)。

図形(円)を動かす仕組み

①円の座標を代入する変数を用意する。
(x座標をcx、y座標をcyという変数に代入するとします)
②マウスポインタの座標を代入する変数を用意する。
(x座標をmx、y座標をmyという変数に代入するとします)
③マウスを動かしたときに呼び出す関数を定義し、mxとmyにポインタの座標を代入する。
④リアルタイム処置を行う関数を定義し、cxの値をmxの値に近づけ、cyの値をmyの値に近づける計算を行う。
⑤(cx, cy)を中心とした円を描く。

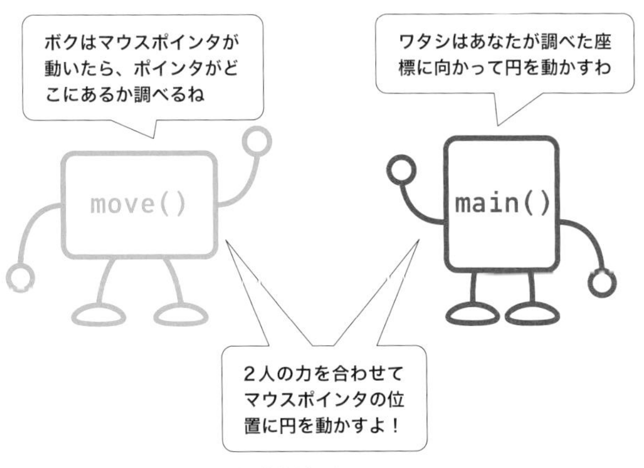

▲図4-6 2つの関数で役割分担する

(2) 円がポインタを追いかけるプログラム

ちょっと長いプログラムだけど、
がんばって入力しよう！

コード4-3のプログラムを入力して実行すると、マウスポインタの位置に円が移動します。プログラムの説明の前に、動作確認してみましょう。

▼コード4-3　mouse_circle.py

```
01 import tkinter                                    tkinterをインポート
02
03 mx = 400                                          ポインタのx座標を代入する変数
04 my = 300                                          ポインタのy座標を代入する変数
05 def move(e):                                      マウスを動かしたときに呼び出す関数
06     global mx, my                                 これらの変数をグローバル宣言する
07     mx = e.x                                      mxにポインタのx座標を代入
08     my = e.y                                      myにポインタのy座標を代入
09
10 cx = 400                                          円のx座標を代入する変数
11 cy = 300                                          円のy座標を代入する変数
12 cr = 50                                           円の半径を定義（50とする）
13 def main():                                       リアルタイム処理を行う関数
14     global cx, cy                                 これらの変数をグローバル宣言する
15     if cy>my: cy -= 5                             円がポインタより下ならcyから5を引く
16     if cy<my: cy += 5                             円がポインタより上ならcyに5を足す
17     if cx>mx: cx -= 5                             円がポインタより右ならcxから5を引く
18     if cx<mx: cx += 5                             円がポインタより左ならcxに5を足す
19     cvs.delete("all")                             キャンバスに描いたものを削除
20     cvs.create_oval(cx-cr, cy-cr, cx+cr, cy+cr, fill="blue", outline="cyan")  (cx, cy)を中心とした半径crの円を描く
21     root.after(50, main)                          50ミリ秒後にmain()を呼び出す
22
23 root = tkinter.Tk()                               ウィンドウを作る
24 root.title("ポインタを追い掛ける図形")            タイトルを指定
25 root.resizable(False, False)                      ウィンドウサイズを変更できなくする
26 root.bind("<Motion>", move)                       イベント発生時に呼び出す関数を指定
27 cvs = tkinter.Canvas(width=800, height=600, bg="black")  キャンバスを用意
28 cvs.pack()                                        キャンバスを配置
29 main()                                            main()関数を呼び出す
30 root.mainloop()                                   ウィンドウの処理を開始
```

※15〜18行目のif文は短い処理なので、コロン（:）で改行せずに1行で記述しています。

▼実行結果

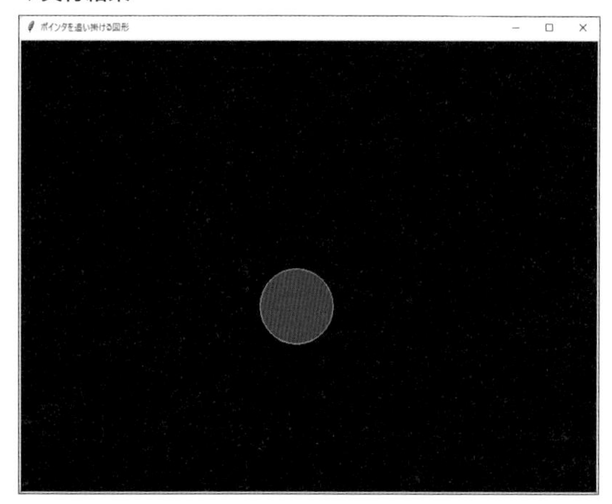

円が動いたぞ！
ゲームみたいで楽しい〜。

3～4行目で宣言した変数mx、myにマウスポインタの座標を代入します。

10～11行目で宣言した変数cx、cyに円の座標を代入し、その値を変えて円を動かします。円の半径は50ピクセルとします。12行目のcr = 50で半径を定義しています。

(3) マウスポインタを動かしたときに呼び出す関数

5～8行目に定義したmove(e)がマウスポインタを動かしたときに呼び出す関数です。26行目のroot.bind("<Motion>", move)で、ポインタが動いたら、この関数を呼び出すようにしています。move()関数の役割は、変数mxとmyにポインタの座標を代入することです。

(4) リアルタイム処理を行う関数

13～21行目に定義したmain()がリアルタイム処理を行う関数です。この関数には、cyとmyの値を比べ、またcxとmxの値を比べ、円の座標をマウスポインタの座標に近付ける処理を記述しています。その計算方法は（5）で説明します。

座標を変化させた後、(cx, cy)を中心とした半径crの円を描いています。

main()関数の最後に記述したafter()命令で、50ミリ秒後に再びmain()を呼び出し、円の座標計算と描画をリアルタイムに続けています。

(5) 座標の計算

円がマウスポインタに向かう計算について説明します。わかりやすいようにx座標で考えます（図4-7）。

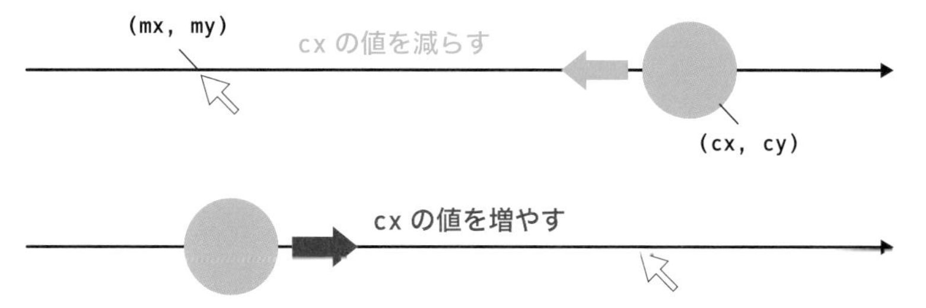

▲図4-7　x座標の値を変化させる

円が右でマウスポインタが左にあるなら、cxとmxの大小関係はcx>mxです。そのときは、cxの値を減らせば、円は左に移動し、ポインタに近づきます。

円が左でマウスポインタが右にあるなら、2つの変数の大小関係はcx<mxです。そのときは、cxの値を増やせば、円は右に移動し、ポインタに近づきます。

y軸方向も同様の判定と計算を行うことで、平面上にある円をポインタに近づけることができます。その処理を次のように記述しています。

```
14      global cx, cy
15      if cy>my: cy -= 5
16      if cy<my: cy += 5
17      if cx>mx: cx -= 5
18      if cx<mx: cx += 5
```

※cy -= 5はcy = cy-5、cx += 5はcx = cx+5と同じ意味の式です。

main()の外側で宣言したcx、cyの値を関数内で変えるので、global cx, cyと記述しています。

なるほど～。円とポインタの位置関係をifで調べるのね。

- 15行目が、円がポインタより下にあるなら円を上に動かす
- 16行目が、円がポインタより上にあるなら円を下に動かす
- 17行目が、円がポインタより右にあるなら円を左に動かす
- 18行目が、円がポインタより左にあるなら円を右に動かす

というif文です。

(6) resizable()命令

25行目のroot.resizable(False, False)は、ウィンドウの大きさを変えられないようにするために記述しています。resizable()の1つ目の引数で横方向のサイズ変更を許可するか、2つ目の引数で縦方向のサイズ変更を許可するかを指定します。許可するならTrue、しないならFalseとします。

ここで制作したmouse_circle.pyのプログラムは、ウィンドウの大きさを変えても問題は起きませんが、ゲームソフトは画面サイズを変えてしまうと、遊びにくくなる恐れがあります。resizable()命令でそれを防げるので、使い方を覚えておきましょう。

resizable()命令は、第6章以降のゲーム制作で、ゲームを完成させるときに使います。

4-4 押されたキーの値を取得しよう

bind()命令を使って、押されたキーの値を知ることができます。この節では、キーの値を取得してウィンドウに表示するプログラムを作ります。

(1) どのキーが押されたかを知る

キーボードのキー判定は、4-2節で学んだマウスポインタの動きを知る方法と同じ仕組みで行います。キーが押されたときに呼び出す関数を定義し、その関数をpkey()とするなら、root.bind("<Key>", pkey)と記述します。

イベントを受け取る関数には引数を設けます。def pkey(e)と関数を定義した場合、e.keycodeやe.keysymが押されたキーの値になります。

(2) キーの値を表示するプログラム

キーの値を取得するプログラムを確認します。コード4-4のプログラムを実行して、いずれかのキーを押すと、その値が表示されます。

▼コード4-4　pressed_key.py

```
01 import tkinter                                                          tkinterをインポート
02
03 FNT = ("Times New Roman", 30)                                           フォントの定義
04 def pkey(e):                                                            キーを押した時に呼び出す関数
05     cvs.delete("all")                                                   キャンバスに描いたものを削除
06     cvs.create_text(200, 50, text="コード="+str(e.keycode), font=FNT)    keycodeの値を表示
07     cvs.create_text(200, 150, text="シンボル="+e.keysym, font=FNT)       keysymの値を表示
08
09 root = tkinter.Tk()                                                     ウィンドウを作る
10 root.title("キーの値")                                                  タイトルを指定
11 root.bind("<Key>", pkey)                                                イベント発生時に呼ぶ関数を指定
12 cvs = tkinter.Canvas(width=400, height=200)                             キャンバスを用意
13 cvs.pack()                                                              キャンバスを配置
14 root.mainloop()                                                         ウィンドウの処理を開始
```

3行目でFNTという変数にフォントの定義を代入し、6行目と7行目でfont=FNTとして、そのフォントでキーの値を表示しています。

▼実行結果

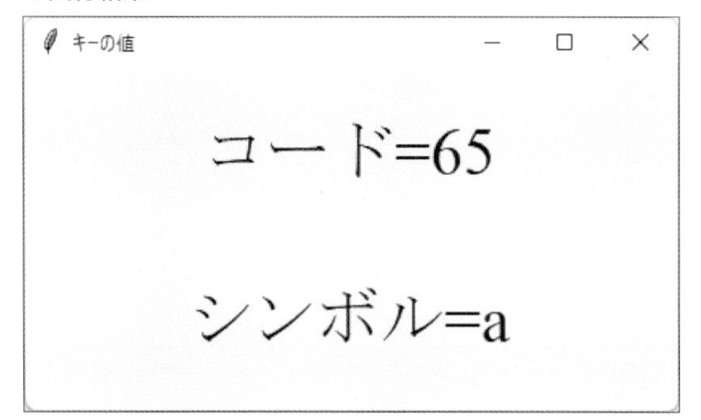

※キーを押しても値が表示されないときは、ウィンドウをクリックしてからキーを押してください。

カーソルキー（矢印キー／方向キー）、スペースキー、シフトキー（Shift）などを押してみましょう。

ファンクションキー（F1 ～ F12）も反応するね！

キーを押したときに呼び出す関数を、4～7行目にpkey()という関数名で定義しています（press keyを略して関数名としました）。

この関数には、イベントを受け取る引数eを設けています。e.keycodeが押されたキーのコード（キーコード）、e.keysymがキーのシンボルを表します。

(3) キーコードとシンボル

キーコードとシンボルで、押されたキーを判定できます。キーコードはキーを表す数値で、WindowsとMacで値が異なるキーがあります。シンボルはキー名を表す文字列で、WindowsとMac共通です。主なキーのシンボルは、表4-2のとおりです。

▼表4-2　キーのシンボル

キー	シンボル（keysymの値）
0 ～ 9	0～9
A ～ Z	a～z
↑ ↓ ← →（上下左右）	Up、Down、Left、Right
（スペースキー）	space
Enter	Return
Shift（左右）	Shift_L、Shift_R
Esc	Escape

※spaceのsは小文字になります

本書ではWindowsとMac共通のkeysymの値でキー判定を行います。

4-5 数字キーで色の英単語を表示しよう

この節では、数字キーを押すと色の英単語を表示するプログラムを作ります。キー入力への理解を深めるとともに、配列を使ってデータを扱う方法を確認します。

(1) どのようなプログラムを作るか

1 ～ 7 の数字キーを押すと、表4-3にある英単語の文字列を表示します。また、キャンバス全体が英単語の色に変わるようにします。

▼表4-3　キーと文字列の対応

キー	表示される英単語
1	red
2	orange
3	yellow
4	green
5	blue
6	indigo
7	violet

複数の色を扱いやすいように、配列で定義するってことですよね？

そのとおりです。複数のデータを配列で定義する意味を理解できてきたようですね。

(2) プログラムの確認

コード4-5のプログラムを入力して実行し、1 ～ 7 キーを押して動作を確認しましょう。

▼コード4-5　pressed_key_color.py

```
01 import tkinter                                                           tkinterをインポート
02
03 FNT = ("Times New Roman", 60)                                            フォントの定義
04 COLOR = ["red", "orange", "yellow", "green", "blue", "indigo", "violet"] 配列で色の英単語を定義
05 def pkey(e):                                                             キーを押したときに呼び出す関数
06     k = e.keysym                                                         変数kにキーシンボルを代入
07     if "1"<=k and k<="7":                                                1 ～ 7のキーが押されたら
08         c = int(k)-1                                                     kの値を整数にして1を引きcに代入
09         cvs.delete("all")                                                キャンバスに描いたものを削除
10         cvs["bg"] = COLOR[c]                                             キャンバスの背景色を変更
11         cvs.create_text(300, 150, text=COLOR[c], fill="white", font=FNT) 色の英単語を表示
12
13 root = tkinter.Tk()                                                      ウィンドウを作る
```

```
14 root.title("1〜7キーを押そう")                          タイトルを指定
15 root.bind("<Key>", pkey)                              イベント発生時に呼ぶ関数を指定
16 cvs = tkinter.Canvas(width=600, height=300)           キャンバスを用意
17 cvs.pack()                                            キャンバスを配置
18 root.mainloop()                                       ウィンドウの処理を開始
```

▼実行結果

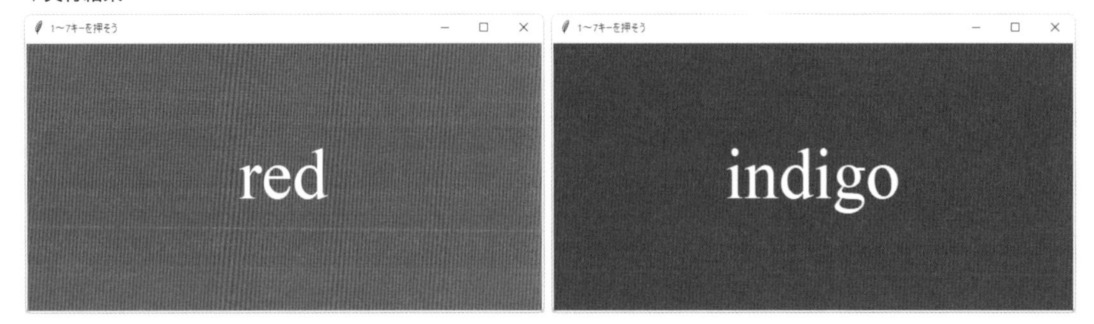

色の英単語の文字列を、4行目の`COLOR = ["red", "orange", "yellow", "green", "blue", "indigo", "violet"]`で、配列を使って定義しています。`COLOR[0]`に`red`、`COLOR[1]`に`orange`、`COLOR[2]`に`yellow`というように、配列の0番目の要素から順に文字列が代入されます。

プログラミングでは、**値を変更しない変数名や配列名をすべて大文字とする**ことが推奨されています。そうすれば、値を変更する変数と、値を変更しない**定数**(ていすう)の区別がしやすいからです。

COLOR配列に定義した文字列は変更しないので、配列名をすべて大文字としています。

(3) キーを押したら背景色を変える

キーを押したときに呼び出す関数を5〜11行目に定義しています。この関数には、次の処理を記述しています。

- 6行目で押されたキーのシンボルを変数`k`に代入する。
- 7行目で`k`の値が`"1"`、`"2"`、`"3"`、`"4"`、`"5"`、`"6"`、`"7"`のいずれかなら、
- 8行目で`k`の値を`int()`で整数に変換し、`1`を引いて変数`c`に代入する。
- 9行目でキャンバスに描いたものをすべて削除する。
- 10行目でキャンバスの背景色を変更する（`Canvas`の`bg`属性を`COLOR[c]`に変える）。
- 11行目で色の英単語を`create_text()`で表示する。

(4) 文字列の大小関係

Pythonでは7行目のように、文字や文字列の大小関係を、大なり小なりの記号を使って比べることができます。数字だけでなく、たとえば"a"と"b"を比較することもできます。"a"<"b"はTrueになり、"a">"b"はFalseになります。**アルファベットの大小関係はアルファベット順に決まる**と覚えておきましょう。

(5) andの使い方

7行目のif "1"<=k and k<="7"で「かつ」の意味を持つandを使っています。"1"<=k and k<="7"を言葉で表すと、「kに代入されている文字が"1"以上かつ"7"以下なら」という意味になります。

andやorを使ってif文に複数の条件式を記し、成り立つかを調べることができます。

(6) 文字列を数に変換する

8行目のc = int(k)-1で、1キーを押すと変数cに0を代入し、2キーを押すとcに1を代入するというように、キーから1を引いた数をcに代入しています。

このcの値を使って、10行目でキャンバス(cvs)の背景(bg)を、COLOR[c]に代入されている英単語の色に変えています。

配列の要素(箱)の番号は0から始まるので、キーから1を引いた数をcに代入しているところに注意しましょう。

int()で文字を整数に変換しているんだね。

いろんな知識が出てくるなぁ。覚えることがいっぱいあるんですね。

慣れないうちは難しいと感じることもありますが、様々なプログラムを入力するうちに、わかってきますよ。あせらずにいきましょう。

ゲームを作るための基礎知識

ヒットチェックを行おう①——円による計算

この節では、円によるヒットチェック（物体同士が接触しているか判断するアルゴリズム）について説明します。2つの円がどのような位置にあると重なるのか、それを数式でどう表すのか、そしてプログラムでどう記述するのかを学びます。

(1) ヒットチェック

ゲームの中に出てくる物体同士が接触しているか調べることを**ヒットチェック**といいます（図4-8）。**当たり判定**や**衝突判定**、**接触判定**と呼ばれることもあります。

接触した！

Hit！

どうやって調べるのかな？

▲図4-8　ヒットチェックのイメージ

ヒットチェックを行うには色々な方法がありますが、本書では、数学の知識を使う、円によるヒットチェックと、矩形（長方形）によるヒットチェックのアルゴリズムを学びます。矩形のヒットチェックは、次の節で説明します。まずは、円によるヒットチェックを見ていきましょう（図4-9）。

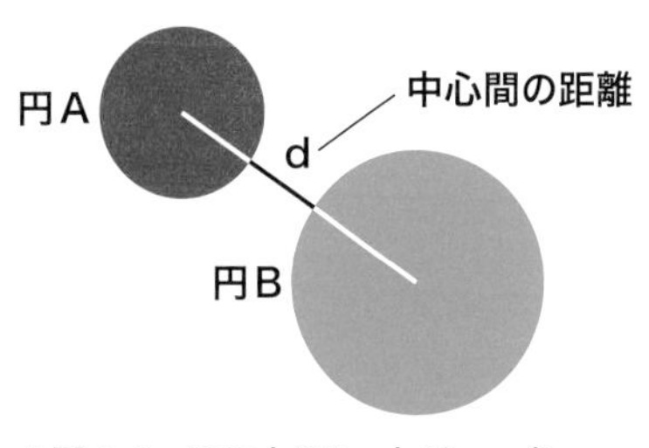

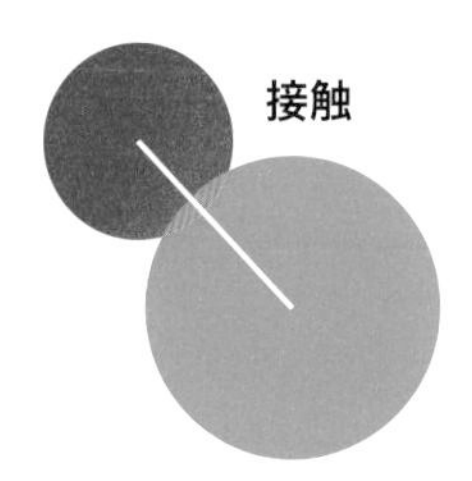

ゲームでは、円が重なった→プレイヤーと敵がぶつかった→ダメージの計算などの処理を行います。

▲図4-9　円によるヒットチェック

たとえば、図4-8の赤い髪のキャラクターを半径r_1の円、青いモンスターを半径r_2の円に見立てます。円の中心間の距離dを求め、dが円の半径の合計値$r_1 + r_2$以下なら、2つの円は重なっているか、外周が触れ合った状態になっています。

コンピューターの画面（ここでは二次元平面）に表示した図形の距離とは、**図形が何ピクセル離れているか**という値になります。

(2) 2つの円の距離を求める式

赤い円の中心座標を(x_1, y_1)、青い円の中心座標を(x_2, y_2)とします（図4-10）。2つの円の中心座標がどれくらい離れているかは、数学で学ぶ**2点間の距離の公式**$\boldsymbol{d = \sqrt{(x_1 - x_2)^2 + (y_1 - y_2)^2}}$で求めることができます。

▲図4-10　物体を円に見立てる

三平方の定理

2点間の距離は、**三平方の定理**（ピタゴラスの定理）で求められます。**直角三角形の斜辺の長さの2乗は、他の2辺の長さの2乗の和に等しい**という定理が、三平方の定理です（図4-A）。

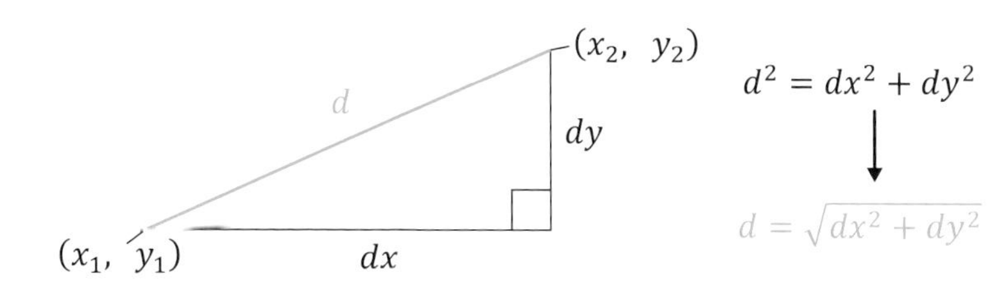

▲図4-A　三平方の定理

この図の直角三角形の左下の頂点座標を(x_1, y_1)、右上の頂点座標を(x_2, y_2)とすると、x_1とx_2の差がdxで、y_1とy_2の差がdyです。三平方の定理$\boldsymbol{d^2 = dx^2 + dy^2}$より、斜辺の長さ$d$は$d = \sqrt{dx^2 + dy^2}$になります。この$d$の値が$(x_1, y_1)$と$(x_2, y_2)$の距離になります。

(3) 数学の式をプログラムで記述する

Pythonでは、ルートを**sqrt()**という命令で計算します。sqrt()は多くのプログラミング言語に備わる命令で、数学的な計算で使う機会があるため、ここで使い方を覚えましょう。sqrt()を使うには、mathモジュールをインポートします。mathモジュールには、数学的な計算を行う色々な命令が備わっています。

2点間の距離を求める式をプログラムで記述すると、図4-11のようになります。

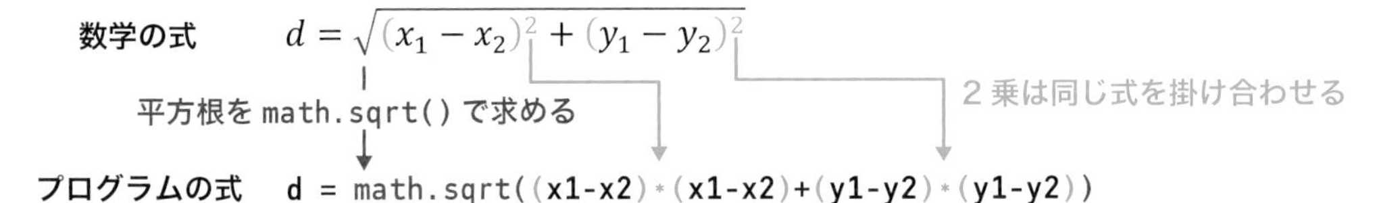

数学の式
$d = \sqrt{(x_1 - x_2)^2 + (y_1 - y_2)^2}$
平方根をmath.sqrt()で求める
2乗は同じ式を掛け合わせる
プログラムの式
d = math.sqrt((x1-x2)*(x1-x2)+(y1-y2)*(y1-y2))

▲図4-11 数学の式をプログラムの式にする

d = math.sqrt((x1-x2)*(x1-x2)+(y1-y2)*(y1-y2))で計算した値が、円の半径の合計r1+r2以下なら、2つの円は重なっています（図4-12）。ちょうどd = r1+r2なら2つの円の外周が触れ合った状態になります。

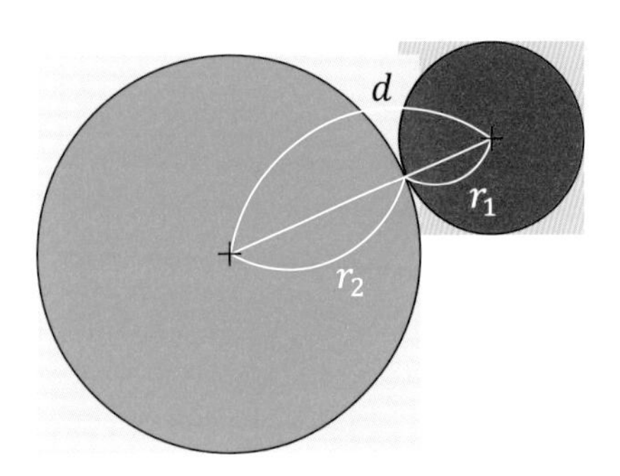

d
r_1
r_2

▲図4-12 円の外周が触れ合う例

円の中心間の距離を数学の公式で計算するのね。公式は√ を使う式なので、プログラムではsqrt()を使うってことね。

MEMO

sqrt()を使わずに平方根を求める

Pythonでは、計算式に**nと記述してn乗の値を求めることができます。2乗するなら**2とします。2つの円の距離は、**を使うと、d = math.sqrt((x1-x2)**2+(y1-y2)**2)となります。**2が2乗するという意味です。

また**演算子は、**0.5とすると、平方根（√ ）を求めることができます。これを使うと**d = ((x1-x2)**2+(y1-y2)**2)**0.5**という式で、2点間の距離を求められます。そのように記述するならsqrt()を使わないので、mathモジュールをインポートする必要はありません。

(4) プログラムの確認

円が重なっているかを判定するプログラムを確認します。コード4-6のプログラムを入力して実行すると、赤と青の円が表示されます。カーソルキーで赤い円を上下左右に動かすことができます。赤い円は、青い円に触れるとピンクになります。色々な方向から接触させて、ヒットチェックが正しく行われることを確認しましょう。

▼コード4-6　hitcheck_circle.py

```
01 import tkinter                                                  tkinterをインポート
02 import math                                                     mathをインポート
03
04 x1 = 200                                                        ┬赤い円の(x, y)座標を
05 y1 = 200                                                        ┘代入する変数
06 r1 = 60                                                         赤い円の半径を定義
07 x2 = 500                                                        ┬青い円の(x, y)座標を
08 y2 = 300                                                        ┘代入する変数
09 r2 = 120                                                        青い円の半径を定義
10
11 def pkey(e):                                                    キーを押したとき、呼び出す関数
12     global x1, y1                                               これらをグローバル宣言する
13     if e.keysym=="Up": y1 -= 10                                 上キーが押されたらy1を減らす
14     if e.keysym=="Down": y1 += 10                               下キーが押されたらy1を増やす
15     if e.keysym=="Left": x1 -= 10                               左キーが押されたらx1を減らす
16     if e.keysym=="Right": x1 += 10                              右キーが押されたらx1を増やす
17     d = math.sqrt((x1-x2)*(x1-x2)+(y1-y2)*(y1-y2))              円の中心間距離をdに代入
18     col = "red"                                                 変数colに"red"を代入
19     if d<=r1+r2: col = "pink"                                   接触していたら"pink"を代入
20     cvs.delete("RED_CIRCLE")                                    赤い円を削除
21     cvs.create_oval(x1-r1, y1-r1, x1+r1, y1+r1, fill=col, outline="white",
   tag="RED_CIRCLE")                                               赤もしくはピンクで円を描く
22
23 root = tkinter.Tk()                                             ウィンドウを作る
24 root.title("円によるヒットチェック")                            タイトルを指定
25 root.bind("<Key>", pkey)                                        呼び出す関数を指定
26 cvs = tkinter.Canvas(width=800, height=600, bg="black")         キャンバスを用意
27 cvs.pack()                                                      キャンバスを配置
28 cvs.create_oval(x1-r1, y1-r1, x1+r1, y1+r1, fill="red", outline="white",
   tag="RED_CIRCLE")                                               赤い円を描く
29 cvs.create_oval(x2-r2, y2-r2, x2+r2, y2+r2, fill="blue", outline="white")   青い円を描く
30 root.mainloop()                                                 ウィンドウの処理を開始
```

▼実行結果

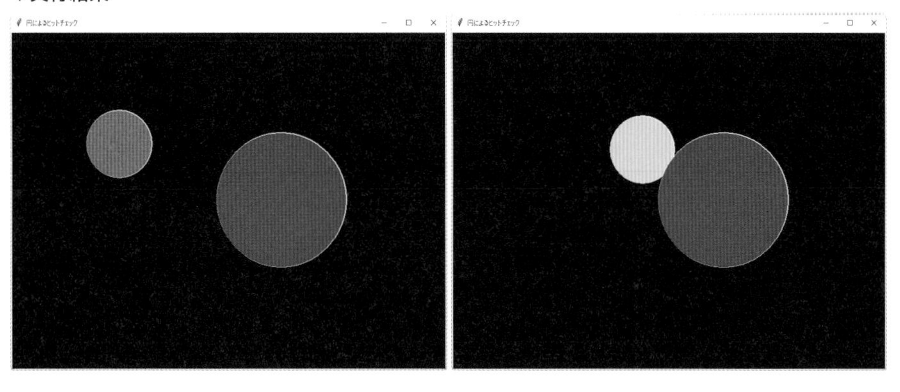

4〜6行目で赤い円の中心のx座標、y座標、半径を代入する変数を宣言しています。

7〜9行目で青い円の中心のx座標、y座標、半径を代入する変数を宣言しています。

11〜21行目がキーを押したときに呼び出す関数の定義です。この関数の13〜16行目で、カーソルキーの上下左右が押されたら、赤い円の座標を変化させています。

13行目のif文を確認しましょう。↑が押されたらy座標の値を10減らしています。y1-=10は、y1=y1-10と同じ意味の式です。コンピューターのy軸は、下にいくほど値が大きくなるので、y座標の値を減らすと円は上に移動します。

14〜16行目で同様に、押したキーに応じて円の座標を変化させ、円を動かしています。

17行目のd = math.sqrt((x1-x2)*(x1-x2)+(y1-y2)*(y1-y2))で、円の中心間の距離を変数dに代入しています。

18〜21行目でdがr1+r2以下なら円をピンク色で描き、接触したことがわかるようにしています。

(5) タグ

tkinterのキャンバスに描く図形や画像に、**タグ**（**tag**）と呼ばれる識別用の文字列を付けることができます。このプログラムでは、赤い円を描くとき、次のようにtag=という引数でRED_CIRCLEというタグを付けています。

```
cvs.create_oval(x1-r1, y1-r1, x1+r1, y1+r1, fill=col, outline="white", tag="RED_CIRCLE")
```

タグは、描いたグラフィックを区別することに使います。このプログラムでは、20行目のcvs.delete("RED_CIRCLE")で、赤い円だけを消すようにしました。このようにdelete()命令の引数にタグ名を記述し、特定の図形だけを消すことができます。

tagを使えば、画面全体を描き直さなくて済みます。多数の図形を描画した後、その一部を描き換えたいときなどに、タグを利用するとよいでしょう。

青い円は29行目で一度だけ描いています。cvs.delete("all")とすると青い円も消えますが、cvs.delete("RED_CIRCLE")で赤い円だけを消しています。

7 ヒットチェックを行おう② —— 矩形による計算

この節では、矩形(くけい)によるヒットチェックについて説明します。2つの矩形がどのようなときに重なるか、それを数式でどう表すのか、プログラムではどう記述するのかを学びます。

(1) 矩形によるヒットチェックの概要

矩形(くけい)とは、4つの角が直角である長方形を意味する言葉です。普通は正方形を除きますが、プログラミングでは一般的に長方形と正方形を区別しません。そこで本書では、長方形と正方形をまとめて矩形と呼びます。

矩形同士のヒットチェックには色々な計算方法があります。その中に、矩形の中心座標と、幅と高さの値を使い、計算式とif文を簡潔に記述して調べる方法があります。本書ではその方法でヒットチェックを行います。

(2) 矩形が重なる条件を考える

矩形が重なる条件について説明します。図4-13のように中心座標が(x_1, y_1)、幅がw_1、高さがh_1の矩形と、中心座標が(x_2, y_2)、幅がw_2、高さがh_2の矩形があるとします。

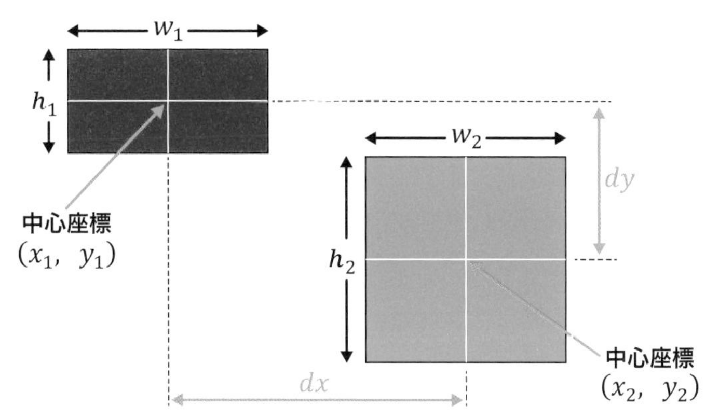

▲図4-13　2つの矩形の座標と大きさ

2つの矩形の中心間のx軸方向の距離をdx、y軸方向の距離をdyとします。dxの値が$\frac{w_1}{2}+\frac{w_2}{2}$以下、かつ、$dy$の値が$\frac{h_1}{2}+\frac{h_2}{2}$以下なら、2つの矩形は重なります。その条件で重なる理由を、図4-14のように、2つの矩形が横に並んだ状態で説明します。

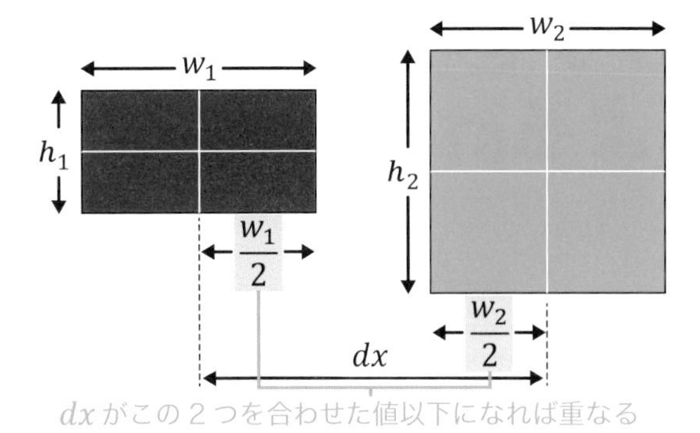

▲図4-14　中心間のｘ軸方向の距離を考える

赤い矩形を右に、あるいは青い矩形を左に移動すると、dxの値は減ります。矩形を近づけていき、dxの値が、赤い矩形の幅の半分と、青い矩形の幅の半分を合わせた値になったとき、２つの矩形の外周が触れ合うことが、図4-14からわかります。数式にすると$dx \leqq \frac{w_1}{2} + \frac{w_2}{2}$のとき矩形が重なります。

矩形が縦に並んだときも考えます。図4-15で上下の矩形を近づけ、dyの値が$\frac{h_1}{2} + \frac{h_2}{2}$になったとき、２つの矩形の外周が触れ合います。数式にすると$dy \leqq \frac{h_1}{2} + \frac{h_2}{2}$で矩形が重なります。

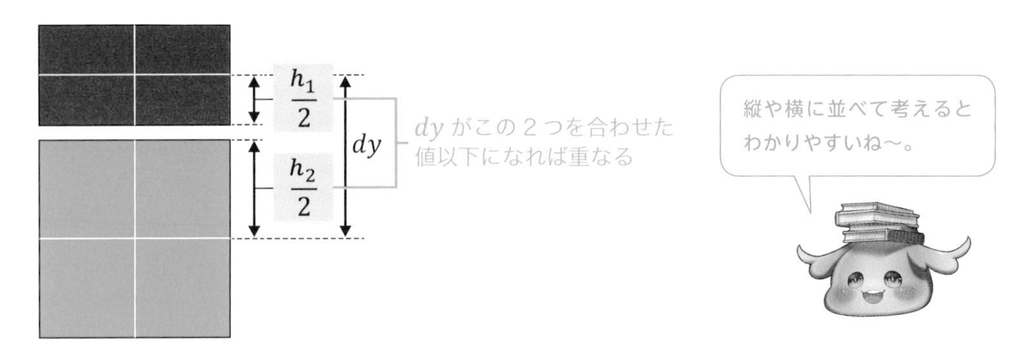

▲図4-15　中心間のｙ軸方向の距離を考える

つまり、$dx \leqq \frac{w_1}{2} + \frac{w_2}{2}$かつ$dy \leqq \frac{h_1}{2} + \frac{h_2}{2}$が成り立つなら、２つの矩形が重なります（図4-16）。

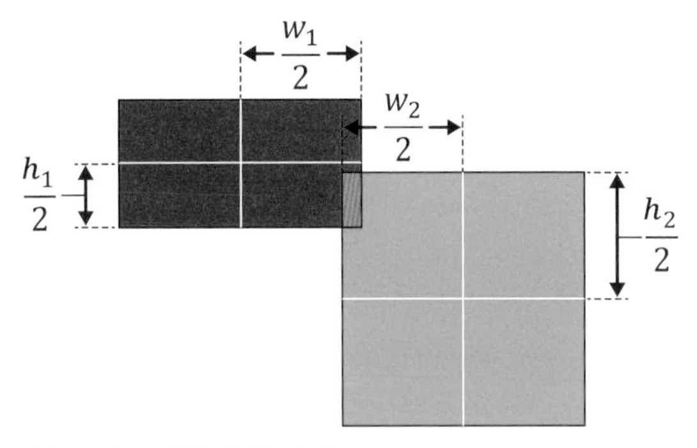

▲図4-16　矩形が重なる例

(3) x軸方向の距離とy軸方向の距離を求める

dxとdyの値を求める数学の式を立てます。
赤い矩形の中心座標は(x_1, y_1)、青い矩形の中心座標は(x_2, y_2)です。
dxは赤い矩形のx座標と、青い矩形のx座標の差であり、$dx = x_1 - x_2$になります。
dyは赤い矩形のy座標と、青い矩形のy座標の差であり、$dy = y_1 - y_2$になります。

① 中心間のx軸方向の距離dxと、y軸方向の距離dyを求める数学の式

$$dx = x_1 - x_2$$
$$dy = y_1 - y_2$$

ここで注意すべきことがあります。①の式で求める値は、図4-17の左側のように、赤い矩形が左上で青い矩形が右下に位置するとき、dx、dyとも負になります。図4-17の右側のように、赤い矩形が右下で青い矩形が左上にあるなら、dx、dyとも正になります。

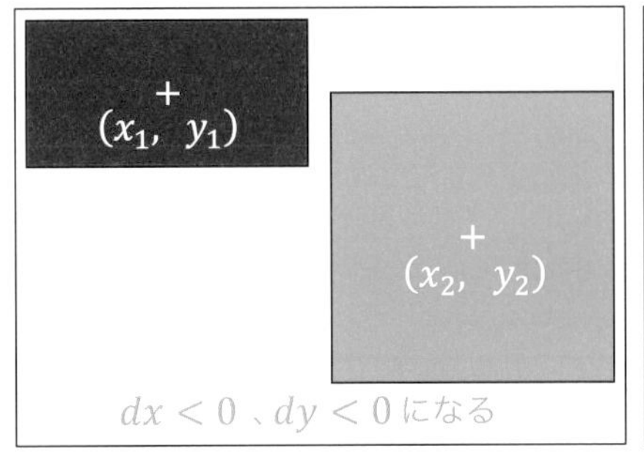

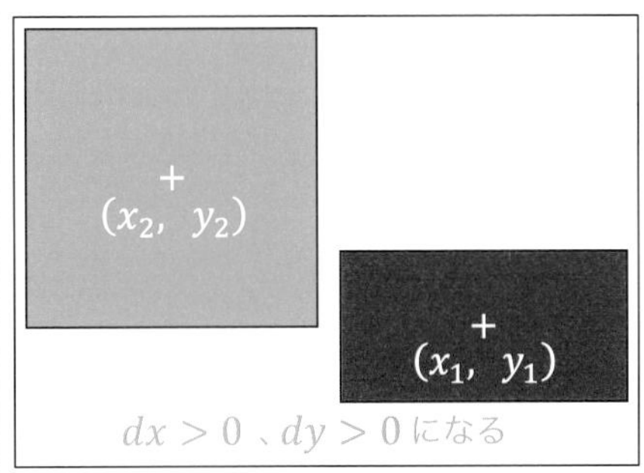

▲図4-17 矩形の位置と、dx、dyの正負の例

2つの矩形の位置によって、dxとdyの正負が変わるんだね。

dyの正負に注意しましょう。コンピューターのyの値は下へ行くほど大きくなります。

(4) 矩形が重なる条件を式にする

①の式で求めたdxとdyは、2つの矩形がどの位置にあるかで、負になることもあれば、正になることもあります。それを考慮して矩形が重なる条件を式にすると、次のようになります。

② 矩形が重なる条件を示す数学の式

$$-\left(\frac{w_1}{2}+\frac{w_2}{2}\right) \leqq x_1 - x_2 \leqq \frac{w_1}{2}+\frac{w_2}{2}$$

$$-\left(\frac{h_1}{2}+\frac{h_2}{2}\right) \leqq y_1 - y_2 \leqq \frac{h_1}{2}+\frac{h_2}{2}$$

$x_1 - x_2$がdxで、
$y_1 - y_2$がdyですよ。

この条件をプログラムでどう記述するかを考えてもかまいませんが、ここで一工夫すると、②の式をもっと簡潔にできます。その工夫とは**絶対値**を使うことです。絶対値は、基準となる原点（数学では0）からどれだけ離れているかを表す値です。

(5) 絶対値を使う

dxの絶対値とdyの絶対値は、2つの矩形の位置がどうあろうとも、ともに0以上です。絶対値を使うと、②の式を次の③のように簡潔に表せます。

③ 絶対値を使い、矩形が重なる条件を表した数学の式

$$|x_1 - x_2| \leqq \frac{w_1}{2}+\frac{w_2}{2}$$

$$|y_1 - y_2| \leqq \frac{h_1}{2}+\frac{h_2}{2}$$

$a \geqq 0$ならaがaの絶対値です。
$a < 0$なら$-a$がaの絶対値です。
aの絶対値を｜ ｜の記号を使って
$|a|$と表します。

(6) 数学の式をプログラムで記述する

$|x_1 - x_2|$と$|y_1 - y_2|$をプログラムで記述すると、図4-18のようになります。

$|x_1 - x_2|$　　　$|y_1 - y_2|$
↓ abs()で絶対値を求める　↓
abs(x1-x2)　　　abs(y1-y2)

▲図4-18　数学の式をプログラムの式にする

Pythonでは、絶対値を**abs()**という命令で求めます。abs()は数学に関する命令ですが、mathモジュールをインポートせずに使うことができます。

abs(x1-x2)が(w1+w2)/2以下、かつ、abs(y1-y2)が(h1+h2)/2以下のときに、2つの矩形は重なります。

(7) プログラムの確認

矩形が重なるかを判定するプログラムを確認します。コード4-7のプログラムを入力して実行すると、赤と青の矩形が表示されます。マウスポインタを動かすと、それに合わせて赤い矩形が動き、青い矩形に触れるとピンクになります。色々な方向から接触させて、ヒットチェックが正しく行われることを確認しましょう。

▼コード4-7　hitcheck_rect.py

```
01 import tkinter                                                         tkinterをインポート
02 import math                                                            mathをインポート
03
04 x1 = 200                                                               ┬赤い矩形の中心座標を
05 y1 = 200                                                               ┘代入する変数
06 w1 = 80                                                                ┬赤い矩形の幅と高さを定義
07 h1 = 120                                                               ┘
08 x2 = 400                                                               ┬青い矩形の中心座標を
09 y2 = 300                                                               ┘代入する変数
10 w2 = 240                                                               ┬青い矩形の幅と高さを定義
11 h2 = 120                                                               ┘
12
13 def move(e):                                                           マウスを動かしたときに呼ぶ関数
14     global x1, y1                                                      これらをグローバル宣言する
15     x1 = e.x                                                           ┬赤い矩形の(x, y)座標を
16     y1 = e.y                                                           ┘ポインタの座標にする
17     col = "red"                                                        変数colに"red"を代入
18     if abs(x1-x2)<=(w1+w2)/2 and abs(y1-y2)<=(h1+h2)/2:                2つの矩形が接触していたら
19         col = "pink"                                                   colに"pink"を代入
20     cvs.delete("RED_RECT")                                             赤い矩形を削除
21     cvs.create_rectangle(x1-w1/2, y1-h1/2, x1+w1/2, y1+h1/2, fill=col,
   outline="white", tag="RED_RECT")                                       赤もしくはピンクで矩形を描く
22
23 root = tkinter.Tk()                                                    ウィンドウを作る
24 root.title("矩形によるヒットチェック")                                     タイトルを指定
25 root.bind("<Motion>", move)                                            呼び出す関数を指定
26 cvs = tkinter.Canvas(width=800, height=600, bg="black")                キャンバスを用意
27 cvs.pack()                                                             キャンバスを配置
28 cvs.create_rectangle(x1-w1/2, y1-h1/2, x1+w1/2, y1+h1/2, fill="red",
   outline="white", tag="RED_RECT")                                       赤い矩形を描く
29 cvs.create_rectangle(x2-w2/2, y2-h2/2, x2+w2/2, y2+h2/2, fill="blue",
   outline="white")                                                       青い矩形を描く
30 root.mainloop()                                                        ウィンドウの処理を開始
```

▼実行結果

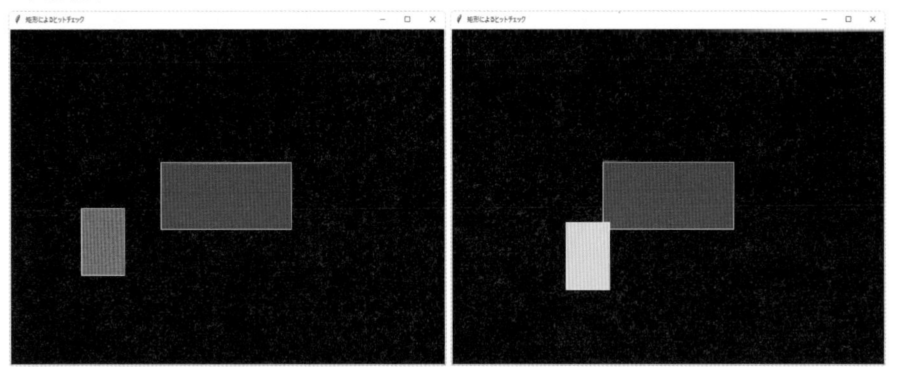

4〜7行目で赤い矩形の中心座標を代入する変数x1、y1と、幅と高さを代入する変数w1、h1を宣言しています。

8〜11行目で青い矩形の中心座標を代入する変数x2、y2と、幅と高さを代入する変数w2、h2を宣言しています。

すごーい、マウスで図形を動かせる。Pythonでこんなこともできるのね〜。

驚くのはまだ早いですよ。この先で、色々なゲームを作って、もっとすごいことをします。

(8) 矩形の描き方

create_rectangle()命令は、矩形を描く左上角と右下角の座標を引数で指定します（図4-19）。このプログラムでは、左上角を$\left(x-\frac{w}{2},\ y-\frac{h}{2}\right)$、右下角を$\left(x+\frac{w}{2},\ y+\frac{h}{2}\right)$と指定して、$(x,\ y)$が矩形の中心となるようにしています。$w$は矩形の幅、$h$は矩形の高さです。

赤い矩形を描くとき、RED_RECTというタグをtag=で付けていることも確認しましょう。delete()の引数に、このタグを与え、赤い矩形だけを消しています。

```
create_rectangle(x1-w1/2, y1-h1/2, x1+w1/2, y1+h1/2)
```

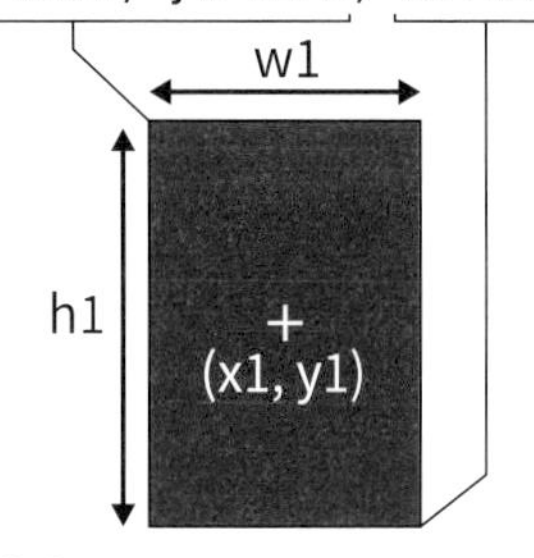

▲図4-19　赤い矩形の座標指定

(9) マウスで矩形を動かす処理

マウスポインタを動かしたときに呼び出す関数を、move()という関数名で13〜21行目に定義しています。move()は、イベントを受け取る関数なので、引数eを設けています。

この関数で赤い矩形の中心座標である変数x1とy1の値を変更します。x1とy1は、関数の外で宣言したグローバル変数です。それらの値を変更するために、14行目でglobal x1, y1とグローバル宣言しています。

15〜16行目でx1とy1にマウスポインタの座標を代入し、マウスを動かした位置に矩形が来るようにしています。e.xとe.yがマウスポインタの座標です。

(10) ヒットチェックのif文

18行目のif文で矩形同士のヒットチェックを行っています。17〜19行目を抜き出して説明します。

```
17      col = "red"
18      if abs(x1-x2)<=(w1+w2)/2 and abs(y1-y2)<=(h1+h2)/2:
19          col = "pink"
```

abs(x1-x2)が2つの矩形の中心間のx軸方向の距離、abs(y1-y2)がy軸方向の距離です。abs(x1-x2)が(w1+w2)/2以下、かつ、abs(y1-y2)が(h1+h2)/2以下なら、2つの矩形は重なっています。その場合は色をピンクにして、矩形が重なったことがわかるようにしています。

COLUMN

プログラミングを習得する秘訣

この章では、ゲーム制作のための知識と技術を説明し、それが数学とどう関わるかを学びました。ヒットチェックのような、やや高度なアルゴリズムも扱ったので、難しいと感じた方もいるかもしれません。

難しくても、不安になったり、焦る必要はありません。学んだ知識を使って、次の章からゲームを作ります。ゲームのプログラムを入力するときに、理解できていない項目にぶつかったら、それを学んだページを読み直しましょう（どこで学んだかは目次や索引でわかります）。それを繰り返すことで、理解できるようになります。

プログラミングは実際にプログラムを入力して動作を確認すると、「ああ、こうなるのか」と理解できることが、よくあります。**理解できていないことを復習する、自らの手でプログラムを入力する**、この2つがプログラミングを習得する近道であり、秘訣になります。

「なんだ、数学や他の教科と同じか」と思われた方も多いのではないでしょうか。**学んだことを復習し、自ら問題を解く、文章を書くなど、手を動かす。**どんな学問も、それが知識や技術を自分のものにする確実な方法です。そして、プログラミングも同じなのです。

なるほど、復習と手を動かす。地道な修行が必要なのですね。師匠は何年くらい賢者の修業をしたのですか？

いまだに毎日が修行ですよ。
もう何年も続けていることになりますね。

COLUMN

変数の利用法 —— 処理の流れとアニメーション

数学の変数は計算のために使いますが、プログラミングの変数は計算以外にも色々な使い道があります。ここでは、変数を使ってプログラムの処理を分ける方法と、変数を使ったアニメーションの仕組みを紹介します。

まずは実行してみよう

本書サンプル（p.iv）のzipファイル内のChapter4フォルダに、ninja_run.pyというプログラムがあります。それをIDLEで開いて実行しましょう。図4-Bのようなゲームのタイトルを想定した画面が表示されます。

この画面でスペースキーを押すと、図4-Cのような忍者が走るシーンになります。

忍者は延々と走り続けます。Enterキーを押すと、タイトル画面に戻ります。

▲図4-B　タイトル画面

▲図4-C　忍者が走る画面

忍者のおねーさん、
かっこいい！
ボクたちのパーティに
加わってくれるかな？

プログラムの確認

このプログラムの内容を確認しましょう（コード4-A）。

▼コード4-A　ninja_run.py

```
01 import tkinter                                              tkinterをインポート
02
03 scene = "タイトル"                                          シーンを管理する変数
04 ninja_x = 0                                                 忍者のx座標を代入する変数
05 ninja_a = 0                                                 忍者のアニメを実行するための変数
06
07 def pkey(e):                                                キーを押したときに呼ばれる関数
08     global scene                                            変数のグローバル宣言
09     if e.keysym=="space":                                   スペースキーを押すと
10         scene = "ゲーム"                                    忍者が走るシーンに移る
11     if e.keysym=="Return":                                  Enterキーを押すと
12         scene = "タイトル"                                  タイトルに戻る
13
14 def main():                                                 メイン処理を行う関数
15     global ninja_x, ninja_a                                 変数のグローバル宣言
16     cvs.delete("all")                                       キャンバスに描いたものを消す
17     cvs.create_image(480, 320, image=bg)                    背景の表示
18     if scene=="タイトル":                                   ┬タイトル画面の処理
19         cvs.create_image(480, 320, image=ilst)              │詳しくは後述
20         cvs.create_text(480, 180, text="N i n j a R u n",   │
   font=("System",100), fill="lime")                           │
21         cvs.create_text(480, 420, text="press [SPACE] key", │
   font=("System",40), fill="cyan")                            ┘
22     if scene=="ゲーム":                                     ┬忍者が走る処理
23         ninja_x = ninja_x + 40                              │詳しくは後述
24         if ninja_x>960: ninja_x = 0                         │
25         ninja_a = ninja_a + 1                               │
26         cvs.create_image(ninja_x, 400, image=ninja[ninja_a%4])┘
27     root.after(100, main)                                   100ミリ秒後にmain()を実行
28
29 root = tkinter.Tk()                                         ウィンドウを作る
30 root.bind("<Key>", pkey)                                    キーを押すと呼ぶ関数を指定
31 cvs = tkinter.Canvas(width=960, height=640)                 キャンバスを用意
32 cvs.pack()                                                  キャンバスを配置
33 ilst = tkinter.PhotoImage(file="image/illust.png")          変数ilstにイラストを読み込む
34 bg = tkinter.PhotoImage(file="image/bg.png")                変数bgに背景を読み込む
35 ninja = [                                                   ┬ninjaという配列に
36     tkinter.PhotoImage(file="image/ninja0.png"),            │4種類の忍者の画像を
37     tkinter.PhotoImage(file="image/ninja1.png"),            │読み込む
38     tkinter.PhotoImage(file="image/ninja2.png"),            │
39     tkinter.PhotoImage(file="image/ninja3.png")             │
40 ]                                                           ┘
41 main()                                                      main()関数を呼び出す
42 root.mainloop()                                             ウィンドウの処理を開始
```

プログラムの要点を説明します。

(1) リアルタイムに処理を行う

14〜27行目に定義したmain()がリアルタイム処理を行う関数です。after()命令で100ミリ秒ごとに、この関数を実行し続けています。

main()の中でタイトルの表示と忍者が走る処理を行っています。18〜21行目がタイトル、

22〜26行目が忍者の走る処理です。3行目で宣言したsceneという変数とif文で、それぞれの処理を分けています。

(2) 変数を使って処理を分ける

タイトルと忍者が走る処理を分ける方法を説明します。

変数sceneに「タイトル」という文字列が代入されているときは、if文を使ってタイトルの処理を行います。また「ゲーム」という文字列が代入されているときは、忍者が走る処理を行います。忍者の移動とアニメーションは、(4) と (5) で説明します。

(3) キーを押したときに呼び出す関数

7〜12行目にキーを押したときに呼び出すpkey()という関数を定義しています。この関数で、スペースキーを押したら変数sceneに「ゲーム」という文字列を代入し、Enter (Return) キーを押したら「タイトル」という文字列を代入しています。

変数sceneの値がゲームなら、main()は忍者が走る処理を行います。つまり、タイトルでスペースキーを押すと、忍者が走る処理に移ります。

そうか。Enterキーを押すと変数sceneの値がタイトルになって、main()はタイトルの処理を行うので、タイトルへ戻るんだね。

(4) 忍者の移動

忍者のx座標をninja_xという変数で管理しています。main()関数のif scene=="ゲーム"のブロックの23行目で、この変数の値を増やし、忍者を右へ移動させています。24行目のif ninja_x>960で画面右端に達したかを調べ、達したときは変数ninja_xを0にして、再び忍者を左端から走らせています。

(5) 忍者のアニメーション

35〜40行目でninjaという配列に4種類の画像を読み込んでいます。

```
35 ninja = [
36     tkinter.PhotoImage(file="image/ninja0.png"),
37     tkinter.PhotoImage(file="image/ninja1.png"),
38     tkinter.PhotoImage(file="image/ninja2.png"),
39     tkinter.PhotoImage(file="image/ninja3.png")
40 ]
```

画像はChapter4のimageフォルダに入っています。

こう記述すると、ninja[0]〜ninja[3]に、表4-Aの画像が読み込まれます。

▼表4-A　忍者の画像を読み込む配列

配列	ninja[0]	ninja[1]	ninja[2]	ninja[3]
ファイル名	ninja0.png	ninja1.png	ninja2.png	ninja3.png
画像				

※これらの絵は、ninja0.png→ninja1.png→ninja2.png→ninja3.pngの順に繰り返して表示すると、走る動きになるように描かれています。

忍者の画像を次の処理で順に表示して、走るアニメーションを行っています。

- **25行目で変数ninja_aを1ずつ増やす。**
- **26行目の**cvs.create_image(ninja_x, 400, image=ninja[**ninja_a%4**])**で、表示する画像の番号を**ninja_a%4**で指定する。**

ninja_aの値は0→1→2→3→4→5→6→7→‥‥と増えていきます。ninja_a%4は、それを4で割った余りなので、0→1→2→3→0→1→2→3→‥‥のように0から3までを繰り返します。

%は、余りを求める演算子です。この計算で忍者の絵を0→1→2→3の順に繰り返して表示しています。

変数で座標を計算し、絵のパターンを変えてアニメーションを実現しています。

なるほど〜。キャラのアニメも変数と計算式で行うんだね。

準備が整いましたね。
いよいよ次の章からゲーム制作という旅の始まりです。

旅に出るためのボクの知識は、
ここまでの学習で十分ってことですか？

ここまでで学んだのは基礎的な知識です。
この先、色々なことを学び、経験を積んでいきます。

そうか、これは成長するための旅ですね？

そのとおり。
さあ、知識と技術を伸ばす旅へと出発しましょう。

はい、師匠、行きましょう！
わくわくするな～。

モグラ叩きを作ろう

いよいよゲーム制作を始めます。この章では、「モグラ叩き」というゲームを作ります。第２章で学んだ配列や条件分岐などの知識、第３章で学んだウィンドウを扱う方法、第４章で学んだキー入力とリアルタイム処理を使ってプログラムを組み立てていきます。モグラが顔を出す穴を乱数で決めるので、乱数の使い方も説明します。

Contents

5-1 この章で作るゲーム

まずは、この章で作る「モグラ叩き」というゲームの内容を確認します。ソフトウェア開発全般にいえることは、コンピューターの中に作る仕組みを明確にすることが大切です。完成したときにどのようなゲームになるのかを、この節を読んでイメージしてみましょう。

(1) モグラ叩きとは？

複数の穴からモグラなどのキャラクターが顔を出すので、その頭をハンマーで叩き、制限時間内に叩いた回数を競うゲームがモグラ叩きです（図5-1）。

▲図5-1　モグラ叩きのイメージ

モグラ叩きのルールを採用した業務用ゲーム機が置かれているアミューズメント施設もあります。また、家庭で遊べる玩具も発売されているので、ご存じの方も多いかもしれません。

モグラ叩きは、ゲームセンターなど全国の様々な施設に設置されています。

ハンマーでモグラを叩くのね！

(2) モグラ叩きを作る理由

もともとのモグラ叩きは機械式のゲーム機で、**ルールは敵を叩くだけ**というシンプルなものです。そのような単純明快なゲームなら、複雑な処理を記述しなくても作ることができるため、**初学者がプログラミングを学ぶ題材に向いています。**そのため、本書では初めて作るゲームをモグラ叩きとしました。

ただし内容は単純でも、ゲームを作るには、プログラミングの基礎知識を総動員しなくてはなりません。ウィンドウを表示したり、キー入力を受け付けたりする処理も組み込む必要があります。また、スコアなどの数値を変数で扱う数学的な知識も欠かせません。モグラ叩きをプログラミングすることで、これまでの章で学んだ知識を固めることができます。

(3) この章で作るゲームのルール

ここでは、次のようなルールのモグラ叩きを制作します。

モグラ叩きのルール

- 5つの穴がある。穴には1から5の番号が付いている。
- モグラが穴から顔を出す。どの穴から出てくるかを乱数で決める。
- 顔を出した穴に対応するキーを押すと、叩いたことになる。
- 制限時間内に何点取れるかを楽しむゲームとする。

モグラもモンスターの仲間かな？

いえ、モグラは哺乳類という動物ですよ。

完成版の画面は、図5-2のようになります。

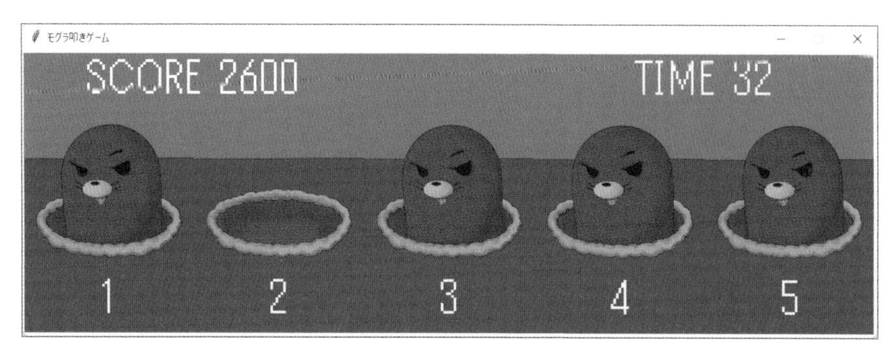

▲図5-2　モグラ叩きの画面

ゲームの流れをフローチャートで示します（図5-3）。フローチャートがあると、どのような処理を組み込むべきかイメージしやすくなります。本書では、ゲームの主要部分だけを簡易的なフローチャートで示しますが、商用のゲーム開発では制作開始前に、メニュー画面なども含めたゲーム全体のフローチャートを用意することもあります。

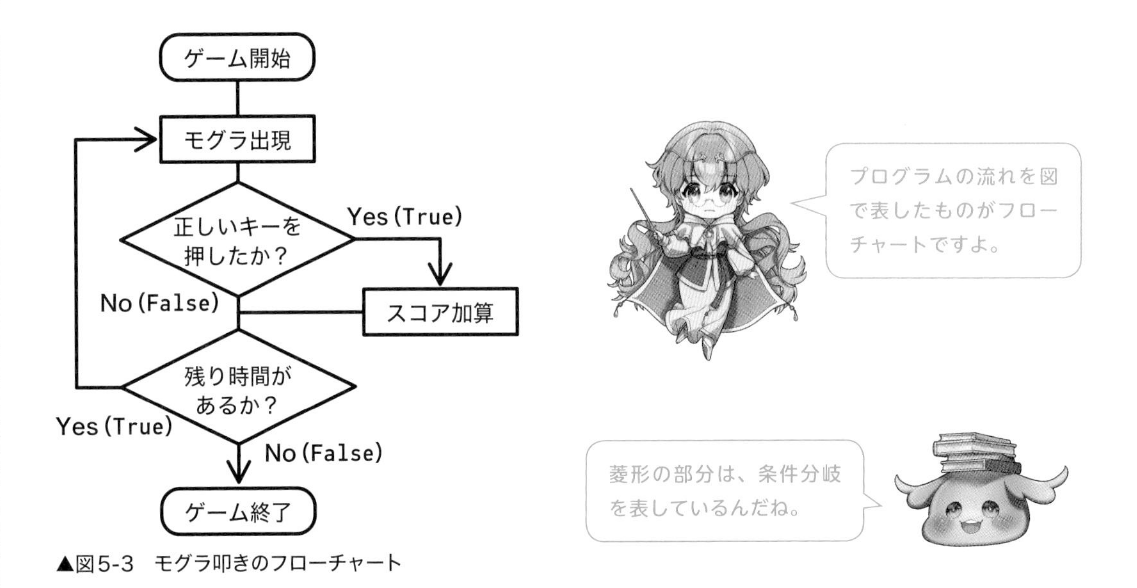

▲図5-3　モグラ叩きのフローチャート

(4) 使う画像ファイル

表5-1の画像を使って制作します。画像ファイルは、本書サンプルのzip内に入っています。p.ivを参考にダウンロードしましょう。

▼表5-1　画像ファイル

hammer.png	hit.png	hole.png	mole.png

(5) どのようなステップで完成させるか

ここでは、5つの段階（表5-2）に分けて各種の処理を組み込み、ゲームを完成させます。

▼表5-2　完成させるまでの流れ

段階	節	組み込む内容
ステップ1	5-3	画像を読み込んで表示する
ステップ2	5-4	配列で5つの穴を管理する
ステップ3	5-5	リアルタイム処理でモグラを出現させる
ステップ4	5-6	キー入力でモグラを叩く
ステップ5	5-7	タイトルとゲームオーバーを入れて完成させる

どのモグラが顔を出すかを乱数で決めます。**乱数**とは、サイコロを投げて出る目（数）のように、無作為（ランダム）に選ばれる数のことです。ゲームのプログラミングに入る前に、次の節で乱数を発生させる方法を説明します。

乱数の使い方を学んでから、
ゲーム制作に入りましょう。

よし、がんばるぞ〜！

5-2 Pythonで乱数を使う

この節では、乱数を発生させる命令の使い方を説明します。ゲームの中で乱数は、たとえば「落ち物パズル（テトリスなど）で落ちてくるブロックの柄や形を決める」「ロールプレイングゲームでクリティカルヒット（大ダメージ攻撃）の出る確率を計算する」「テーブルゲームで配られるカードの種類を決める」などに使われます。この章で作るモグラ叩きは、モグラが顔を出す穴を乱数で決めます。

(1) randomモジュールを使う

Pythonのプログラムで高度な処理を行うには、モジュールという機能を使います。第3章と第4章では、tkinterモジュールを使ってウィンドウを作り、キャンバスに図形を表示しました。乱数を扱うには、randomモジュールをインポートし、乱数を発生させる命令を記述します。

(2) 乱数を発生させる命令

randomモジュールに用意されている乱数を発生させる主な命令は、表5-3のとおりです。

randomモジュールには、
乱数を扱う色々な命令が備わっています。

▼表5-3　乱数を発生させる命令

乱数の種類	記述例	意味
小数の乱数	r = random.random()	rに0.0以上1.0未満の小数を代入する
整数の乱数①	r = random.randint(1, 10)	rに1から10いずれかの整数を代入する
整数の乱数②	r = random.randrange(10, 20, 2)※1	rに10、12、14、16、18のいずれかを代入する
複数の項目からランダムに選ぶ	r = random.choice([5, 6, 7])※2	rに5、6、7のいずれかを代入する

※1　randrange(start, stop, step)で発生する乱数は、start以上stop未満になります。stopの値は入りません。

※2　項目をいくつでも記述できます。たとえば、random.choice(["グー", "チョキ", "パー"])のように文字列を羅列して、いずれかをランダムに選ばせることもできます。

(3) プログラムの確認

コード5-1のプログラムでrandomモジュールの使い方を確認します。入力して実行すると、1から6の乱数が10回出力されます。

このプログラムは、乱数を学ぶためのもので、ウィンドウは不要なので表示せず、IDLEのシェルウィンドウに乱数を出力します。

ウインドウを表示しなければ、
短い行数のプログラムで乱数を学べます。

▼コード5-1　rand_int.py

```
01 import random                          randomモジュールをインポート
02 for i in range(10):                    10回繰り返す
03     r = random.randint(1, 6)           変数rに1から6の乱数を代入
04     print(r)                           その値を出力
```

▼実行結果

```
5
3
2
6
5
1
2
5
1
1
```

※乱数なので、値は実行するたびに変わります。

このプログラムの
結果は、サイコロ
の出た目を並べた
ようなものかな？

だいたいそんな感じですが、
コンピューターの乱数は計算
で作られます。厳密に言えば、
サイコロのように無作為に選
ばれる数とは少し違います。

randomモジュールを使うので、1行目のようにimport　randomと記述します。3行目の**randomモジュールに備わった関数**で、乱数を発生させます。このプログラムは、randint()で最小値と最大値を指定し、整数の乱数を発生させています。

(4) 乱数の種

randomモジュールは、乱数を扱うための様々な命令を備えています。その中の1つに、**乱数の種（シード）**を決めるseed()という命令があります。

コンピューターの乱数は計算で作られ、その計算の元になる値が乱数の種です。種を定めた後に発生させる乱数は、毎回、同じ数値が並びます。乱数の種が具体的にどのようなものかは、この節の最後のCOLUMN（p.125）で説明します。

では、乱数の種をコード5-2のプログラムで確認しましょう。このプログラムは何度か実行してみてください。毎回、同じ乱数が発生します。

▼コード5-2　rand_seed.py

```
01 import random                          randomモジュールをインポート
02 random.seed(0)                         乱数の種を0とする
03 for i in range(20):                    20回繰り返す
04     r = random.randint(0, 99)          変数rに0から99の乱数を代入
05     print(r, end=",")                  その値をカンマ区切りで出力
```

▼実行結果

```
49,97,53,5,33,65,62,51,38,61,45,74,27,64,17,36,17,96,12,79,
```

2行目のrandom.seed(0)で乱数の種を0としています。好きな値を種に指定できます。Pythonは、その値を元に乱数を計算します。乱数の種を定めれば、種を与えた時点から同じ乱数が発生します。

さて、乱数は本来、無作為に選ばれるものです。種は必要ないのではと考える方もいるかもしれません。乱数の種には、実は色々な使い道があります。たとえば、コンピューターで乱数を使ったシミュレーションを行うことがあり、乱数の種を決めることで、同じ乱数を使ってシミュレーションを再現できます。実験結果を改めて確認したいときなどに乱数の種が役に立ちます。

COLUMN

乱数を作るアルゴリズム

コンピューターの乱数は、計算によって作られます。その計算を行うための最初の数が乱数の種です。乱数を作る式や乱数の種を理解するには、**数列**（数の並び）の知識が必要です。このCOLUMNでは、数学で学ぶ数列を簡単に復習してから、乱数を作るアルゴリズムについて説明します。

等差数列と等比数列

有名な数列に**等差数列**と**等比数列**があります。

- 等差数列

1、3、5、7、9、11‥‥という数の並びがあるとします。この数列は、どの位置にある数も、前と後ろの数との差が2になっています。この数列は、次の式で表されます。

$$a_1 = 1$$
$$a_{n+1} = a_n + 2$$

このように、一定の数を次々に加えて作られる数の並びが**等差数列**です。

- 等比数列

1、2、4、8、16、32‥‥という数の並びがあるとします。この数列は、次に並ぶ数が前にある数の2倍になっています。この数列は、次の式で表されます。

$$a_1 = 1$$
$$a_{n+1} = 2a_n$$

このように、一定の数を次々に掛けて作られる数の並びが**等比数列**です。

数列の最初のa_1を**初項**といい、数列を定める式を**漸化式**といいます。

乱数を作るアルゴリズム

乱数を作る式は、これまで色々なものが考案されてきました。その中に、次の漸化式があります。この漸化式で乱数を作るアルゴリズムを**線形合同法**といいます。

$$a_0 = 0$$
$$a_{n+1} = (Ba_n + C)\%M$$

※プログラミングの番号は、最初に並ぶものを0番と数えるので、この式では初項をa_0としています。

線形合同法は、$x_n = (A * x_{n-1} + C)\%M$と表すことも多いですが、上記の数列の式と比べやすいように、本書では$a_{n+1} = (Ba_n + C)\%M$とします。

B、C、Mをあるルールで定めると、数がばらばらに並ぶ数列を作ることができます。たとえば、a_0を0、Bを13、Cを1、Mを16とすると、$a_n = (Ba_{n-1} + C)\%M$の式で次の数列が作られます。

0,1,14,7,12,13,10,3,8,9,6,15,4,5,2,11,0,1,14,7,12,13,10,3,8,9,6,15,4,5,2,11····

「線形合同法」で検索すると、B、C、Mをどう定めるとよいかという情報を入手できます。

この数列は0,1,14,7,12,13,10,3,8,9,6,15,4,5,2,11という並びが、延々と繰り返されます。

疑似乱数

計算により、乱数のような数が並ぶ数列を作れることがわかりました。計算式で作られる乱数は、真の乱数（サイコロを投げて出る目のような無作為に選ばれる数）と区別して、**疑似乱数**（ぎじらんすう）と呼ばれます。コンピューターが作る乱数は、疑似乱数です。

等差数列や等比数列は初項を定めると、数列に並ぶ数が決まります。線形合同法で作る数列も、漸化式のB、C、Mの値を変えない限り、初項によって並ぶ数が決まります。

つまり、

- **疑似乱数は漸化式で作られる数列である。**
- **初項（乱数の種）を定めると、数列には同じ数が並ぶ。**

補足しておくと、乱数を作る様々な手法があるため、そのすべてで初項が種というわけではありません。

この2つが、種を定めると同じ乱数が発生する理由です。

乱数を作る新しいアルゴリズムがある

乱数を発生させるアルゴリズムとして、よく知られている線形合同法を使って、乱数の種について説明しました。線形合同法は古い時代に考案されたアルゴリズムで、疑似乱数を簡単な式で作れる長所がありますが、短い周期で同じ数列が繰り返されるなど、乱数としての欠点もあります。現在では、日本人の数学者が考案したメルセンヌ・ツイスタ法などの、より真の乱数に近い数を作り出せるアルゴリズムが使われることが多くなりました。興味を持った方は「乱数 アルゴリズム」などで検索し、乱数を作るアルゴリズムについて調べてみてください。

5-3 ステップ1 画像を読み込んで表示する

それでは、ゲーム制作を始めましょう。まずは、穴やモグラの画像を読み込んで表示する方法を説明します。そして、読み込んだ画像をキャンバスに並べて、ゲーム画面の構成を確認します。

(1) 画像ファイルの読み込みと表示

このゲームは、幅200ピクセル、高さ320ピクセルの画像を、横に5つ並べて表示します。コード5-3のプログラムで画像ファイルの読み込みと表示を確認します。プログラムを入力して実行すると、5つの穴が横に並んで表示されます。

プログラムのファイル名は、第5章ゲームの1段階目（ステップ1）の処理組み込みという意味で、step_5_1.pyとしています。

▼コード5-3　step_5_1.py

```
01 import tkinter                                          tkinterをインポート
02
03 def main():                                             メイン処理を行う関数
04     for i in range(5):                                  iは0から4まで1ずつ増える
05         x = 200*i+100                                   画像を表示するx座標を計算
06         cvs.create_image(x, 160, image=img[0])          穴の画像を表示
07     cvs.create_image(x, 60, image=ham)                  ハンマーの画像を表示
08
09 root = tkinter.Tk()                                     ウィンドウを作る
10 cvs = tkinter.Canvas(width=1000, height=320)            キャンバスを用意
11 cvs.pack()                                              キャンバスを配置
12 img = [                                                 配列に穴、モグラ、叩いた
13     tkinter.PhotoImage(file="image/hole.png"),          モグラの画像を読み込む
14     tkinter.PhotoImage(file="image/mole.png"),
15     tkinter.PhotoImage(file="image/hit.png")
16 ]
17 ham = tkinter.PhotoImage(file="image/hammer.png")       ハンマーの画像を読み込む
18 main()                                                  main()関数を呼び出す
19 root.mainloop()                                         ウィンドウの処理を開始
```

▼実行結果

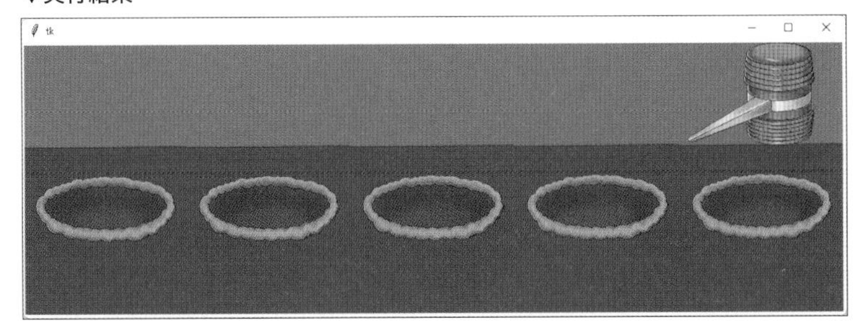

12〜16行目でimgという配列（表5-4）に、穴、顔を出したモグラ、叩いたモグラの画像を読み込んでいます。17行目では、hamという変数にハンマーの画像を読み込んでいます。

▼表5-4　画像を読み込む配列

配列	img[0]	img[1]	img[2]
ファイル名	hole.png	mole.png	hit.png
画像			

imgはimage、hamはhammerの略だね。変数名や配列名は、後でプログラムを見直すときのために、わかりやすいものにするんだよね。

これらの画像ファイルを、プログラムと同じ階層（フォルダ）にあるimageフォルダに入れておきましょう。画像の読み込みは、PhotoImage()命令で行います。引数のfile="image/***.png"は、「プログラムのある階層のimageフォルダ内の***.pngを読み込む」という指定です。

3〜7行目に記述したmain()という関数で、画像を表示する処理を行っています。

5つの画像を並べるために、for i in range(5)の繰り返しを使っています（図5-4）。画像を表示するx座標をx = 200*i+100で変数xに代入し、create_image()の引数をx、160、image=img[0]として、キャンバスの座標(x, 160)の位置に穴の画像を表示しています。create_image()の引数の座標は、画像の中心を指定することに注意しましょう。

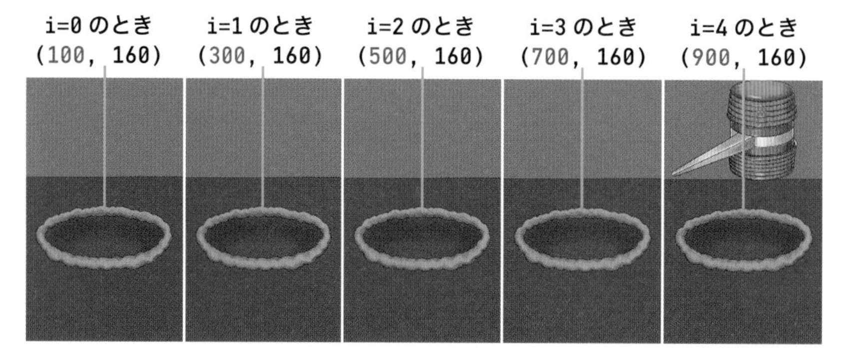

▲図5-4　繰り返しで座標を計算し、複数の画像を表示する仕組み

5行目のx = 200*i+100で、この図5-4の赤字で示したx座標を計算しています。

画像の確認として、7行目で一番右の穴の上にハンマーを表示しています。7行目の引数xには、for文が終わったときの値である200*4+100、つまり900が代入されています。

for文は、この後のプログラムでも使います。また、ゲーム制作に限らず、ソフトウェア開発全般で繰り返し処理は必須です。for文で繰り返す仕組みを理解しましょう。

5-4 ステップ2 配列で5つの穴を管理する

次に、5つの穴の状態を配列で管理する方法を説明し、5-3節のプログラム（step_5_1.py）に、その処理を追加します。

(1) 配列を使う

このゲームは、5つの穴からモグラが顔を出すようにします。複数の穴を効率よく管理するために配列を使います。その配列名をholesとします。

この配列には、0、1、2のいずれかの数を代入します。それぞれの値で、穴やモグラは表5-5の状態にあるとします。

▼表5-5　要素の値と穴やモグラの状態

holes[n]の値	0	1	2
状態	穴だけ	モグラが顔を出す	叩かれたモグラ
画像			

たとえば

- holes[0]の値が1なら、一番左の穴からモグラが顔を出している。
- holes[4]の値が2なら、一番右の穴のモグラが叩かれた状態にある。

となります。

(2) プログラムの確認

配列で穴の状態を管理するプログラムを確認します（コード5-4）。5-3節のプログラム（step_5_1.py）から、色のついた部分を追加、変更しています。プログラムを実行すると、左からモグラ、穴、叩かれたモグラ、穴、モグラの順に画像が表示されます。

▼コード5-4　step_5_2.py

```
01 import tkinter
02
03 FNT = ("System", 40)
04 holes = [1, 0, 2, 0, 1]
05
06 def main():
07     for i in range(5):
08         x = 200*i+100
09         cvs.create_image(x, 160, image=img[holes[i]])
10         cvs.create_text(x, 280, text=i+1, font=FNT, fill="yellow")
11
12 root = tkinter.Tk()
13 cvs = tkinter.Canvas(width=1000, height=320)
14 cvs.pack()
15 img = [
16     tkinter.PhotoImage(file="image/hole.png"),
17     tkinter.PhotoImage(file="image/mole.png"),
18     tkinter.PhotoImage(file="image/hit.png")
19 ]
20 ham = tkinter.PhotoImage(file="image/hammer.png")
21 main()
22 root.mainloop()
```

- 01: tkinterをインポート
- 03: フォントを定義する
- 04: 穴の状態を管理する配列
- 06: メイン処理を行う関数
- 07: iは0から4まで1ずつ増える
- 08: 画像を表示するx座標を計算
- 09: 穴やモグラの画像を表示
- 10: 穴の番号を表示
- 12: ウィンドウを作る
- 13: キャンバスを用意
- 14: キャンバスを配置
- 15～19: 配列に穴、モグラ、叩いたモグラの画像を読み込む
- 20: ハンマーの画像を読み込む
- 21: main()関数を呼び出す
- 22: ウィンドウの処理を開始

▼実行結果

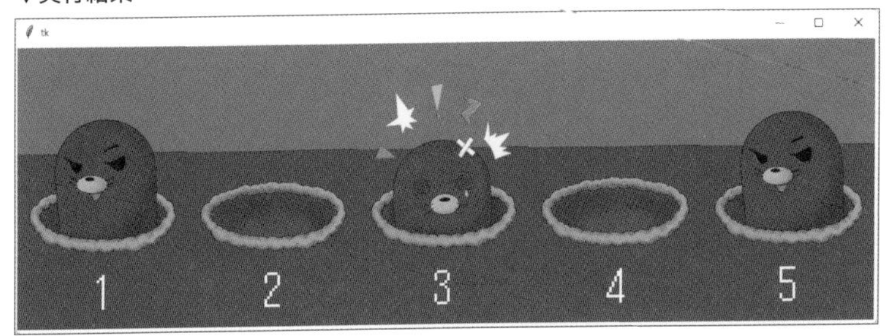

4行目に記述したholes = [1, 0, 2, 0, 1]が、穴の状態を管理する配列の定義です。これでholes[0]、holes[1]、holes[2]、holes[3]、holes[4]の5つの箱（要素）が作られ、それらに初期値が代入されます（図5-5）。

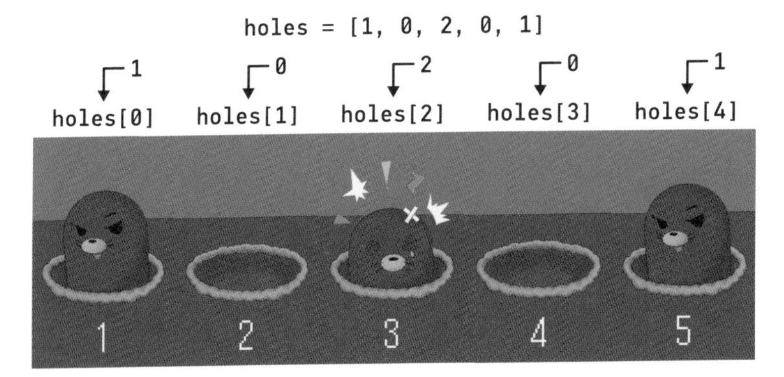

▲図5-5　配列と穴（モグラ）の関係

9行目のcvs.create_image(x, 160, **image=img[holes[i]]**)で、表示する画像をholes[i]の値で指定しています。img[0]は穴の画像、img[1]はモグラの画像、img[2]は叩いた画像です。たとえば、holes[0]が2ならimg[holes[0]]はimg[2]になるので、一番左に叩かれたモグラが表示される仕組みです。

10行目のcreate_text()で、穴に1〜5の番号を表示しています。文字列の表示に使うフォントを、3行目でFNT = ("System", 40)と定義しています。フォントの種類をSystemとすると、Windowsパソコンでは半角英数字がレトロゲームのドット絵のような文字になり、Macでは簡素なデザインの文字になります。

5-6節（ステップ4）で、数字キーを押したらモグラを叩けるようにします。配列の番号は0から始まりますが、モグラを叩くキーは[1]〜[5]とします。配列の番号に合わせて[0]〜[4]キーとしないのは、[0]キーが離れた位置にあるので押しにくいためです。

(3) 配列に代入する値を変えてみよう

4行目をholes = [1, 1, 1, 1, 1]として実行すると、すべてのモグラが顔を出します。また、holes = [2, 2, 2, 2, 2]とすると、すべて叩いた状態になります。数値を変更して画像が変わることを確認しましょう。そして、holes配列の値と、穴やモグラの状態の関係を理解しましょう。

変数、配列、計算式、命令を組み合わせてゲームを組み上げていきます。処理を1つずつ確認していきましょう。

5 ステップ3 リアルタイム処理でモグラを出現させる

続いて、5-4節のプログラム（step_5_2.py）にリアルタイム処理を組み込み、穴からモグラが自動的に顔を出すようにします。

(1) リアルタイム処理を組み込む

after()命令を使ってリアルタイム処理を行う方法を第4章で学びました。その仕組みを追加します。ここでは、顔を出したモグラが、自動的に顔を引っ込めるようにして、時間軸に沿って処理が進む様子を確認します。

では、after()命令の使い方を簡単に復習しましょう。

after()は、ウィンドウのオブジェクト変数（本書のプログラムではrootという変数）に対して使う命令です。root.after(ミリ秒, 呼び出す関数)と記述すると、引数のミリ秒後に指定した関数が呼び出されます。main()関数の最後にroot.after(ミリ秒, main)と記述すれば、main()の処理を実行し続けることができます。

after()で呼び出す関数名は、()を付けずに記述する決まりです。

(2) プログラムの確認

リアルタイム処理を加えたプログラムを確認します（コード5-5）。5-4節のプログラム（step_5_2.py）から、色のついた部分を追加、変更しています。実行すると、モグラが穴から顔を出し、穴に戻ります。

▼コード5-5 step_5_3.py

```
01 import tkinter                                                      tkinterをインポート
02 import random                                                       randomをインポート
03
04 FNT = ("System", 40)                                                フォントを定義する
05 holes = [0, 0, 0, 0, 0]                                             穴の状態を管理する配列
06
07 def main():                                                         メイン処理を行う関数
08     cvs.delete("all")                                               描いたものを消す
09     for i in range(5):                                              iは0から4まで1ずつ増える
10         x = 200*i+100                                               画像を表示するx座標を計算
11         cvs.create_image(x, 160, image=img[holes[i]])               穴やモグラの画像を表示
12         cvs.create_text(x, 280, text=i+1, font=FNT, fill="yellow")  穴の番号を表示
13
14     r = random.randint(0,4)                                         変数rに0～4の乱数を代入
15     if holes[r]==0:                                                 holes[r]が0なら
```

```
16          holes[r] = 1                                         holes[r]を1にする
17      else:                                                    そうでないなら
18          holes[r] = 0                                         holes[r]を0にする
19
20      root.after(330, main)                                    330ミリ秒後にmain()を呼ぶ
21
22  root = tkinter.Tk()                                          ウィンドウを作る
23  cvs = tkinter.Canvas(width=1000, height=320)                 キャンバスを用意
24  cvs.pack()                                                   キャンバスを配置
25  img = [                                                      配列に穴、モグラ、叩いた
26      tkinter.PhotoImage(file="image/hole.png"),               モグラの画像を読み込む
27      tkinter.PhotoImage(file="image/mole.png"),
28      tkinter.PhotoImage(file="image/hit.png")
29  ]
30  ham = tkinter.PhotoImage(file="image/hammer.png")            ハンマーの画像を読み込む
31  main()                                                       main()関数を呼び出す
32  root.mainloop()                                              ウィンドウの処理を開始
```

▼実行結果

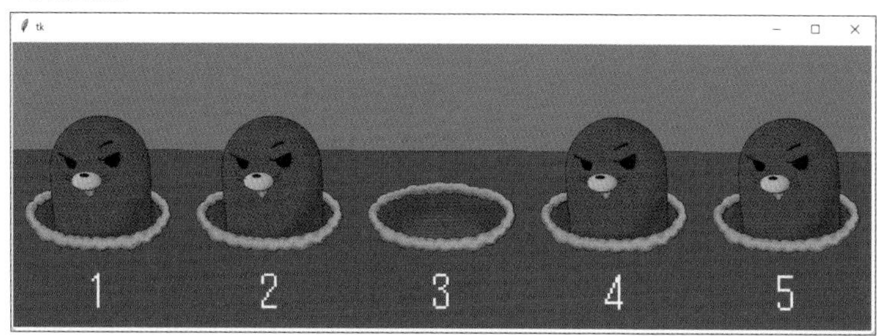

乱数を使うので、2行目でrandomモジュールをインポートしています。

14～18行目が、モグラが穴から顔を出す、顔を出したモグラが引っ込む（穴の画像に戻る）処理です。その部分を抜き出して説明します。

```
14      r = random.randint(0,4)
15      if holes[r]==0:
16          holes[r] = 1
17      else:
18          holes[r] = 0
```

if 条件式 elseの条件分岐を使っているんだね～。

14行目で変数rに0、1、2、3、4のいずれかの乱数を代入しています。

15～18行目のif～elseで、holes[r]が0（穴の状態）なら、holes[r]を1にしてモグラが顔を出すようにしています。また、holes[r]が0でない、つまり1の顔を出した状態なら、holes[r]を0にして穴に戻しています。

main()の最後の20行目のroot.after(ミリ秒, main)で、指定の時間が経過したら再びmain()を呼び出しています。こうしてmain()を実行し続けて、リアルタイム処理を行っています。

Pythonでは、after()でリアルタイム処理を行いますが、リアルタイム処理を行う方法はプログラミング言語ごとに違います。

5-6 ステップ4 キー入力でモグラを叩く

次に、5-5節のプログラム（step_5_3.py）にキー入力処理を組み込んで、モグラを叩けるようにします。

(1) キー入力の追加

キー入力やマウス操作は、イベントと呼ばれます。bind()命令を使ってイベントを受け取る仕組みを第4章で学びました。ここでbind()の使い方を簡単に復習します。

まず、イベントが発生したときに呼び出す関数を用意します。たとえば、キーを押したときに実行する関数をdef pkey(e)と定義します。イベントを受け取る関数には、引数を設けます（pkey(e)の引数はe）。

次に、bind()でイベントの種類と呼び出す関数を指定します。キー入力を受け付けるなら、root.bind("<Key>", pkey)とします。rootは、ウィンドウのオブジェクト変数です。

(2) プログラムの確認

リアルタイム処理とキー入力処理が入ったプログラムですよ。

キー入力を追加したプログラムを確認します（コード5-6）。5-5節のプログラム（step_5_3.py）から、色のついた部分を追加、変更しています。実行して1～5キーを押すと、その穴にハンマーが表示されます。顔を出したモグラを、キーを押して叩きましょう。叩かれたモグラが穴に戻る処理も入れています。

▼コード5-6　step_5_4.py

```
01 import tkinter                                            tkinterをインポート
02 import random                                             randomをンポート
03
04 FNT = ("System", 40)                                      フォントを定義する
05 holes = [0, 0, 0, 0, 0]                                   穴の状態を管理する配列
06 key = ""                                                  キーシンボルを代入する変数
07
08 def pkey(e):                                              キーを押したときに呼ぶ関数
09     global key                                            変数のグローバル宣言
10     key = e.keysym                                        keyにキーシンボルを代入
11
12 def main():                                               メイン処理を行う関数
13     global key                                            変数のグローバル宣言
14
15     cvs.delete("all")                                     描いたものを消す
16     for i in range(5):                                    iは0から4まで1ずつ増える
17         x = 200*i+100                                     画像を表示するx座標を計算
18         cvs.create_image(x, 160, image=img[holes[i]])     穴やモグラの画像を表示
19         cvs.create_text(x, 280, text=i+1, font=FNT, fill="yellow")   穴の番号を表示
20         if holes[i]==2: holes[i] = 0                      叩いた状態なら穴の絵に戻す
```

```
21
22     r = random.randint(0,4)                          変数rに0～4の乱数を代入
23     holes[r] = 1                                     holes[r]を1にする
24
25     if "1"<=key and key<="5":                        1から5のキーを押したとき
26         m = int(key)-1                               変数mにキー-1の値を代入
27         x = m*200+100                                ハンマーのx座標を計算
28         cvs.create_image(x, 60, image=ham)           ハンマーを表示
29         if holes[m]==1: holes[m] = 2                 モグラがいたら叩いた状態に
30
31     key = ""                                         keyの値をリセットする
32     root.after(330, main)                            330ミリ秒後にmain()を呼ぶ
33
34 root = tkinter.Tk()                                  ウィンドウを作る
35 root.bind("<Key>", pkey)                             bind()で呼ぶ関数を指定
36 cvs = tkinter.Canvas(width=1000, height=320)         キャンバスを用意
37 cvs.pack()                                           キャンバスを配置
38 img = [                                              配列に穴、モグラ、叩いた
39     tkinter.PhotoImage(file="image/hole.png"),       モグラの画像を読み込む
40     tkinter.PhotoImage(file="image/mole.png"),
41     tkinter.PhotoImage(file="image/hit.png")
42 ]
43 ham = tkinter.PhotoImage(file="image/hammer.png")    ハンマーの画像を読み込む
44 main()                                               main()関数を呼び出す
45 root.mainloop()                                      ウィンドウの処理を開始
```

※20行目と29行目のif文は短い処理なので、コロン（:）で改行せず1行で記述しています。

▼実行結果

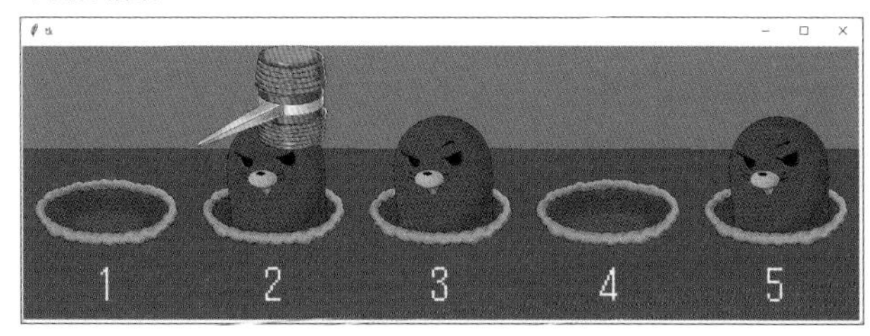

1
2
3
4
5

えい、やっ、こっちだ！
あれ、違った？

(3) 変数keyにキーの値を代入する

キーを押したときに呼び出すpkey()という関数を、8～10行目で次のように定義しています。

```
08 def pkey(e): # キーを押したときに呼ぶ関数
09     global key
10     key = e.keysym
```

press keyを略して、
関数名（pkey）としたんだね。

この関数で変数keyにキーのシンボルを代入しています。keyは関数の外側で宣言したので、global keyという記述が必要です。

キーを押したときにpkey()を呼び出すように、35行目にbind()命令を記述しています。

```
35 root.bind("<Key>", pkey)
```

(4) 顔を出したモグラを叩く

1 ～ 5キーを押したとき、その穴からモグラが顔を出していれば、叩いた状態にする処理を抜き出して説明します。

このif文が、モグラ叩きのポイントとなる処理ですよ。

```
25      if "1"<=key and key<="5":
26          m = int(key)-1
27          x = m*200+100
28          cvs.create_image(x, 60, image=ham)
29          if holes[m]==1: holes[m] = 2
```

この処理は、キー判定のif文の中に、モグラが顔を出しているかを判断するif文が入る構造になっています。

25行目のif文では、1 ～ 5キーが押されたかを判定しています。キーが押されたときは、キーの番号をint()で整数に変換し、そこから1を引いた値を変数mに代入しています。そして、x = m*200+100という式で、ハンマーを表示するx座標を計算しています。mに掛けている200は、穴やモグラの画像の横幅のピクセル数です。

29行目のif holes[m]==1: holes[m] = 2で、holes[m]が1ならholes[m]を2にしています。この値が1ならモグラが顔を出しています。それを2にして、叩いた状態にします。

(5) 叩いたモグラを引っ込ませる

叩いたモグラが引っ込む処理は、穴やモグラを表示するときに行っています。その部分を抜き出して確認します。

モグラ出現→キーを押したら叩いた絵にする→穴に戻るという処理を、配列の値を変えることで行っています。

```
15      cvs.delete("all")
16      for i in range(5):
17          x = 200*i+100
18          cvs.create_image(x, 160, image=img[holes[i]])
19          cvs.create_text(x, 280, text=i+1, font=FNT, fill="yellow")
20          if holes[i]==2: holes[i] = 0
```

create_image()で穴やモグラを表示し、create_text()で穴の番号を表示した後、20行目のif文で、holes[i]が2（叩かれたモグラ）なら、holes[i]を0にして穴の状態に戻しています。

(6) キーの値の解除

main()に記述した一連の処理の最後の31行目で、変数keyに代入されている値をクリアしています。キーを押せばpkey()関数が呼び出されるので、再び変数keyにキーの値が代入されます。

なるほど、そういった仕組みでモグラを出したり、引っ込めたりしているんですね～。

5-7 ステップ5 タイトルとゲームオーバーを入れて完成させる

最後に、タイトル画面とゲームオーバーの処理を追加して、モグラ叩きを完成させます。

(1) 画面遷移

タイトルとゲームオーバーの処理を追加するために、ゲームの画面遷移(せんい)について説明します。**画面遷移**とは、ソフトウェアの処理が色々な画面や場面に切り替わることです。ゲームの場合は起動すると一般的にタイトル画面が表示されます。家庭用ゲーム機では「ボタンを押す」、スマートフォンでは「画面をタップする」などして、タイトル画面からゲームをプレイする画面に移ります。クリア条件を満たすと、結果などが表示される画面になります。また、時間切れになったり、ミスをしてゲームオーバーになったりすると、ゲームオーバーの画面に移ります。

メニュー画面を開いてキャラの状態やアイテムを確認するゲームもあるよね。

(2) モグラ叩きの画面遷移

このモグラ叩きは、プログラムを実行するとタイトル画面になり、Sキーを押すとゲームが始まるようにします（図5-6)。ゲーム中はタイムが減り、時間切れになるとゲームオーバーの画面に移るようにします。また、ゲーム終了後は、Rキーを押すとリプレイできるようにします。

ゲーム制作では、ゲーム中の場面や画面を**シーン**と呼ぶことがあります。以降では、タイトル、ゲームをプレイ、ゲームオーバーの各画面を**シーン**と呼んで説明します。

このゲームは、どのシーンでも穴やモグラを表示します。タイトルとゲームオーバーは、穴やモグラの上に文字列を表示して、そのシーンであることをわかるようにします。

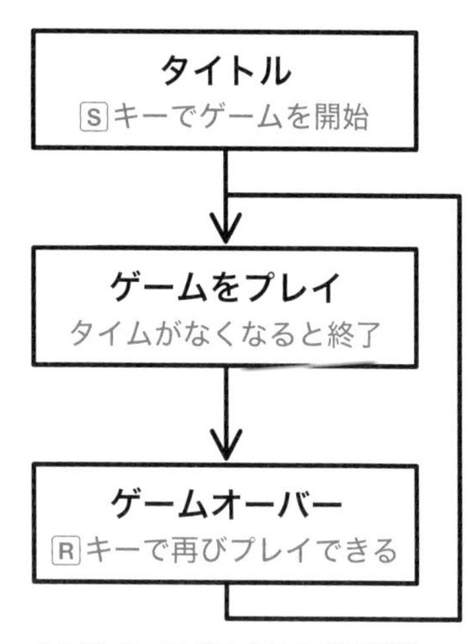

▲図5-6　モグラ叩きの画面遷移

(3) シーンを管理する変数を使う

シーンを切り替えるには、表5-6のように、現在どのシーンの処理を行うかを管理する変数を用意します。その変数名をsceneとします。

sceneには「タイトル」「ゲーム」「ゲームオーバー」のいずれかの文字列を代入します。画面遷移を行う変数は、たとえば0が代入されていればタイトルを表示し、1が代入されていればゲームをプレイするというように、数値を代入してシーンを管理することもできます。本書では、行っている処理の内容を意味する文字列を代入することで、シーンを分岐させる仕組みがわかりやすいようにします。

▼表5-6 変数sceneの値

sceneの値	どのシーンか
タイトル	タイトル画面
ゲーム	ゲームをプレイする場面
ゲームオーバー	ゲームオーバー画面

第4章のCOLUMN(p.112)の忍者が走るプログラムも、sceneという変数を使って処理を分けています。

(4) 完成版のプログラムの確認

完成版のプログラムを確認します(コード5-7)。5-6節のプログラム(step_5_4.py)から、色のついた部分を追加、変更しています。タイムが0になるまでに、できるだけ多くのモグラを叩きましょう。

▼コード5-7 whack_a_mole.py

```
01 import tkinter                                    tkinterをインポート
02 import random                                     randomをンポート
03
04 FNT = ("System", 40)                              フォントを定義する
05 holes = [0, 0, 0, 0, 0]                           穴の状態を管理する配列
06 scene = "タイトル"                                シーンを管理する変数
07 score = 0                                         スコアを代入する変数
08 time = 0                                          タイム(残り時間)の変数
09 key = ""                                          キーシンボルを代入する変数
10
11 def pkey(e):                                      キーを押したときに呼ぶ関数
12     global key                                    変数のグローバル宣言
13     key = e.keysym                                keyにキーシンボルを代入
14
15 def main():                                       メイン処理を行う関数
16     global scene, score, time, key                変数のグローバル宣言
17
18     cvs.delete("all")                             描いたものを消す
19     for i in range(5):                            iは0から4まで1ずつ増える
20         x = 200*i+100                             画像を表示するx座標を計算
21         cvs.create_image(x, 160, image=img[holes[i]])   穴やモグラの画像を表示
22         cvs.create_text(x, 280, text=i+1, font=FNT, fill="yellow")   穴の番号を表示
23         if holes[i]==2: holes[i] = 0              叩いた状態なら穴の絵に戻す
24     cvs.create_text(200, 30, text="SCORE "+str(score), font=FNT, fill="white")   スコアを表示
25     cvs.create_text(800, 30, text="TIME "+str(time), font=FNT, fill="yellow")   タイムを表示
26
27     if scene=="タイトル":                         ┬タイトル画面の処理
```

```
28          cvs.create_text(500, 100, text="Mogura Tataki Game", font=FNT, fill="pink")
29          cvs.create_text(500, 200, text="[S]tart", font=FNT, fill="cyan")
30          if key=="s":
31              scene = "ゲーム"
32              score = 0
33              time = 100
34
35      if scene=="ゲーム":
36          r = random.randint(0,4)
37          holes[r] = 1
38          if "1"<=key and key<="5":
39              m = int(key)-1
40              x = m*200+100
41              cvs.create_image(x, 60, image=ham)
42              if holes[m]==1:
43                  holes[m] = 2
44                  score = score + 100
45          time = time - 1
46          if time==0:
47              scene = "ゲームオーバー"
48
49      if scene=="ゲームオーバー":
50          cvs.create_text(500, 100, text="GAME END", font=FNT, fill="red")
51          cvs.create_text(500, 200, text="[R]eplay", font=FNT, fill="lime")
52          if key=="r":
53              scene = "ゲーム"
54              score = 0
55              time = 100
56
57      key = ""
58      root.after(330, main)
59
60  root = tkinter.Tk()
61  root.title("モグラ叩きゲーム")
62  root.resizable(False, False)
63  root.bind("<Key>", pkey)
64  cvs = tkinter.Canvas(width=1000, height=320)
65  cvs.pack()
66  img = [
67      tkinter.PhotoImage(file="image/hole.png"),
68      tkinter.PhotoImage(file="image/mole.png"),
69      tkinter.PhotoImage(file="image/hit.png")
70  ]
71  ham = tkinter.PhotoImage(file="image/hammer.png")
72  main()
73  root.mainloop()
```

詳細は後述（28〜33行）

ゲームをプレイする処理 詳細は後述（35〜47行）

ゲーム終了の処理 詳細は後述（49〜55行）

keyの値をリセットする（57行）
330ミリ秒後にmain()を呼ぶ（58行）
ウィンドウを作る（60行）
タイトルを指定（61行）
ウィンドウサイズの変更不可（62行）
bind()で呼ぶ関数を指定（63行）
キャンバスを用意（64行）
キャンバスを配置（65行）
配列に穴、モグラ、叩いたモグラの画像を読み込む（66〜70行）
ハンマーの画像を読み込む（71行）
main()関数を呼び出す（72行）
ウィンドウの処理を開始（73行）

※ウィンドウが実行結果画面のように広がらないときは、62行目のroot.resizable(False, False)をコメントアウトするか、削除して実行しましょう。

▼実行結果

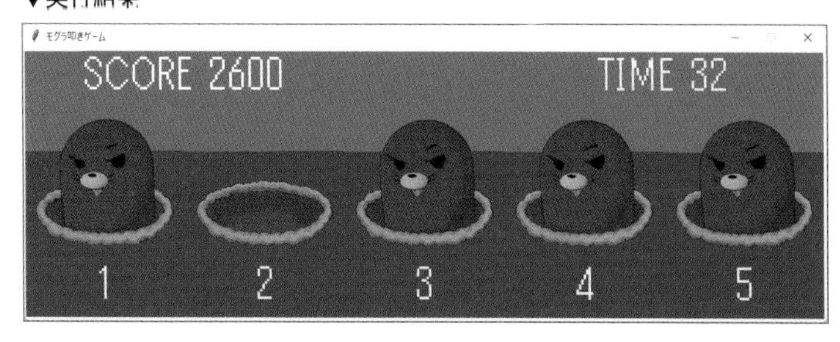

27行目のif scene=="タイトル"、35行目のif scene=="ゲーム"、49行目のif scene=="ゲームオーバー"の3つの条件分岐で、タイトルの処理、ゲームをプレイする処理、ゲームオーバーの処理を分けています。この3つの処理の内容を説明します。

①タイトル画面（27〜33行目）

create_text()でタイトルと「[S]tart」という文字列を表示しています。if key=="s"でSキーが押されたことを判定し、sceneに「ゲーム」という文字列を代入し、score（スコアの変数）を0、time（タイムの変数）を100にして、ゲームの処理に移ります。

②ゲームをプレイする処理（35〜47行目）

基本的な処理内容は、5-6節までに組み込んだとおりです。

顔を出したモグラを叩いたらスコアが100増えるように、score = score + 100という式を追加しています。if holes[m]==1のブロックに、この式を記述し、モグラを叩いたときにスコアを増やしています。

45〜47行目のtime = time - 1でタイムを1ずつ減らし、if time==0で0になったかを判断しています。タイムが0になったときは、sceneに「ゲームオーバー」を代入してゲームオーバーの処理に移ります。

③ゲームオーバー画面（49〜55行目）

create_text() で GAME END と [R]eplayという文字列を表示しています。if key=="r"でRキーが押されたかを判定し、sceneに「ゲーム」を代入し、再びゲームをプレイできるようにしています。

変数は、計算にだけ使うものではありません。このようにプログラムの処理を分けることにも使います。

(5) ゲームの改造が大事！

学習用のプログラムや、サンプルプログラムを自分で改造すると、そのプログラムに対する理解が深まります。**プログラムの改造も知識や技術力を伸ばす手段の1つです。**

どこを改造すればよいかわからない方は、まずは簡単に改造できるところがないか考えてみましょう。たとえば、「もっとスピード感あるゲームにするには、あるいは、もっとゆったりとプレイできるゲームにするには」、どうすればよいでしょう？

そのような改造なら、プログラムの1か所の数値を書き換えるだけでできます。

また、「モグラのいない穴を叩いたら、タイムを10くらい減らす」ようにすると、しっかり狙って叩く必要が出てきます。その改造は、どのようなコードを追記すればよいでしょうか？

ここに挙げた2つの改造方法の答えを、章末2つ目のCOLUMN（p.145）に載せています。

ゲームのプログラムは、コード変更の前に、好きな画像に差し替えてみるのもよいでしょう。好みの画像が表示されるゲームで遊んでみると、もっとこうしたいというアイデアが浮かんだり、学習意欲が増すことでしょう。

お疲れさま～
改造にもチャレンジしてね！
初めての本格的なゲーム制作はどうでしたか？
処理を組み合わせて完成に向かって進んでいくことが楽しかったです♪

COLUMN

コンピューターに円周率を計算させよう

乱数を使ってシミュレーションや数値計算を行う**モンテカルロ法**という手法があります。モンテカルロ法で円周率を求めるプログラムは、昔から学習用のコードとして取り上げられてきました。ここでは、そのプログラムを紹介します。

乱数で円周率を求める方法

図5-Aのように一辺の長さがnの正方形内に、無数の点をランダムに打つとします。

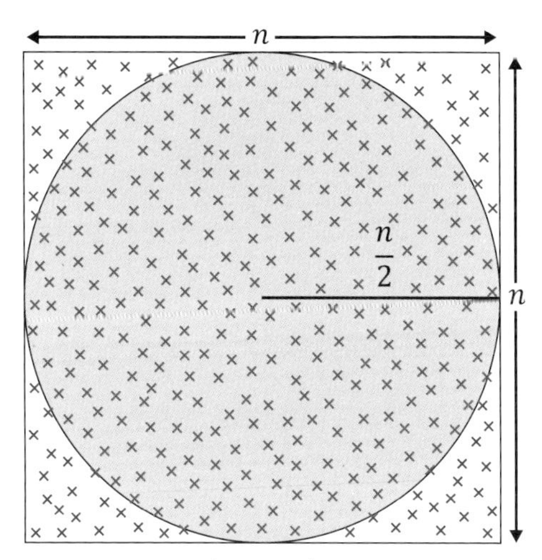

▲図5-A　正方形内にランダムに点を打つ

このCOLUMNでは、正方形と円で考えますが、次のような1/4の円で考えることもあります。

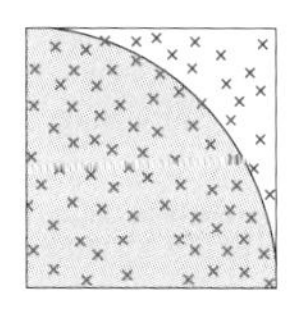

どちらでも基本的な考え方や計算の仕方に違いはありません。

正方形の上下左右の辺に接する円が、正方形内部に描かれています。

円の面積は$\frac{n}{2}\times\frac{n}{2}\times\pi$で、正方形の面積は$n\times n$です。

円と正方形の面積比は$\frac{n}{2}\times\frac{n}{2}\times\pi : n\times n$、すなわち$\frac{\pi}{4}:1$になります。

正方形内にランダムに点を打ち、打った回数を数えます。その回数をrとします。

その点が円の中にあるとき、その回数を別に数えます。その回数をcとします。

すると、正方形と円の面積比から、$c : r \fallingdotseq \frac{\pi}{4}:1$という式を立てることができます。ここから、$\boldsymbol{\pi = 4 * c/r}$**という式が導かれます。**ただしこの式が成り立つのは、無数の点を打ち、r、cとも大きな値になったときです。

$\pi = 4 * c/r$をどのように導いたかを図5-Bで説明します。

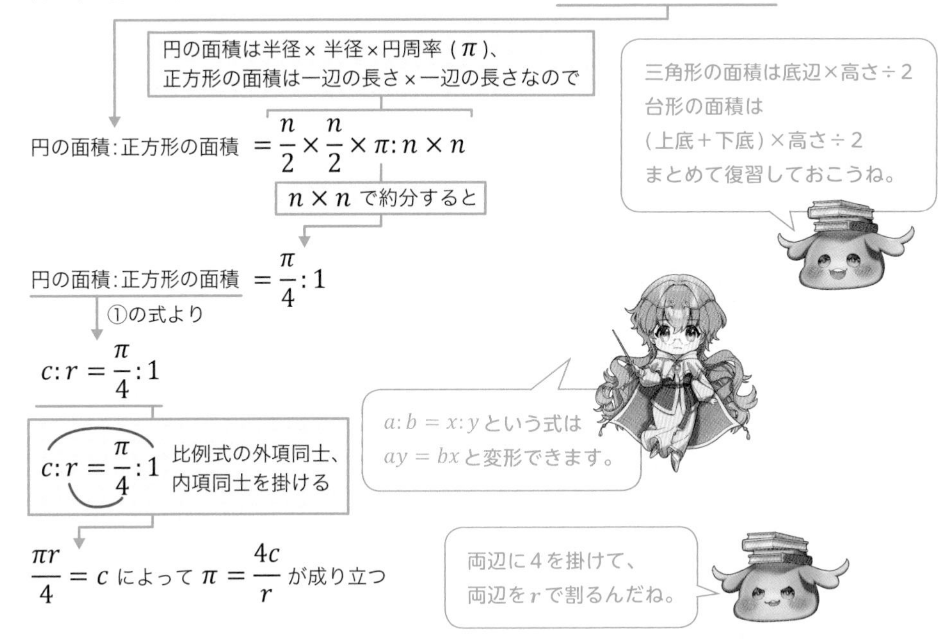

▲図5-B　面積比から$\pi = 4 * c/r$を導く

プログラムで確認する

正方形内にランダムに点を打ちながら、円周率を計算するプログラムを確認します。コード5-Aのプログラムは、乱数で決めた座標に点を打ち、それが円の中に入った回数を数え、図5-Bで説明した式で円周率を求めます。

このプログラムは**処理を5000回、繰り返すので、パソコンのスペックによっては終了するまでに時間がかかります。**

▼コード5-A　monte_carlo_pi.py

```
01 import tkinter                                                    tkinterをインポート
02 import random                                                     randomをインポート
03
04 root = tkinter.Tk()                                               ウィンドウを作る
05 cvs = tkinter.Canvas(width=600, height=600, bg="black")           キャンバスを用意
06 cvs.pack()                                                        キャンバスを配置
07
08 pi = 0                                                            計算した円周率を代入する変数
09 c = 0                                                             円内に点を打った回数を数える変数
10 for i in range(1, 5001):                                          5000回繰り返す
11     x = random.randint(-300, 300)                                 xに-300〜300の乱数を代入
12     y = random.randint(-300, 300)                                 yに-300〜300の乱数を代入
13     col = "red"                                                   colにred（赤）の文字列を代入
14     if x*x+y*y<=300*300:                                          点(x, y)が円の中なら
15         c = c + 1                                                 円内に点を打つ回数を数える
16         col = "cyan"                                              colにcyan（水色）の文字列を代入
17     cvs.create_rectangle(x+300, y+300, x+302, y+302, fill=col,
   width=0)                                                          (x+300, y+300)にcol色で点を打つ
18     cvs.update()                                                  キャンバスを更新し即座に描画
19     pi = 4*c/i                                                    円周率を計算しpiに代入
20     root.title("円周率 "+str(pi))                                  piの値をタイトルに表示
21
22 root.mainloop()                                                   ウィンドウの処理を開始
```

※10行目のfor文でiは1から始まり、最後は5000になります。このiの値が正方形内に点を打った回数です。

▼実行結果

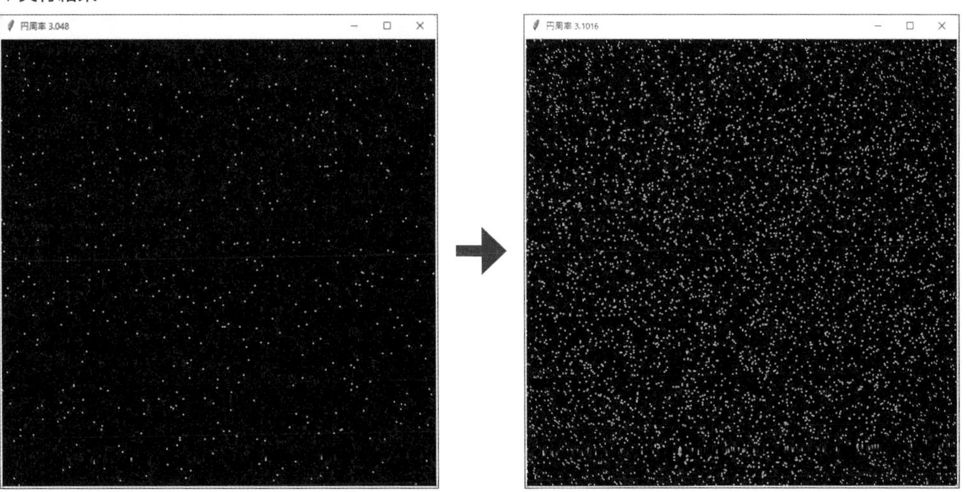

おっ、次々に点が打たれていく〜。

点を打つ正方形の一辺の長さを600ピクセルとしています。17行目のcreate_rectangle()で幅2、高さ2ピクセル（2×2ドット）の点を打っています。xとyにそれぞれ300を足しているのは、xとyを-300〜300の乱数としているからです。キャンバスの原点(0, 0)は、画面の左上角であることに注意しましょう。

8行目で宣言したpiが円周率を代入する変数、9行目で宣言したcが円の中に点を打った回数を数える変数です。

10行目のfor文で5000回、処理を繰り返します。

11〜12行目のrandom.randint(最小値, 最大値)で、変数xとyに-300から300の乱数を代入しています。

14行目のif x*x+y*y<=300*300で、座標(x, y)は円の中かを調べています。この条件式は、2点間の距離を求める$\boldsymbol{d} = \sqrt{(\boldsymbol{x_1} - \boldsymbol{x_2})^2 + (\boldsymbol{y_1} - \boldsymbol{y_2})^2}$という式の両辺を2乗した形です。2乗すると$\boldsymbol{d}^2 = (\boldsymbol{x_1} - \boldsymbol{x_2})^2 + (\boldsymbol{y_1} - \boldsymbol{y_2})^2$となり、$\sqrt{}$を使わない式にできます。この式は第4章のMEMO「三平方の定理」(p.101) で扱いましたので、詳細はそちらを参照してください。

求めた円周率について

このプログラムで求める円周率は、正確な値の3.141592・・・・にはなりません。その理由として、円の大きさを半径300ピクセルとし、打った点が円内にあるかを簡易的に調べていること、試行回数をシミュレーションとしては少ない5000回としていることなどが挙げられます。モンテカルロ法によるシミュレーションの解は、自然な値に近い理想的な乱数を使って、多くの試行を繰り返せば、より正確な値に近づくでしょう。

COLUMN

モグラ叩きを改造しよう

スピード感を出すには、リアルタイム処理を行うroot.after(330, main)の330を200～300くらいに変えて試してみましょう。ゆっくりプレイしたいときは、400～500くらいにしてみましょう。この引数の値は、main()関数を呼び出すまでの**ミリ秒数**です。小さな値にすればリアルタイム処理が速く進み、大きな値にすれば処理がゆっくり進みます。

モグラのいない穴を叩くと、タイムを10減らす処理の記述例は、次のようになります。45～47行目の色のついた部分が追加した処理です。

```
42            if holes[m]==1:
43                holes[m] = 2
44                score = score + 100
45            elif holes[m]==0:
46                time = time - 9
47                if time<1: time = 1
48        time = time - 1
49        if time==0:
50            scene = "ゲームオーバー"
```

間違った穴を叩いたときにタイムを減らす方法は、この他にも色々なプログラムが考えられます。

42～44行目がモグラのいる穴を叩いたときの処理です。42行目の条件式が成り立たないなら、45行目のelifの条件式で、モグラのいない穴を叩いたかを調べています。そのときは、46行目でtimeを9減らしています。ここで9減らすのは、48行目でtimeを1減らすためで、合わせてtimeが10減ります。

47行目のif文でtimeが1未満なら1にしています。これが忘れてはならない大切な処理です。timeを1にするのは、続く48行目でtimeを1減らし、49行目でtimeが0かを判定するためです。もし47行目を記述せず、46行目のtime = time - 9でtimeが1より小さくなったとき、48行目のtime = time - 1でtimeは0より小さくなります。それでは49行目が永遠に成り立たず、ゲームオーバーにならなくなります。

試しに、追記した47行目をコメントアウトするか、削除して実行してみましょう。モグラのいない穴を叩いてtimeが1未満になった場合、timeがマイナスの表示になり、ゲームが終わらなくなることがわかります。

47行目のif文がないと、ゲームが終わらなくなっちゃうんだ‥‥。

モグラのいない穴を叩くとタイムが減るようにした改造例の実行画面を見てみましょう（図5-C）。

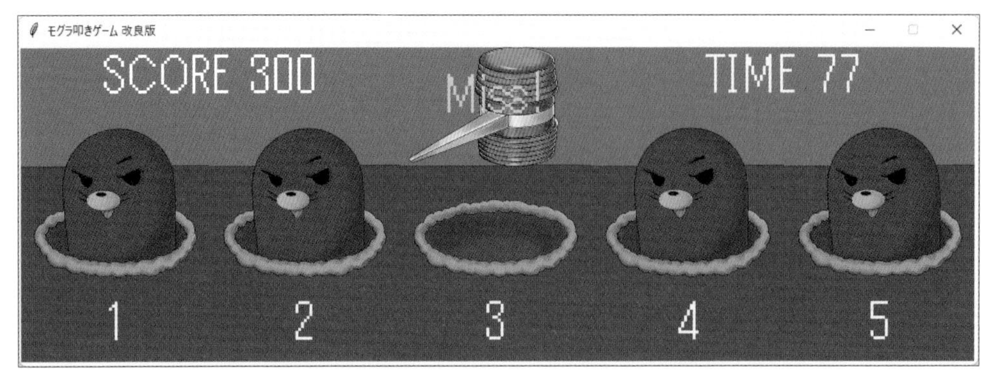

▲図5-C　改造例の実行画面

この改造例のプログラムは、Chapter5フォルダの中にあるwhack_a_mole_kai.pyというファイルです。このプログラムでは、48行目に、

```
cvs.create_text(x, 50, text="Miss!", font=FNT, fill="cyan")
```

と追記して、モグラのいない穴を叩いたときに「Miss!」という文字列を表示するようにしました。

狙って叩かないといけないので、緊張感が出ました！

「1回でも間違えて叩くと、即、ゲームオーバー」にすると、もっと緊張感が出ますね。そのような改造にもチャレンジしてみましょう。

CHAPTER 6

テニスゲームを作ろう

この章では、テニスを題材にしたゲームを作ります。いくつかのアルゴリズムを組み込んでゲームを完成させます。そのプログラミングの中で、ベクトルなどの数学の知識も学んでいきます。
第5章のモグラ叩きと同様に、必要な処理を1つずつ追加して完成を目指します。ぜひみなさんの手でコードを入力しましょう。

Contents

6-1 この章で作るゲーム

この章で作る「テニスゲーム」の内容を確認します。これは古典的なゲームとして有名なので、ご存じの方もいるでしょう。初めてという方は、この節を読んで、完成したときにどのようなゲームになるのかをイメージしてみましょう。

(1) テニスゲームとは？

現在、発売・配信されているテニスゲームの多くは、スポーツのテニスをリアルに再現したものです。しかし、コンピューターが世の中に普及し始めた頃に作られたテニスゲーム（卓球ゲームと呼ばれることもあります）は、2人のプレイヤーがラケットを動かしてボールを打ち返すだけのシンプルな内容でした(図6-1)。その当時のテニスゲームの操作方法は、ラケットを上下あるいは左右に移動させるだけです。ラケットに当てたボールは相手に向かって飛んでいき、相手がボールを打ち返せないと得点になります。

この章で作るテニスゲームは、そのようなシンプルな内容とし、学習用に処理を簡略化します。そのため1人でプレイするゲームとします。

Photo by Shadowgate - https://www.flickr.com/photos/shadowgate/35522359383/, CC 表示 2.0, https://commons.wikimedia.org/w/index.php?curid=79839506による

▲図6-1　1970年代に発表されたテニスゲームの原型、アタリ社のPONG（ポン）

壁を使ってボールを打ち合うスカッシュというスポーツがあります。これから作るゲームがどのようなものかは、スカッシュの練習や、ボールを壁に当てて行うテニスの練習をイメージするとわかりやすいでしょう。

壁でボールが跳ね返るゲームですね。どんな計算でボールを動かすのかな？

(2) テニスゲームを作る理由

テニスゲームが登場した頃のコンピューターは、現代のコンピューターと比べると、ずっと非力でした。昔のコンピューターは、できることは限られていましたが、**入力、演算、出力というコンピューターの基本となる動作は、今も昔も変わりありません。**

PONGのような初期のゲームは、コンピューターの基礎的な仕組みだけで作られています。そのようなタイプのゲームを作ることで、コンピューターの基本動作を理解できるようになります。

また、テニスゲームを作ることで、

①物体を動かす
②ボールとバー(ラケット)が接触したかを判定する

というアルゴリズムを学ぶことができます。①と②は、数学的な知識を使ってプログラミングします。

ここでも数学が出てくるんだ。数学って、やっぱり大切なんですね。

そうですね。①と②は本格的なゲームを作るときに必要な知識でもあります。楽しみながら学びましょう。

(3) この章で作るゲームのルール

ここでは、次のようなルールのテニスゲームを制作します。

テニスゲームのルール

- ボールが斜めに移動し、画面の左端、右端、上端で跳ね返る。
- プレイヤーはバー※を左右に動かし、ボールに当てて打ち返す。
- ボールを打ち返すごとにスコアが増える。
- 打ち返せずにボールが画面下に落ちるとゲームオーバー。

※本書では、プレイヤーが操作するラケットをバーと呼びます。バーはマウスで操作します。
※このようなタイプのテニスゲームのラケットは、パドルと呼ばれることもあります。

完成版の画面は、図6-2のようになります。

▲図6-2　テニスゲームの画面

ゲームの主要な処理をフローチャートで示します（図6-3）。

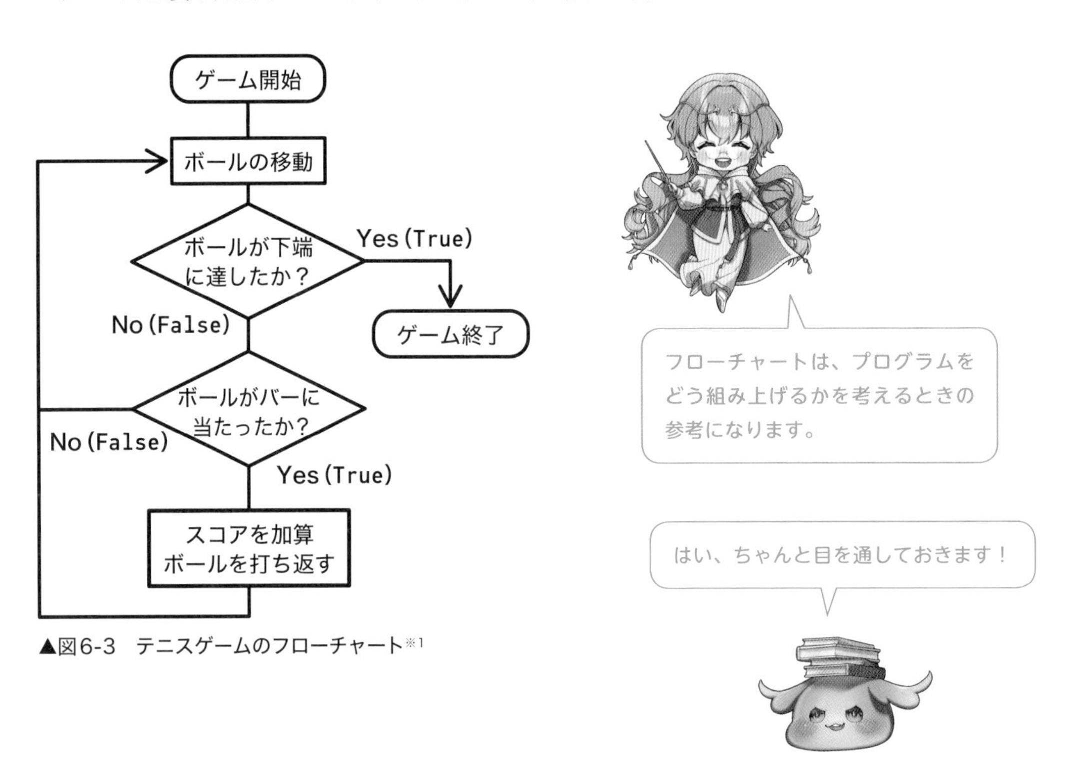

▲図6-3　テニスゲームのフローチャート※1

※1　バーを動かす処理は、マウスポインタを動かしたときに呼び出す関数で行います。

(4) 使う画像ファイル

表6-1の画像を使って制作します。画像ファイルは、本書サンプルのzip内に入っています。p.ivを参考にダウンロードしましょう。

▼表6-1　画像ファイル

bg.png
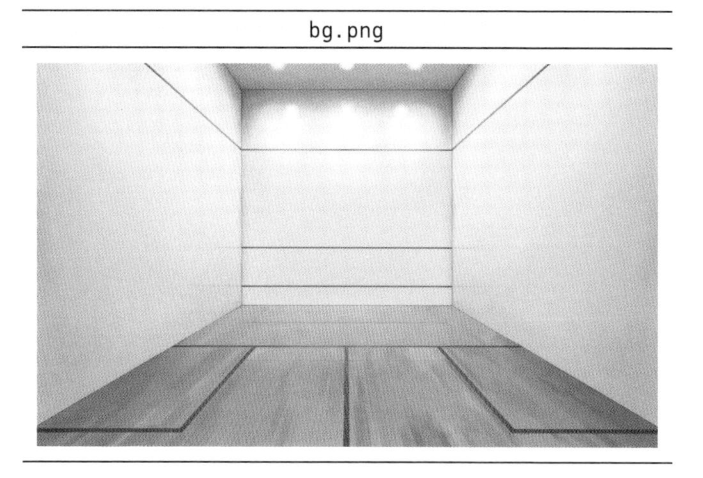

ボールとバーは、図形を描く命令で表示しますよ。

(5) どのようなステップで完成させるか

ここでは、6つの段階（表6-2）に分けて各種の処理を組み込み、ゲームを完成させます。

▼表6-2　完成させるまでの流れ

段階	節	組み込む内容
ステップ1	6-3	背景画像、ボール、バーを表示する
ステップ2	6-4	ボールの移動（ウィンドウの周囲で跳ね返らせる）
ステップ3	6-5	マウスの動きに合わせてバーを左右に動かす
ステップ4	6-6	バーでボールを打ち返せるようにする
ステップ5	6-7	スコアとハイスコアを計算する
ステップ6	6-8	タイトルとゲームオーバーを入れて完成させる

テニスゲームは、アクション要素のあるゲームです。作り方を学べば、その知識はアクションゲームの制作に活かせますよ。

物体を動かす処理を作るとき、数学のベクトルの知識が役に立ちます。ゲームのプログラミングに入る前に、次の節でベクトルについて説明します。

おおっ、やる気がグーンとアップしました。ボクと師匠が主人公のアクションRPGを作るのが夢なんだ～。よし、がんばるぞ！

6-2 ベクトルについて学ぼう

物体を動かすプログラムを作るときに、ベクトルの知識が役立ちます。この節では、ベクトルについて説明するとともに、物体を動かす準備としてボールの動きを計算するための変数についても説明します。

(1) ベクトルは大きさと向きを持つ

大きさと向きを持つ単位を**ベクトル**といいます。ベクトルが具体的にどのようなものかを見ていきましょう（図6-4）。

ベクトルは高校数学などで学びます。学校で習う知識がゲーム作りにも使えるわけですね。

実はボク、数学、苦手だったんです。今になって数学の大切さがわかってきました。

図6-4の赤い矢印は、12時の方向を指しています。青い矢印は赤い矢印の2倍の長さで3時の向き、緑の矢印は赤い矢印の3倍の長さで8時の向きです。赤い矢印を1という大きさとすると、「青い矢印は大きさ2で向きは3時」「緑の矢印は大きさ3で向きは8時」であるとい表すことができます。

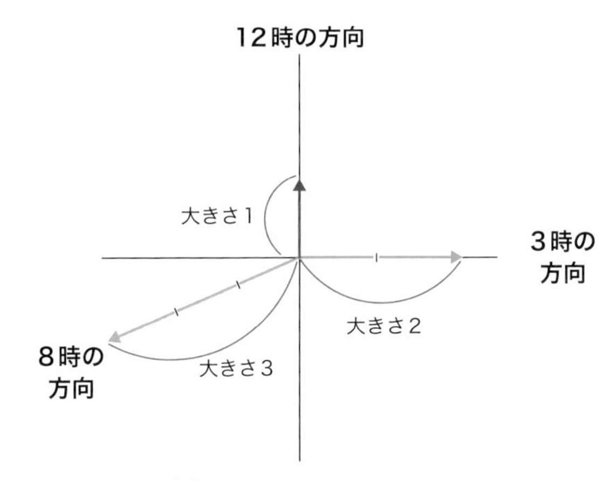

▲図6-4　ベクトル

これら3つの矢印は、人が動く様子を表しているとしましょう。赤矢印は徒歩で進む人の速さと方角、青矢印は早足で進む人の速さと方角、緑矢印は走って進む人の速さと方角を示している、と考えてください（図6-5）。矢印の長さと向きで表すことで、誰がどれくらいの速さで、どちらへ向かっているのかがイメージしやすくなります。

ベクトルで表せるのは、動きだけではありません。ベクトルを使って、物体に掛かる力も表すことができます。ベクトルを理解すると、物体の運動や、物体に掛かる力の状態などをわかりやすく捉えることができます。

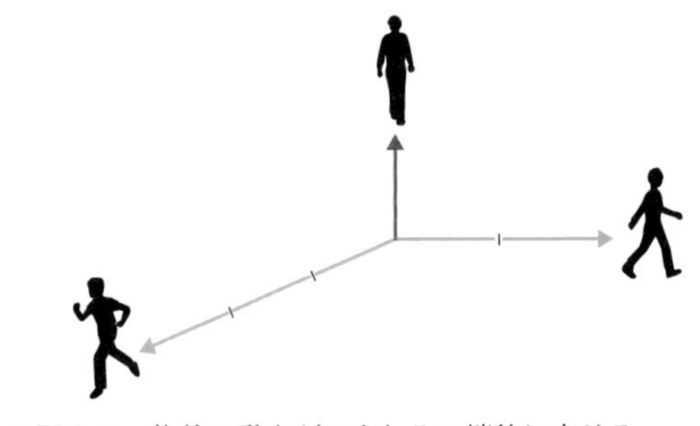

▲図6-5　物体の動きがベクトルで端的に表せる

(2) 速さと速度

この先の説明で「速さ」と「速度」という言葉を使い分けます。それらの数学や物理における定義を、ここではっきりさせておきます。

速さとは、決められた時間に、物体がどの程度、移動するかという値であり、向きは考えに入れません。

速度とは、速さと向きを持つ値を意味する言葉です。速さ、すなわち大きさと、向きを持つので、速度はベクトル量になります。また、**速度ベクトルの大きさが速さ**になるということも頭に入れておきましょう。なお、速度がベクトルであるとはっきり示すときなどに、速度ベクトルという言葉を使います。

(3) プログラムで物体の動きを計算するには？

プログラムで物体の動きを計算するには、様々な方法が考えられます。その中で、よく使われる計算法を２つ挙げます。

物体の動きの計算方法①

物体の座標を代入する変数、進む速さを代入する変数、進む角度（向き）を代入する変数を用意する。速さと角度の値を使って、座標を変化させる計算を行う。

図6-6は、方法①の計算で使う変数を図示したものです。

方法①で物体の動きを計算する例として、フィールド上を自由に移動し、好きな方向に向きを変えることのできるアクションゲームが挙げられます。また、たとえばヘリコプターのように360度旋回できる機体を操作するゲームも、この方法で物体を動かします。

ただしこの計算は、通常、三角関数を使って行うので、難しい知識が必要になります。

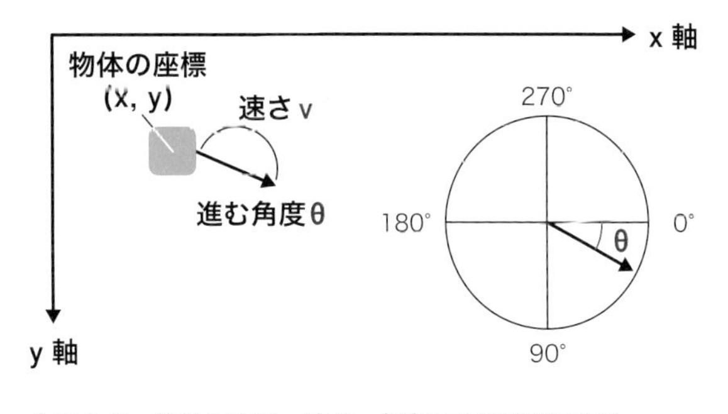

▲図6-6　物体の座標、速さ、角度で動きを表現する

物体の動きの計算方法②

物体の座標を代入する変数、物体のx軸方向の速さを代入する変数、y軸方向の速さを代入する変数を用意する。物体のx座標にx軸方向の速さを加え、y座標にy軸方向の速さを加えることで、座標を変化させる。

※方法②の計算で使う変数は、この後の図6-7で図示します。

なるべく簡単な計算がよいです！

方法②は座標に速さを加えるだけの簡単な計算で、物体の動きを表現できます。誰もが理解しやすいプログラムにするには、方法②が適しています。そこでこれから作るテニスゲームは、この方法でボールを動かします。

(4) ボールを動かすための変数

方法②でボールを動かすために用意する変数について説明します。必要なものは、図6-7にある、ボールのx座標、y座標、x軸方向の速さ、y軸方向の速さを代入する変数です。

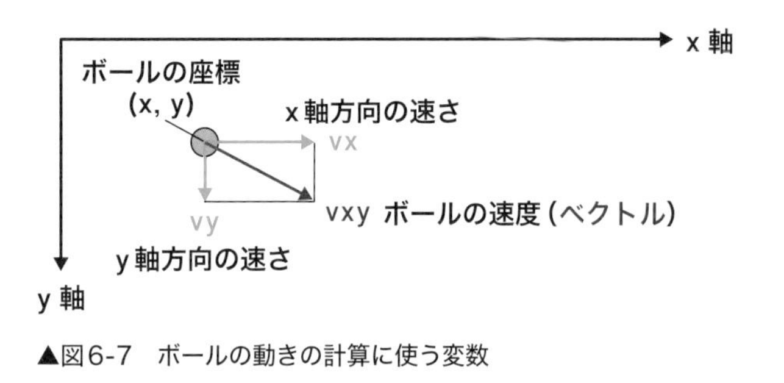

▲図6-7 ボールの動きの計算に使う変数

これから作るテニスゲームは、二次元平面上でボールを動かします。x軸とy軸のある平面上でボールを動かすために必要なものが、これらの変数です。

図6-7では、ボールの座標を代入する変数をxとy、x軸方向の速さを代入する変数をvx、y軸方向の速さを代入する変数をvyとしています。ボールを動かす仕組みは6-4節で説明します。

赤色で示した**vxyは、vxとvyを合成してできる速度ベクトルで、ボールがどれくらいの速さでどちらに進むかを表しています。**vxyはvxとvyから定まるので、変数を用意する必要はありません。これから制作するテニスゲームでは、vxyの値を求めたり、計算に使ったりすることはしませんが、ベクトルの知識として覚えておきましょう。

ベクトルの合成

ベクトルは足し引きできます。図6-Aがベクトルとベクトルの足し算(合成)の例です。

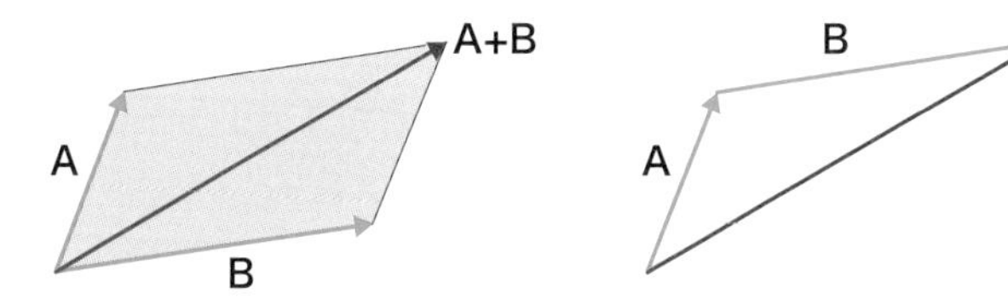

▲図6-A ベクトルの合成

- 左はベクトルAとBを平行四辺形の2辺として、対角線を引くことで合成ベクトルを求めた。
- 右はベクトルAの先端にベクトルBを引き、Aの根元からBの先端を結んで合成ベクトルを求めた。

6-3 ステップ1 背景、ボール、バーを表示する

それでは、テニスゲームの制作を始めましょう。まずは、背景、ボール、バーをウィンドウに表示して、ゲーム画面の構成を確認するところからです。

(1) 表示するものと、表示位置を扱う変数

このゲームの背景は、画像ファイルを読み込んで表示します（表6-3）。画像ファイルのbg.pngをあらかじめプログラムと同じフォルダ（階層）に入れておきましょう。ボールとバーは、図形を描く命令で表示します（表6-3）。

▼表6-3　背景、ボール、バーを表示する命令

表示するもの	使う命令
背景	PhotoImage()で読み込んだ画像をcreate_image()で表示
ボール	create_oval()で円を表示
バー	create_rectangle()で横長の矩形を表示

以降、ボールとバーを**物体**と呼んで説明します。物体の座標を扱うために、表6-4の変数を用意します。ボールの動きの計算で、x軸方向とy軸方向の速さを扱う変数も使いますが、それらは次の節で追加します。

▼表6-4　物体の座標を代入する変数

変数名	用途
ball_x、ball_y	ボールの(x, y)座標を代入する
bar_x、bar_y	バーの(x, y)座標を代入する

このゲームでは、ボールを打ち返すラケットをバーと呼ぶんだよね。

このゲームの画面（キャンバス）は、幅960ピクセル、高さ720ピクセルとします。画面の幅をWIDTH、高さをHEIGHTという変数に代入します（表6-5）。

▼表6-5　画面の幅と高さを定義する変数

変数名	用途
WIDTH、HEIGHT	ゲーム画面の大きさを代入する

変数WIDTHとHEIGHTは、代入した値を変えないので、定数（ていすう）（値が固定された数）となります。プログラミングの定数は、大文字にすることが推奨されています。

背景のbg.pngの大きさは、幅1200ピクセル、高さ720ピクセルになっています。そこで、WIDTHに1200を代入して、横長の画面でも遊べるようにします。完成したら、画面サイズを変えて遊んでみましょう。画面サイズの変更については、6-8節の最後で改めて説明します。

(2) 画像と図形を表示してゲーム画面を作る

背景と物体を表示するプログラムを確認します。コード6-1のプログラムを入力して実行しましょう。プログラムのファイル名は、第6章ゲームの１段階目（ステップ1）の処理組み込みという意味で、step_6_1.pyとしています。

▼コード6-1　step_6_1.py

```
01 import tkinter                                                                          tkinterをインポート
02
03 WIDTH = 960                                                                             ┬ゲーム画面の幅と高さの定義
04 HEIGHT = 720                                                                            ┘
05 ball_x = int(WIDTH/2)                                                                   ┬ボールの座標を代入する変数
06 ball_y = int(HEIGHT/5)                                                                  ┘
07 bar_x = WIDTH/2                                                                         ┬バーの座標を代入する変数
08 bar_y = HEIGHT-80                                                                       ┘
09
10 def main():                                                                             メイン処理を行う関数
11     cvs.create_image(WIDTH/2, HEIGHT/2, image=bg)                                       背景を描く
12     cvs.create_oval(ball_x-10, ball_y-10, ball_x+10, ball_y+10, fill="red")             ボールを描く
13     cvs.create_rectangle(bar_x-50, bar_y-5, bar_x+50, bar_y+5, fill="blue")             バーを描く
14
15 root = tkinter.Tk()                                                                     ウィンドウを作る
16 cvs = tkinter.Canvas(width=WIDTH, height=HEIGHT)                                        キャンバスを用意
17 cvs.pack()                                                                              キャンバスを配置
18 bg = tkinter.PhotoImage(file="bg.png")                                                  変数bgに背景画像を読み込む
19 main()                                                                                  main()関数を呼び出す
20 root.mainloop()                                                                         ウィンドウの処理を開始
```

▼実行結果

12行目のcreate_oval()でボール、13行目のcreate_rectangle()でバーを描いていますね。

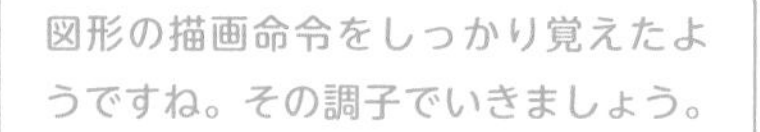

図形の描画命令をしっかり覚えたようですね。その調子でいきましょう。

(3) 変数に初期値を代入する

3〜4行目が画面の大きさを定義する変数（定数）、5〜6行目がボールの座標を代入する変数、7〜8行目がバーの座標を代入する変数の宣言です。

ボールとバーの座標の初期値を、WIDTHとHEIGHTを使って、次のように代入しています。

- ball_x = int(WIDTH/2)は、ball_x = int(960/2)と同じであり、ball_xに480が代入される。
- ball_y = int(HEIGHT/5)は、ball_y = int(720/5)と同じであり、ball_yに144が代入される。
- bar_x = WIDTH/2でbar_xに480が代入される（厳密には480.0が代入される。次の（4）で説明）。
- bar_y = HEIGHT-80でbar_yに640が代入される。

この後もWIDTHとHEIGHTを使って計算式などを記述します。

計算内容によっては、整数と小数の区別は大切です。たとえば、誤差が出てはならないお金の計算で、整数と小数をごちゃ混ぜにしてプログラムの計算式を記述すると、正しい金額が求まらない恐れがあります。

(4) int()の機能

Pythonでは、整数同士の割り算で、割り切れる場合でも、実行結果は小数になります。たとえば、2/2は1.0、100/20は5.0です。そのため、割り算の結果を整数にしたいときなどにint()を使います。int()は、小数や文字列を整数に変換する命令です。

このプログラムでは、5〜6行目のball_x = int(WIDTH/2)とball_y = int(HEIGHT/5)で、int()を使っています。それらの代入式で、ball_xとball_yの初期値を整数としました。ただし、Pythonの**tkinterは座標指定に小数が使える**ので、5〜6行目をball_x = WIDTH/2、ball_y = HEIGHT/5としても問題ありません。

ここでは、int()の使い方と、Pythonの割り算結果について知るために、int()を使いましたが、5〜6行目のint()は記述しなくてもよいので、次節以降のプログラムでは省きます。

(5) 画像の読み込みと表示

18行目でbgという変数に背景画像を読み込んでいます。PhotoImage()命令の引数のfile=で読み込む画像ファイルを指定します。

11行目のcreate_image()で、x座標、y座標、image=で画像を読み込んだ変数を指定して、背景を表示しています。背景がキャンバスの中央にくるように、x座標をWIDTH/2、y座標をHEIGHT/2としています。

このゲームで使う画像は1枚だけですが、複数の画像を使う場合は、ファイルを管理しやすいように、imageなどの名称のフォルダを作り、そこに画像を入れましょう。フォルダに入れたときは、file="image/bg.png"のように、フォルダ名も含めてファイルを指定します。

6-4 ステップ2 ボールを自動的に動かす

次に、ボールの速さを代入する変数を用意し、その値を使って座標を変化させ、ボールを自動的に動かします。その計算方法を説明した後、プログラムに処理を組み込んで、ボールの動きを確認します。

(1) ボールの速さを代入する変数

ボールのx軸方向の速さを代入する変数と、y軸方向の速さを代入する変数を用意します。ボールを動かすための変数は、表6-6のとおりです。

▼表6-6　ボールを動かすための変数

変数名	用途
ball_x、ball_y	座標を代入する
ball_vx、ball_vy	x軸方向の速さ、y軸方向の速さを代入する

ball_x と ball_y は、6-3節で組み込んだから用意済みだね～。

これらの変数の使い方を、次ページの図6-8を参考に考えてみましょう。

(2) 座標を変化させる計算

座標の計算は、ball_xにball_vxの値を加え、ball_yにball_vyの値を加えることで行います(図6-8)。この計算で座標がどう変化するかを考えてみましょう。

①**ball_vxが正の値のときは？➡**ball_xにball_vxを加えると、ball_xの値は増えます。x座標が大きくなるので、ボールは右に向かって移動します。

②**ball_vxが負の値のときは？➡**ball_xにball_vxを加えると、ball_xの値は減ります。x座標が小さくなるので、ボールは左に向かって移動します。

y軸方向についても考えてみましょう。

③**ball_vyが正のときは？➡**ball_yにball_vyを加えると、ball_yの値は増え、ボールは下に移動します。

④**ball_vyが負のときは？➡**ball_yにball_vyを加えると、ball_yの値は減り、ボールは上に移動します。

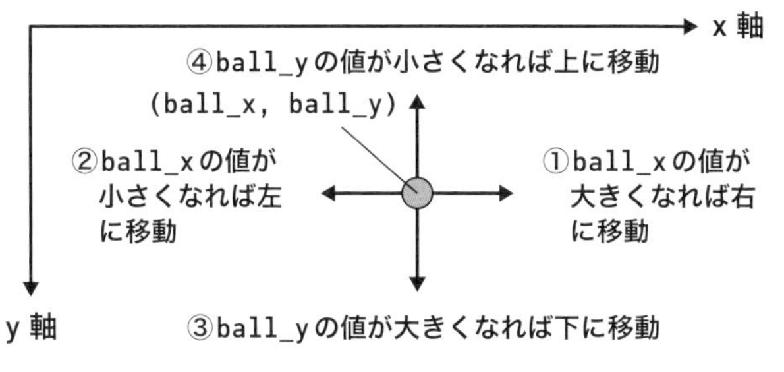

▲図6-8　ボールの座標変化と移動する向き

ball_vxとball_vyの
正負の違いで、ボールの
進む向きが変わります。
ふむふむ、
なるほど～。

では、ball_vx、ball_vyとも正なら、ボールはどちらに向かうでしょう？

そのときは、ball_x、ball_yとも値が増えるので、ボールは右下に向かって移動します。

ball_vxが正でball_vyが負なら、どうなるでしょうか？

そのときは、ball_xの値は増え、ball_yの値は減るので、ボールは右上に向かって移動します。

(3) 画面の端で跳ね返らせる

ボールが画面の上下や左右の端に達した後、そのままボールの座標を増やしたり減らしたりすると、ボールがウィンドウの外に出てしまいます。そうならないようにするには、ボールが端に達したら、反対向きに進ませるようにします。その処理をどう行うかを説明します。

たとえば、ball_vxが正のとき、ball_xの値は増えていき、やがてボールは画面右端に達します。そのときは、ball_vxを負にすれば、次の計算からball_xの値が減り、ボールは左に向かっていくので、画面の外には出ません。図6-9を参考に、画面右端で跳ね返らせる様子をイメージしてみましょう。

また、ball_vxが負ならball_xの値は減り、ボールは画面左に達します。そのときは、ball_vxを正にすれば、次の計算からball_xは増え、ボールは右へ向かうので画面の外に出ません。

つまり、左右の端に達したときにball_vxの符号を反転すれば、ボールを画面の端で跳ね返らせることができます。**符号の反転とは、正であれば負に、負であれば正にすること**です。

y軸に対しても同じことがいえます。上下の端に達したら、ball_vyの符号を反転すれば、端で跳ね返り、画面の外に出ません。この計算は、プログラムの動作確認後に改めて説明します。

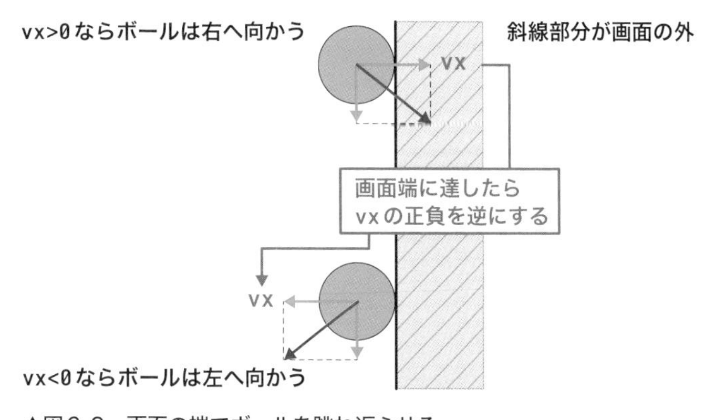

▲図6-9　画面の端でボールを跳ね返らせる

(4) ボールが自動的に動くプログラム

ボールが自動的に動くプログラムを確認します（コード6-2）。6-3節のプログラム（step_6_1.py）から、色のついた部分を追加、変更しています。

▼コード6-2　step_6_2.py

```
01 import tkinter                                                          tkinterをインポート
02
03 WIDTH = 960                                                             ┬ゲーム画面の幅と高さの定義
04 HEIGHT = 720                                                            ┘
05 ball_x = WIDTH/2                                                        ┬ボールの座標を代入する変数
06 ball_y = HEIGHT/5                                                       ┘
07 ball_vx = 10                                                            ┬ボールの速さを代入する変数
08 ball_vy = 10                                                            ┘
09 bar_x = WIDTH/2                                                         ┬バーの座標を代入する変数
10 bar_y = HEIGHT-80                                                       ┘
11
12 def main():                                                             メイン処理を行う関数
13     global ball_x, ball_y, ball_vx, ball_vy                             変数のグローバル宣言
14     ball_x = ball_x + ball_vx                                           x座標にx軸方向の速さを加える
15     ball_y = ball_y + ball_vy                                           y座標にy軸方向の速さを加える
16     if ball_x<10 or WIDTH-10<ball_x:                                    左端あるいは右端に達したら
17         ball_vx = -ball_vx                                              x軸方向の速さの正負を反転
18     if ball_y<10 or HEIGHT-10<ball_y:                                   上端あるいは下端に達したら
19         ball_vy = -ball_vy                                              y軸方向の速さの正負を反転
20     cvs.delete("all")                                                   描いたものをすべて消す
21     cvs.create_image(WIDTH/2, HEIGHT/2, image=bg)                       背景を描く
22     cvs.create_oval(ball_x-10, ball_y-10, ball_x+10, ball_y+10, fill="red") ボールを描く
23     cvs.create_rectangle(bar_x-50, bar_y-5, bar_x+50, bar_y+5, fill="blue") バーを描く
24     root.after(33, main)                                                33ミリ秒後にmain()を呼ぶ
25
26 root = tkinter.Tk()                                                     ウィンドウを作る
 : …略…：キャンバスの準備、main()の呼び出しなど（step_6_1.pyと同じ）           …
```

▼実行結果

おっ、ボールが動いた～！

7〜8行目でボールのx軸方向の速さを代入する変数ball_vxと、y軸方向の速さを代入する変数ball_vyを宣言しています。14〜15行目の次の式で、それらの変数を使ってボールの座標を変化させています。

```
14      ball_x = ball_x + ball_vx
15      ball_y = ball_y + ball_vy
```

これがボールを動かす大切な式です。

（2）で説明したように、x座標にx軸方向の速さを加え、y座標にy軸方向の速さを加えています。このプログラムでは、ball_vx、ball_vyとも初期値を10としたので、プログラムを実行すると、ボールは右下に向かいます。

（5）画面端で跳ね返る仕組み

ボールは画面端に達すると、跳ね返って反対向きに進みます。その処理を抜き出して説明します。

```
16      if ball_x<10 or WIDTH-10<ball_x:
17          ball_vx = -ball_vx
18      if ball_y<10 or HEIGHT-10<ball_y:
19          ball_vy = -ball_vy
```

16行目のif文の条件式にあるball_x<10は、ボールが左端に達したか、WIDTH-10<ball_xは、右端に達したかの判定です。それら2つの条件式をor（あるいは）でつなげているので、どちらかが成り立てば、17行目が実行されます。論理演算子については2-5節（ p.045 ）を復習しましょう。

17行目では、ball_vxの符号を反転させ、x軸方向に進む向きを逆にしています。たとえば、ball_vxが10のとき、ball_vx = -ball_vxで、ball_vxは-10になります。

18行目のif文で、ボールが画面の上端あるいは下端に達したかを判定し、達したら19行目でball_vyの符号を反転させ、y軸方向に進む向きを逆にしています。

（6）グローバル宣言を忘れずに行う

ball_x、ball_y、ball_vx、ball_vyの値をmain()関数内で変更します。これらの変数は関数の外側で宣言したグローバル変数なので、関数内で値を変更するために**グローバル宣言**（globalで変数宣言）します。main()関数の冒頭にあるglobal ball_x, ball_y, ball_vx, ball_vyがグローバル宣言です。

グローバル宣言は、Python特有の決まりです。

(7) 計算と描画をリアルタイムに繰り返す

main()関数で、ボールの座標計算、画面端に達したら向きを変更、ボールの描画という3つの処理をリアルタイムに続けています。リアルタイム処理は、これまで学んだようにafter()命令で行っています。

root.after()で、指定のミリ秒後にmain()を呼び出し続けるんだよね。

(8) 物体の運動を表現するアルゴリズム

この節で学んだ、**物体の座標と速さを代入する変数を用意し、x座標にx軸方向の速さを加え、y座標にy軸方向の速さを加える仕組みは、物体を動かすアルゴリズムの1つ**です。

このように、物体の座標計算と描画をリアルタイムに続けると、その動きを目で見て確認できます。ここで学んだ知識は、ゲーム制作だけでなく、たとえば物理という学問で物体の運動をシミュレーションするときにも使うことができます。

ゲームの制作技術が学問と結びつくわけですね。

6-5 ステップ3 マウスの動きに合わせてバーを動かす

続いて、マウスポインタの動きに合わせて、バーを左右に動かす処理を組み込みます。

(1) マウスイベントの追加

マウスポインタが動いたことを知る方法を復習します。

まず、マウスを動かしたときに呼び出す関数を定義します。その関数をmove()とするなら、root.bind("<Motion>", move)と記述します。これで、マウスポインタを動かしたときにmove()が呼び出されます。

イベントを受け取る関数には引数を設ける決まりがあるので、move()関数をdef move(e)と宣言します。引数をeとしたときは、e.xとe.yがマウスポインタの座標になります。

マウスやキーの操作をイベントというのでしたね。イベントを受け取る方法は、第4章で学びました。

(2) バーの座標をどのように変化させるか

マウスの動きに合わせてバー（ラケット）を左右に動かします。この処理は、マウスポインタが動いたとき、バーのx座標にポインタのx座標を代入するだけで実現できます（図6-10）。

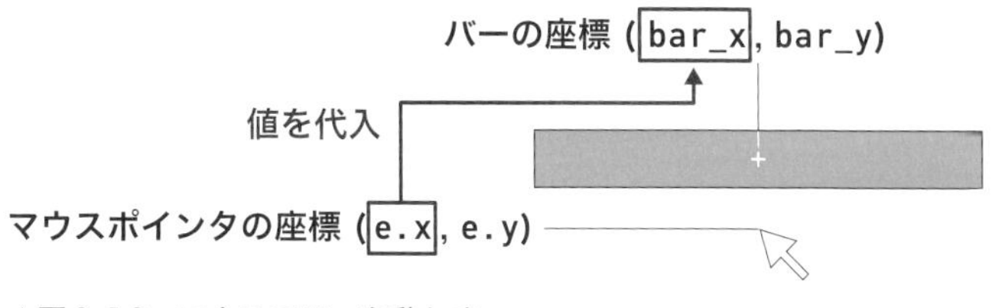

▲図6-10 マウスでバーを動かす

座標の代入だけでバーを動かせるって、簡単すぎだね。本当に動くのかな？

(3) バーを動かすプログラムの確認

マウスでバーを動かせるようにしたプログラムを確認します（コード6-3）。6-4節のプログラム（step_6_2.py）から、色のついた部分を追加、変更しています。実行してマウスポインタを動かすと、その位置にバーが移動します。

▼コード6-3　step_6_3.py

```
01 import tkinter                                                              tkinterをインポート
02
03 WIDTH = 960                                                                 ┬ゲーム画面の幅と高さの定義
04 HEIGHT = 720                                                                ┘
05 ball_x = WIDTH/2                                                            ┬ボールの座標を代入する変数
06 ball_y = HEIGHT/5                                                           ┘
07 ball_vx = 10                                                                ┬ボールの速さを代入する変数
08 ball_vy = 10                                                                ┘
09 bar_x = WIDTH/2                                                             ┬バーの座標を代入する変数
10 bar_y = HEIGHT-80                                                           ┘
11
12 def move(e):                                                                マウスが動いたときに呼ぶ関数
13     global bar_x                                                            変数のグローバル宣言
14     bar_x = e.x                                                             バーのx座標をポインタの位置に
15     if bar_x<50:                                                            ┬画面左端から出ないようにする
16         bar_x = 50                                                          ┘
17     if bar_x>WIDTH-50:                                                      ┬画面右端から出ないようにする
18         bar_x = WIDTH-50                                                    ┘
19
20 def main():                                                                 メイン処理を行う関数
21     global ball_x, ball_y, ball_vx, ball_vy                                 変数のグローバル宣言
22     ball_x = ball_x + ball_vx                                               x座標にx軸方向の速さを加える
23     ball_y = ball_y + ball_vy                                               y座標にy軸方向の速さを加える
24     if ball_x<10 or WIDTH-10<ball_x:                                        左端あるいは右端に達したら
25         ball_vx = -ball_vx                                                  x軸方向の速さの正負を反転
26     if ball_y<10 or HEIGHT-10<ball_y:                                       上端あるいは下端に達したら
27         ball_vy = -ball_vy                                                  y軸方向の速さの正負を反転
28     cvs.delete("all")                                                       描いたものをすべて消す
29     cvs.create_image(WIDTH/2, HEIGHT/2, image=bg)                           背景を描く
30     cvs.create_oval(ball_x-10, ball_y-10, ball_x+10, ball_y+10, fill="red") ボールを描く
31     cvs.create_rectangle(bar_x-50, bar_y-5, bar_x+50, bar_y+5, fill="blue") バーを描く
32     root.after(33, main)                                                    33ミリ秒後にmain()を呼ぶ
33
34 root = tkinter.Tk()                                                         ウィンドウを作る
35 root.bind("<Motion>", move)                                                 イベント発生時に呼ぶ関数を指定
36 cvs = tkinter.Canvas(width=WIDTH, height=HEIGHT)                            キャンバスを用意
37 cvs.pack()                                                                  キャンバスを配置
38 bg = tkinter.PhotoImage(file="bg.png")                                      変数bgに背景画像を読み込む
39 main()                                                                      main()関数を呼び出す
40 root.mainloop()                                                             ウィンドウの処理を開始
```

▼実行結果

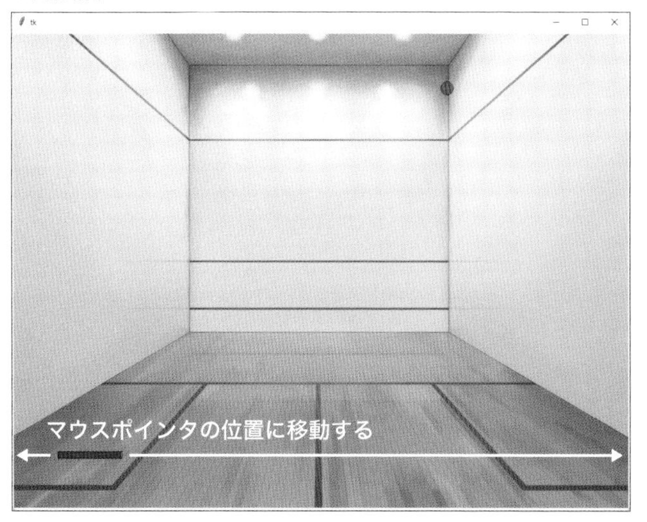

おっ、バーが動くようになったね！

マウスを動かしたときに呼び出す関数を、move()という関数名で12〜18行目に定義しています。この関数を働かせるために、35行目にroot.bind("<Motion>", move)と記述しています。

```
12 def move(e):
13     global bar_x
14     bar_x = e.x
15     if bar_x<50:
16         bar_x = 50
17     if bar_x>WIDTH-50:
18         bar_x = WIDTH-50
```

17〜18行目のWIDTHの値は、960です。

イベントを受け取る関数には、引数を設けます。12行のmove(e)のeが引数です。

e.xがマウスポインタのx座標になります。14行目でバーのx座標の変数bar_xにe.xの値を代入しています。これでマウスを動かすと、ポインタの位置にバーが移動します。

15〜16行目のif文でbar_xが50未満にならないようにして、バーが画面の左外に出ないようにしています。17〜18行目のif文でbar_xがWIDTH-50を超えないようにして、画面の右外に出ないようにしています。

バーをポインタの位置に動かすのは座標の代入でできるけど、バーが画面から出てはいけないので、その判定をしてるんですね？

正解です。だいぶプログラムを理解する力がついてきましたね。

6 ステップ4 バーでボールを打ち返せるようにする

次に、ボールがバーに当たったときに打ち返せるようにします。第4章で学んだヒットチェックを思い出して、この節を読み進めましょう。

(1) ヒットチェック

ゲームの中で、ある物体が別の物体と接触しているか調べることを、**ヒットチェック**や**当たり判定**といいます。ヒットチェックには、色々なアルゴリズムがあります。円同士が接触しているかを調べる方法と、矩形同士が接触しているかを調べる方法を第4章で学びましたね（図6-11）。

ヒットチェックの知識があいまいな人は、第4章を復習しましょう。

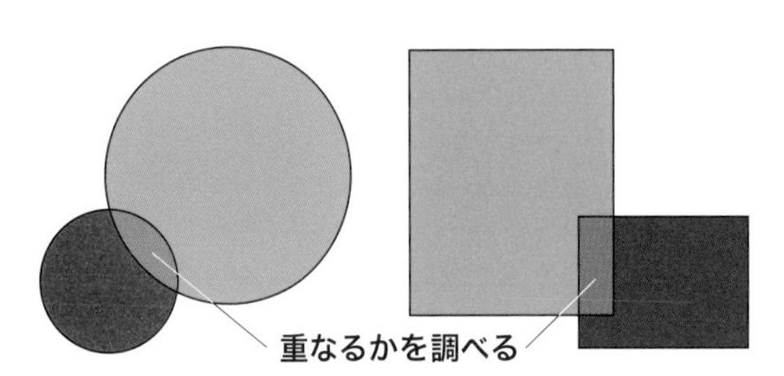

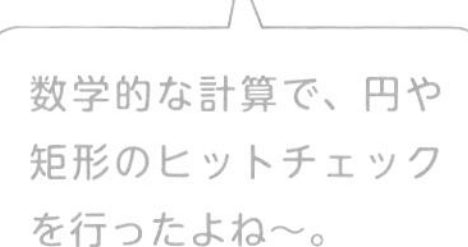

数学的な計算で、円や矩形のヒットチェックを行ったよね～。

▲図6-11　ヒットチェックのイメージ

円によるヒットチェックは、物体を円に見立て、2つの円が重なっているかを調べます。矩形によるヒットチェックは、物体を矩形に見立て、2つの矩形が重なっているかを調べます。

(2) 円と矩形の衝突を調べる

このテニスゲームで動く物体は、ボールの円とバーの矩形です。ボールを打ち返せるようにするには、円と矩形が接触したかを知る必要があります。円と矩形のヒットチェックを正確に行うには、複雑な計算が必要です。しかし複雑な計算をせず、円の中心座標が矩形の中にあるかを調べることで、簡易的にヒットチェックを行うことができます。

このゲームでは、簡易的なヒットチェックを使います。この方法は、図6-12のように、黄色の範囲にボールの中心が入ったかを調べます。この範囲に入ったら、ボールを上に向かって跳ね返らせます。

ボールの中心座標 (ball_x, ball_y)

ヒットチェックの範囲

バー

▲図6-12　ボールとバーのヒットチェック

この後でプログラムの動作を確認すると、しっかり判定できているとわかりますよ。

判定範囲をバーの上部とするのは、ボールが跳ね返る様子を自然に見せるためです。バーと同じ位置で判定すると、ボールがバーにめり込んだときに接触したことになります。それではボールを打ち返す様子に違和感が生じるので、図6-12の黄色の範囲でヒットチェックするわけです。

このヒットチェックは、円と矩形の接触を厳密に調べるものではありませんが、ボールをバーで打ち返す判定としては、このような簡易的な計算で事足ります。

(3) ボールとバーのヒットチェックの確認

ボールをバーで打ち返すプログラムを確認します（コード6-4）。6-5節のプログラム（step_6_3.py）から、色のついた部分を追加、変更しています。バーにボールを当てて打ち返せることを確認しましょう。このプログラムでは、ボールを当てるべき位置がわかりやすいように、ヒットチェックの範囲を黄色の矩形で表示しています。

▼コード6-4　step_6_4.py

```
01 import tkinter                                                              tkinterをインポート
02
03 WIDTH = 960                                                                 ┐ゲーム画面の幅と高さの定義
04 HEIGHT = 720                                                                ┘
 : …略…：変数の宣言（step_6_3.pyと同じ）                                        …
11
12 def move(e):                                                                マウスが動いたときに呼ぶ関数
13     global bar_x                                                            変数のグローバル宣言
 : …略…：バーを動かす処理（step_6_3.pyと同じ）                                  …
19
20 def main():                                                                 メイン処理を行う関数
21     global ball_x, ball_y, ball_vx, ball_vy                                 変数のグローバル宣言
22     ball_x = ball_x + ball_vx                                               x座標にx軸方向の速さを加える
23     ball_y = ball_y + ball_vy                                               y座標にy軸方向の速さを加える
24     if ball_x<10 or WIDTH-10<ball_x:                                        左端あるいは右端に達したら
25         ball_vx = -ball_vx                                                  x軸方向の速さの正負を反転
26     if ball_y<10 or HEIGHT-10<ball_y:                                       上端あるいは下端に達したら
27         ball_vy = -ball_vy                                                  y軸方向の速さの正負を反転
28     dx = ball_x - bar_x                                                     ボールとバーのx軸方向の距離
29     dy = ball_y - bar_y                                                     ボールとバーのy軸方向の距離
30     if -60<dx and dx<60 and -20<dy and dy<0:                                この条件式の範囲内なら
31         ball_vy = -10                                                       ボールを上に進ませる（打ち返す）
32     cvs.delete("all")                                                       描いたものをすべて消す
33     cvs.create_image(WIDTH/2, HEIGHT/2, image=bg)                           背景を描く
34     cvs.create_rectangle(bar_x-60, bar_y-20, bar_x+60, bar_y, fill="yellow") ヒットチェックの範囲を表示
35     cvs.create_oval(ball_x-10, ball_y-10, ball_x+10, ball_y+10, fill="red")  ボールを描く
```

```
36      cvs.create_rectangle(bar_x-50, bar_y-5, bar_x+50, bar_y+5, fill="blue")   バーを描く
37      root.after(33, main)                                                      33ミリ秒後にmain()を呼ぶ
38
39  root = tkinter.Tk()                                                           ウィンドウを作る
40  root.bind("<Motion>", move)                                                   イベント発生時に呼ぶ関数を指定
 :  …略…：キャンバスの準備、main()の呼び出しなど（step_6_3.pyと同じ）              …
```
※34行目の黄色い矩形の表示処理cvs.create_rectangle(〜は、動作の確認用なので、次の節で削除します。

▼実行結果

黄色の矩形の範囲でヒットチェックを行っているんだね。

ボールとバーが当たったかを調べ、当たっていればボールを上に向けて跳ね返らせる処理を、28〜31行目に記述しています。

```
28      dx = ball_x - bar_x
29      dy = ball_y - bar_y
30      if -60<dx and dx<60 and -20<dy and dy<0:
31          ball_vy = -10
```

x軸方向にどれくらい離れているかと、y軸方向にどれくらい離れているかという値を使って判定します。

変数dxにボールとバーのx座標の差を、変数dyにy座標の差を代入しています。それらの値が図6-13の黄色の範囲にあるかを、30行目のif文で調べています。

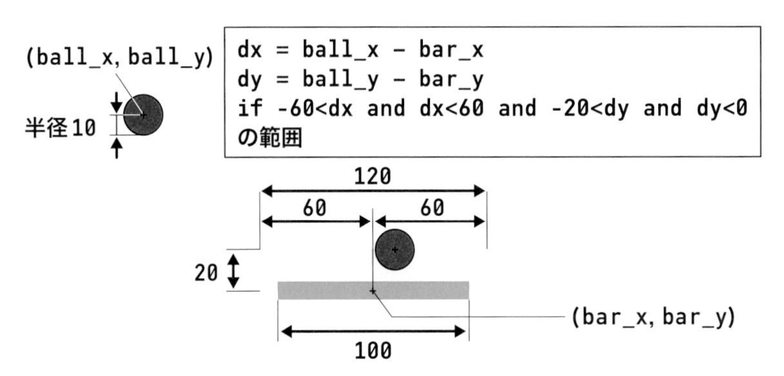

難しい式だけど、この図をよく見て理解しなくちゃ！

▲図6-13　ボールとバーのヒットチェック

やや難しい式ですが、ボールとバーの位置と、dx、dyの値を具体的に考えると、このヒットチェックのif文の意味を理解できます。

たとえば、ボールがバーの真上の、バーのすぐ近くにあるとします。そのとき、dxは-60〜60の間の値で、dyは-20〜-10くらいの値になります。それらの値でif文の条件式が成り立つので、接触したことになります。

ボールが黄色の矩形の左
下角と右上角にあるとき
も考えてみましょう。

さらに、ボールが黄色の矩形の、左上角にあることを考えてみます。そのときは、dxが-59くらい、dyが-19くらいで、条件式が成り立ちます。

また、ボールが黄色の矩形の右下角にあるときは、dxは59、dyは-1くらいで、これも条件式が成り立ちます。

if文の条件式が成り立ったら、31行目でボールのy軸方向の速さball_vyに-10を代入することで、ボールを上に向かって跳ね返らせています。

y軸方向の速さが負なら、ボールのy座標が
減って、ボールは上に向かうんですね。

正解です。座標についても、
しっかり理解できていますね。

6-7 ステップ5 スコアとハイスコアを計算する

続いて、ボールを打ち返したときにスコアを増やします。また、スコアがハイスコアを超えたら、ハイスコアを更新します。スコアとハイスコアを代入する変数を用意して、その計算を行います。

(1) 変数にスコアを代入し、文字列として表示する

スコアを代入するscoreという変数と、ハイスコアを代入するhiscoという変数を用意します。変数名は、high_scoreのように省略せずに名前をつけてもかまいません。複数の単語（この場合はhighとscore）を使う場合、Pythonではアンダースコア（_）でつなげてわかりやすくするのが通例です。highScoreのように、単語の区切りがわかりやすいように大文字を使うこともあります。ただし、長すぎる変数名は入力に手間がかかるなどの理由から、わかりにくくならない範囲で省略することも多く、本書でもそのようにします。

scoreとhiscoの値をcreate_text()でキャンバスに表示します。その際、数字を見やすくするために、文字列に影を付けます。影を付けて表示する方法は、プログラムの動作確認後に説明します。

(2) プログラムの確認

スコアとハイスコアの表示を入れたプログラムを確認します（コード6-5）。6-6節のプログラム（step_6_4.py）から、色のついた部分を追加、変更しています。ハイスコアの初期値を1000としました。ボールを打ち返すとスコアが100増え、ハイスコアを超えると、それが更新されることを確認しましょう。

ボールがバーの下から上に通過するとスコアが200増えますが、それを気にする必要はありません。次の6-8節で完成させるときに、ボールを打ち逃すとゲームオーバーにするので、ボールがバーの下に当たることがなくなります。

▼コード6-5　step_6_5.py

```
01 import tkinter                 tkinterをインポート
02
03 WIDTH = 960                    ┐ゲーム画面の幅と高さの定義
04 HEIGHT = 720                   ┘
05 ball_x = WIDTH/2               ┐ボールの座標を代入する変数
06 ball_y = HEIGHT/5              ┘
07 ball_vx = 10                   ┐ボールの速さを代入する変数
08 ball_vy = 10                   ┘
09 bar_x = WIDTH/2                ┐バーの座標を代入する変数
10 bar_y = HEIGHT-80              ┘
11 score = 0                      スコアを代入する変数
12 hisco = 1000                   ハイスコアを代入する変数
```

```
13
14 def move(e):                                              マウスが動いたときに呼ぶ関数
15     global bar_x                                          変数のグローバル宣言
：…略…：バーを動かす処理（step_6_4.pyと同じ）                  …
21
22 def text(x, y, txt, siz, col):                            影付き文字を表示する関数
23     fnt = ("Times New Roman", siz)                        フォントの定義
24     cvs.create_text(x+1, y+1, text=txt, font=fnt, fill="black")   黒で文字列を表示
25     cvs.create_text(x, y, text=txt, font=fnt, fill=col)   引数の色で文字列を表示
26
27 def main():                                               メイン処理を行う関数
28     global ball_x, ball_y, ball_vx, ball_vy, score, hisco 変数のグローバル宣言
：…略…：ボールの座標を変化させる処理（step_6_4.pyと同じ）          …
35     dx = ball_x - bar_x                                   ボールとバーのx軸方向の距離
36     dy = ball_y - bar_y                                   ボールとバーのy軸方向の距離
37     if -60<dx and dx<60 and -20<dy and dy<0:              この条件式の範囲内なら
38         ball_vy = -10                                     ボールを上に進ませる（打ち返す）
39         score = score + 100                               スコアを加算
40         if score>hisco:                                   ハイスコアを超えたら
41             hisco = score                                 ハイスコアを更新
42     cvs.delete("all")                                     描いたものをすべて消す
43     cvs.create_image(WIDTH/2, HEIGHT/2, image=bg)         背景を描く
44     cvs.create_oval(ball_x-10, ball_y-10, ball_x+10, ball_y+10, fill="red")   ボールを描く
45     cvs.create_rectangle(bar_x-50, bar_y-5, bar_x+50, bar_y+5, fill="blue")   バーを描く
46     text(200, 30, "SCORE "+str(score), 28, "cyan")        スコアを表示
47     text(WIDTH-200, 30, "HI-SC "+str(hisco), 28, "gold")  ハイスコアを表示
48     root.after(33, main)                                  33ミリ秒後にmain()を呼ぶ
49
：…略…：以下、ウィンドウを作り、キャンバスを配置し、画像を読み込む処理など（step_6_4.pyと同じ）  …
：                                                          …
```

▼実行結果

HI-SCは、high scoreの略ね。点数表示が入って、ずいぶん完成に近づいたね〜。

11行目でスコアを代入する変数score、12行目でハイスコアを代入する変数hiscoを宣言しています。これらの変数の値をmain()関数内で変更するので、28行目のグローバル宣言に変数scoreとhiscoを加えています。

39行目のscore = score + 100がスコアを増やす計算です。この式は、37行目のヒットチェックのif -60<dx and dx<60 and -20<dy and dy<0のブロックに記述して、ボールがバーに当たったときにスコアを増やしています。

40～41行目のif文で、scoreがhiscoを超えたら、hiscoにscoreの値を代入しています。これでハイスコアが更新されます。

46～47行目でtext()という関数を呼び出し、スコアとハイスコアを表示しています。text()は、影付き文字を表示するように定義した関数で、次の（3）で説明します。

46～47行目にある**str()**は、数を文字列に変換する命令です。46行目で「SCORE」という文字列に、スコアの値をつなげて、text()に引数として渡しています。47行目で「HI-SC」という文字列に、ハイスコアの値をつなげて、text()に引数として渡しています。Pythonでは、文字列と数を+でつなぐことができないので、str()を使わずに"SCORE "+scoreと記述するとエラーになります。

(3) text()関数の仕組み

22～25行目に定義したtext()関数について説明します。

```
22 def text(x, y, txt, siz, col):
23     fnt = ("Times New Roman", siz)
24     cvs.create_text(x+1, y+1, text=txt, font=fnt, fill="black")
25     cvs.create_text(x, y, text=txt, font=fnt, fill=col)
```

この関数は、文字列を表示するx座標、y座標、文字列txt、文字の大きさsiz、文字の色colを引数で受け取ります。

23行目でフォントの種類をTimes New Roman、フォントの大きさをsizとして、fntという変数にフォントを定義しています。

24行目で(x+1, y+1)の位置に黒い色で文字列を表示しています。続く25行目で(x, y)の位置に、引数の色で文字列を表示しています。黒い文字列を右下にずらして表示し、その上に指定の色で文字列を上書きすることで、影の付いた文字列を描いています。

影があると、フォントがはっきりして見やすいですね。

そうですね。工夫して色々なことを実現していくのも、プログラミングの楽しさの1つです。

6-8 ステップ6 タイトルとゲームオーバーを入れて完成させる

最後に、タイトル画面とゲームオーバーの処理を追加してゲームを完成させます。

(1) 画面遷移を管理する変数

画面遷移を管理する変数を使って、タイトル→ゲームをプレイ→ゲームオーバーの3つの処理に分岐させます（図6-14）。画面遷移用の変数をsceneとします（表6-7）。

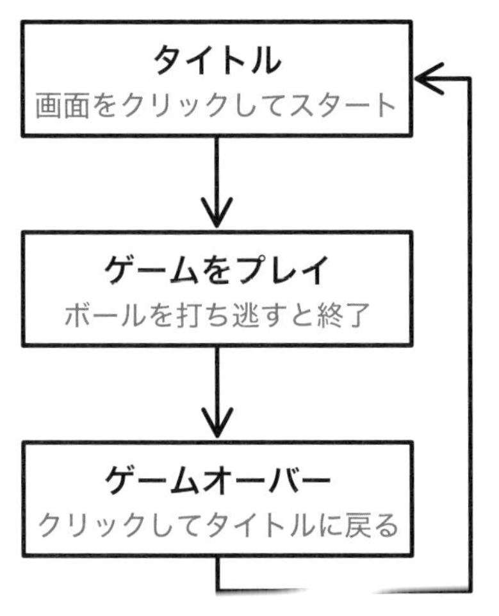

▲図6-14　テニスゲームの画面遷移

▼表6-7　変数sceneの値

sceneの値	どのシーンか
タイトル	タイトル画面
ゲーム	ゲームをプレイ中の画面
ゲームオーバー	ゲームオーバーの画面

第5章のモグラ叩きと同じ仕組みで、3つのシーンに分岐させます。この仕組みは、ゲーム制作の基本となるものです。

(2) 完成版のプログラムの確認

完成版のプログラムを確認します（コード6-6）。6-7節のプログラム（step_6_5.py）から、色のついた部分を追加、変更しています。ボールを打ち返してハイスコアを更新しましょう。このゲームの難易度は簡単にしているので、ゲームが上手な方は延々とプレイできるでしょう。最後の（4）でゲームの改造方法に触れます。難しいゲームにしたい方は、そちらを参考に改造してください。

完成形のプログラムを確認するよ～！

▼コード6-6 tennis_game.py

```
01 import tkinter                                                          tkinterをインポート
02
03 WIDTH = 960                                                             ┬ゲーム画面の幅と高さの定義
04 HEIGHT = 720                                                            ┘
05 ball_x = WIDTH/2                                                        ┬ボールの座標を代入する変数
06 ball_y = HEIGHT/5                                                       ┘
07 ball_vx = 0                                                             ┬ボールの速さを代入する変数
08 ball_vy = 0                                                             ┘
09 bar_x = WIDTH/2                                                         ┬バーの座標を代入する変数
10 bar_y = HEIGHT-80                                                       ┘
11 score = 0                                                               スコアを代入する変数
12 hisco = 1000                                                            ハイスコアを代入する変数
13 scene = "タイトル"                                                       シーンを管理する変数
14
15 def move(e):                                                            マウスが動いたときに呼ぶ関数
16     global bar_x                                                        変数のグローバル宣言
17     bar_x = e.x                                                         バーのx座標をポインタの位置に
18     if bar_x<50:                                                        ┬画面左端から出ないようにする
19         bar_x = 50                                                      ┘
20     if bar_x>WIDTH-50:                                                  ┬画面右端から出ないようにする
21         bar_x = WIDTH-50                                                ┘
22
23 def click(e):                                                           クリックしたときに呼ぶ関数
24     global ball_x, ball_y, ball_vx, ball_vy, score, scene                変数のグローバル宣言
25     if scene=="タイトル":                                                ┬タイトル画面のとき
26         ball_x = int(WIDTH/2)                                           │ボールの初めの座標と
27         ball_y = int(HEIGHT/5)                                          │
28         ball_vx = 10                                                    │初めの速さを代入
29         ball_vy = 10                                                    │
30         scene = "ゲーム"                                                 │sceneにゲームを代入、scoreを
31         score = 0                                                       ┘0にしてゲームの処理に移る
32     if scene=="ゲームオーバー":                                           ┬ゲームオーバー画面のとき
33         scene = "タイトル"                                               ┘タイトルに戻る
34
35 def text(x, y, txt, siz, col):                                          影付き文字を表示する関数
36     fnt = ("Times New Roman", siz)                                      フォントの定義
37     cvs.create_text(x+1, y+1, text=txt, font=fnt, fill="black")         黒で文字列を表示
38     cvs.create_text(x, y, text=txt, font=fnt, fill=col)                 引数の色で文字列を表示
39
40 def main():                                                             メイン処理を行う関数
41     global ball_x, ball_y, ball_vx, ball_vy, score, hisco, scene         変数のグローバル宣言
42     cvs.delete("all")                                                   描いたものをすべて消す
43     cvs.create_image(WIDTH/2, HEIGHT/2, image=bg)                       背景を描く
44     cvs.create_oval(ball_x-10, ball_y-10, ball_x+10, ball_y+10, fill="red") ボールを描く
45     cvs.create_rectangle(bar_x-50, bar_y-5, bar_x+50, bar_y+5, fill="blue") バーを描く
46     text(200, 30, "SCORE "+str(score), 28, "cyan")                      スコアを表示
47     text(WIDTH-200, 30, "HI-SC "+str(hisco), 28, "gold")                ハイスコアを表示
48
49     if scene=="タイトル":                                                ┬タイトル画面の処理
50         text(WIDTH/2, HEIGHT/3, "Tennis Game", 60, "green")             │詳細は後述
51         text(WIDTH/2, HEIGHT/3*2, "Click to start.", 30, "lime")        ┘
52
53     if scene=="ゲーム":                                                  ┬ゲーム中の処理
54         ball_x = ball_x + ball_vx                                       │詳細は後述
55         ball_y = ball_y + ball_vy                                       │
56         if ball_x<10 or WIDTH-10<ball_x:                                │
57             ball_vx = -ball_vx                                          │
```

```
58          if ball_y<10:
59              ball_vy = -ball_vy
60          if ball_y>HEIGHT:
61              scene = "ゲームオーバー"
62          dx = ball_x - bar_x
63          dy = ball_y - bar_y
64          if -60<dx and dx<60 and -20<dy and dy<0:
65              ball_vy = -10
66              score = score + 100
67              if score>hisco:
68                  hisco = score
69
70      if scene=="ゲームオーバー":                          ゲーム終了の処理
71          text(WIDTH/2, HEIGHT/3, "GAME OVER", 40, "red")   詳細は後述
72
73      root.after(33, main)                                  33ミリ秒後にmain()を呼ぶ
74
75  root = tkinter.Tk()                                       ウィンドウを作る
76  root.title("テニスゲーム")                                 タイトルを指定
77  root.resizable(False, False)                              ウィンドウサイズの変更不可
78  root.bind("<Motion>", move)                               イベント発生時に
79  root.bind("<Button>", click)                              呼ぶ関数を指定
80  cvs = tkinter.Canvas(width=WIDTH, height=HEIGHT)          キャンバスを用意
81  cvs.pack()                                                キャンバスを配置
82  bg = tkinter.PhotoImage(file="bg.png")                    変数bgに背景画像を読み込む
83  main()                                                    main()関数を呼び出す
84  root.mainloop()                                           ウィンドウの処理を開始
```

※ウィンドウが実行結果画面のように広がらないときは、77行目のroot.resizable(False, False)をコメントアウトするか、削除して実行しましょう。

▼実行結果

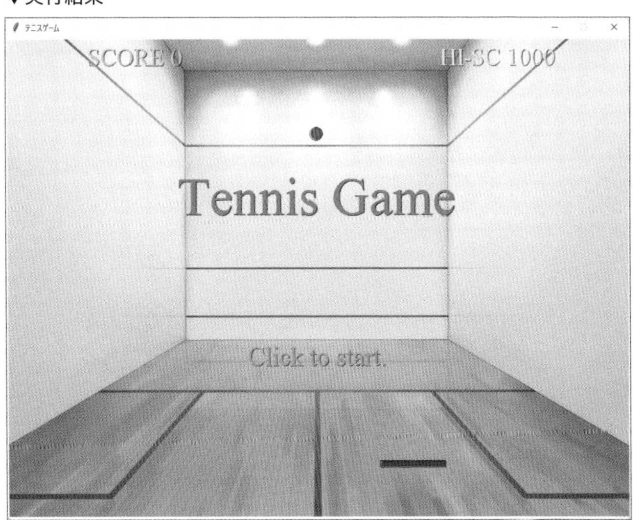

49行目のif scene=="タイトル"、53行目のif scene=="ゲーム"、70行目のif scene=="ゲームオーバー"の3つの条件分岐で、タイトルの処理、ゲームをプレイする処理、ゲームオーバーの処理を分けています。この3つの処理の内容を説明します。

①タイトル画面（49〜51行目）

定義したtext()関数でタイトルと「Click to start.」という文字列を表示しています。画面をクリックしたときにゲームを始める処理は、23〜33行目に定義したclick()関数で行っています。click()関数の処理は後述します。

②ゲームをプレイする処理（53〜68行目）

基本的な処理内容は、6-7節までに組み込んだとおりです。ボールが画面下に達したことを60〜61行目のifで判定し、そのときはsceneに「ゲームオーバー」という文字列を代入して、ゲームオーバーの処理に移ります。

③ゲームオーバー画面（70〜71行目）

text()関数で「GAME OVER」という文字列を表示しています。画面をクリックしたときにタイトルに戻る処理は、click()関数で行っています。

(3) click()関数

画面をクリックしたときに呼び出すclick()という関数を23〜33行目に定義しています。この関数には、if scene=="タイトル"と、if scene=="ゲームオーバー"の2つのif文を記述しています。

```
23 def click(e):
24     global ball_x, ball_y, ball_vx, ball_vy, score, scene
25     if scene=="タイトル":
26         ball x = int(WIDTH/2)
27         ball_y = int(HEIGHT/5)
28         ball_vx = 10
29         ball_vy = 10
30         scene = "ゲーム"
31         score = 0
32     if scene=="ゲームオーバー":
33         scene = "タイトル"
```

タイトル画面でクリックしたときは、ball_xとball_yにゲーム開始時のボールの座標を代入し、ball_vxとball_vyに最初の速さの値を代入しています。また、sceneに「ゲーム」という文字列を代入し、scoreを0にして、ゲームを開始します。

ゲームオーバー画面でクリックしたときは、sceneに「タイトル」という文字列を代入して、タイトル画面に戻しています。

(4) 改造してみよう！

これで、1人でプレイするテニスゲームが完成しました。学習用として簡潔なプログラムを記述したので、難易度を変えるような処理は組み込んでいません。このままだとボールの軌道がわかるため、簡単すぎると感じる方もいるでしょう。そこで、難しいゲームに改造するポイントを見ていきます。

①フレームレートを上げる

1秒間に画面を更新する回数を**フレームレート**といいます。フレームレートは、**fps**（frames per secondの略）という単位で表します。このプログラムでは、`after()`命令で1秒間に約30回、`main()`関数を実行するようにしており、フレームレートは約30fpsです。

モグラ叩きの改造の説明でも触れましたが、`after()`の第1引数の値を変えてフレームレートを変更できます。73行目の`root.after(33, main)`の33を小さな値にすれば、プログラムの動作が速くなります。ボールも速く動くようになるので、それに合わせて素早くバーを操作する必要が出てきます。

after()の引数を16にすると、1秒間に約60回の処理を行うようになり、スピード感が増します。

root.after(16, main)で少し難しくなりましたね。16を5にしたら、難しすぎてすぐゲームオーバーになっちゃった！

ただし、**パソコンはCPUの性能などにより処理速度に違いあるため、待機時間の引数の値を小さくしても、処理が高速にならないことがあります。**

②ボールを打ち返すとき、乱数で軌道を変える

フレームレートを上げてもボールの軌道は変わらないので、速さに慣れると、ボールの進む道筋が読めるようになり、簡単に思える方もいるでしょう。そのような場合は、バーで打ち返すときにボールの進む向きを変えると、ボールの軌道を読みづらくなるため、ゲームを難しくすることができます。

そのやり方は色々な方法が考えられますが、乱数を使ってy軸方向の速さをランダムに変えることで、簡単に実現できます。プログラムを次のように変更して試してみましょう。

・2行目でrandomモジュールをインポートする

```
02 import random
```

・66行目（元のプログラムの65行目）を次のように変更する

```
66              ball_vy = random.randint(-15, -10)
```

変更前は、打ち返したときにball_vyに-10を代入しています。それを-15〜-10の乱数にすることで、打ち返すたびにボールの軌道が変化し、ボールの速度も変わります。

ボールの速度は、上げれば上げるほど難しくなります。ただし、速度を上げすぎると、ボールを打ち返すヒットチェックの判定範囲を飛び越えてしまうことがあり、ボールを打ち返せなくなります。そのときは、ヒットチェックの条件分岐であるif -60<dx and dx<60 and -20<dy and dy<0の数値（特にdyの値の範囲）を見直しましょう。

③画面サイズを変更する

3〜4行目のWIDTHとHEIGHTで画面の大きさを定義しています。それらの値を変えれば、大きさを変更できます。このテニスゲームは、画面サイズを変えても、難易度は大きく変化しませんが、プレイしたときの“感覚”や“感触”のようなものが変わります。

たとえばWIDTH = 1200、HEIGHT = 320とすると、横長の画面になり、画面の高さは低くなるので、ボールを頻繁に打ち返すことになります。

縦長の画面にすると、バーをあまり動かさずにボールを打ち返せるようになって、ゲームが簡単になっちゃった。

色々試すのはよいことですよ。改造することでも、プログラミングの腕を磨けます。ぜひチャレンジしましょう。

COLUMN

アルゴリズムを組み立てよう①

みなさんは本書の学習の中で、色々なアルゴリズムをプログラミングしています。このCOLUMNでは基本に立ち返り、アルゴリズムを一から考案し、それをプログラムで記述することで、アルゴリズムへの理解を深めます。

問題の解き方を考えよう

次の問題を使って、アルゴリズムの組み立て方を考えていきます。

問題 563201、7802、19805243など、色々な整数が与えられるとします。それらの数の千の位の数字（0〜9いずれか）を、変数tに代入するプログラムを記述しましょう。

千の位は右から4番目の数字だよね。
それだけをプログラムで取り出すには、
どうすればいいんだろう？

アルゴリズムで解決する

この問題を解くには、色々な方法が考えられます。わかりやすい方法として、次の2つの計算を行うことで、千の位の数字を得ることができます。

問題を解く手順

① 与えられた数を1000で割った整数をiとする。
② iの一の位の数が、元の数の千の位の数字になる。
　この一の位の数を得るには、iを10で割った余りを求める。
　たとえば、t=i%10とすれば、tの値が求める数字になる。

これが**問題を解く手順=アルゴリズム**です。このアルゴリズムをプログラムで記述してみます。

プログラムで確認する

IDLEでコード6-Aのプログラムを入力し、実行して動作を確認しましょう。シェルウィンドウに数の入力を促すメッセージが出るので、適当な数を入力してください。その数の千の位の数字が出力されます。

何も入力せずにEnterキーを押すと終了します。このプログラムは、整数以外を入力したときのエラー対策を行っていないので、**整数以外を入力するとエラー**になります。

▼コード6-A　thousands_digit.py

```
01 print("好きな整数を入力してください")            メッセージの出力
02 print("何も入力せずにEnterを押すと終了します")
03 while True:                                      while Trueで無限に繰り返す
04     s = input("入力する値は ")                    入力した文字列を変数sに代入
05     if s=="": break                              何も入力しなければbreakで中断
06     n = int(s)                                   sの値をint()で整数に変換しnに代入
07     i = int(n/1000)                              nの値を1000で割り、整数にしてiに代入
08     t = i%10                                     iを10で割った余りをtに代入
09     print("その数の千の位の数字は", t, "です")    tの値を出力
```

▼実行結果

```
好きな整数を入力してください
何も入力せずにEnterを押すと終了します
入力する値は 563201
その数の千の位の数字は 3 です
入力する値は 7802
その数の千の位の数字は 7 です
入力する値は 19805234
その数の千の位の数字は 5 です
入力する値は
```

半角で数値を入力して Enter キーで実行

どれどれ、確かに千の位の数字を取り出せているね。

0以上の整数を入力すると、千の位の数字を正しく出力します。では、-1000や-12345など負の整数を入力すると、どうなるでしょう？　実際に入力して確認しましょう。

▼実行結果：負の整数を入力した場合

```
入力する値は -1000
その数の千の位の数字は 9 です
入力する値は -12345
その数の千の位の数字は 8 です
```

-1000の千の位は9、-12345の千の位は8と、間違えた答えが出力されます。

プログラムを実行したときに起きる不具合を**バグ**といいます。マイナスの値を入力すると、なぜバグが発生するのでしょう？　また、このバグを直すにはどうすればよいでしょうか？

第7章のCOLUMNで、このバグが発生する理由と、それを修正する方法について説明します。

この話は、第7章のCOLUMN（p.214）へと続きます。整数以外を入力した場合のエラー対策も学びますので、お楽しみに。

CHAPTER 7

カーレースを作ろう

この章では、「カーレース」ゲームを作ります。プログラミングの基礎知識とゲーム制作の技術を使い、数学的な知識も使って完成を目指す学習の流れは、これまでと同じです。その中で、複数のデータを配列で効率よく扱うという、プログラミングの大切な知識を学びます。

Contents

1 この章で作るゲーム

この章で作る「カーレース」ゲームの内容を確認します。完成したときに、どのようなゲームになるのかをイメージしてみましょう。

(1) カーレースとは？

ゲームメーカーが現在、発売、配信するカーレースの多くは、3DCG（三次元のコンピューターグラフィックス）で描かれ、現実の車の操作や動きをリアルに再現しています。

しかしコンピューターの能力が今より低く、3DCGの描画が難しかった時代には、ここで作るような2D（二次元）の画面構成（図7-1）や、3D空間を疑似的に表現したカーレース（図7-2）が発売されていました。そのようなカーレースは、左右のボタンでハンドルを切り、Aボタンや Bボタンなどでアクセルとブレーキを操作し、周りの車と衝突しないようにして、ゴールを目指すゲームでした。

ボク、車、大好き！
おもしろそうですね！

車を操作するシンプルで楽しいゲームです。ここでは2Dのカーレースを作ってみましょう。

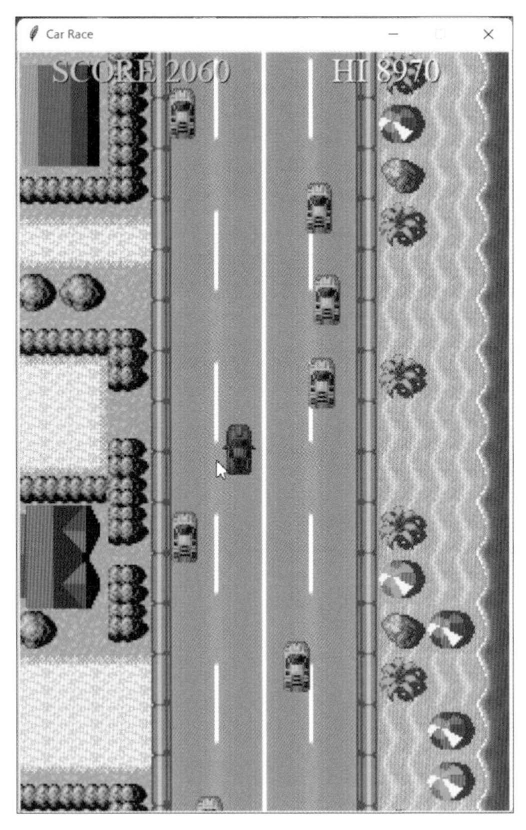
Car Race
SCORE 2060
HI 8970

▲図7-1　2Dのカーレース：本章で作るゲーム

▲図7-2　疑似3Dのカーレース：SEGA AGES アウトラン

©SEGA　https://archives.sega.jp/segaages/outrun/

この章では、3Dに比べて制作が容易な2Dのカーレースを作ります。マウスで車を操り、敵の車（コンピューターが座標を計算する車）を避けて走り続ける内容とします。

(2) カーレースを作る理由

カーレースには、複数の敵の車が登場します。敵の車はコンピューターが座標を計算して動かします。複数の物体を動かすには、それらの座標を１つずつ計算する必要があります。この章では、その計算を、配列を使って行う方法を学びます。

配列の使い方を覚えると、各種のデータの管理や集計を効率よく行うことができるようになります。配列は、ゲーム以外にも、様々なソフトウェアの中で使われています。この章では、カーレースのプログラミングを通して、配列という大切な知識の習得を目指します。

複数の座標を配列で扱う方法を学ぶのですね。
座標の計算には数学の知識も必要ですね。

そうですね。繰り返しと配列で、複数のデータを
コンピューターで扱う方法を学びましょう。

(3) この章で作るゲームのルール

ここでは、次のようなルールのカーレースを制作します。

カーレースのルール

- 画面が上から下にスクロールする。
- プレイヤーは、自分の車をマウスで移動する。
- 複数の敵の車（コンピューターの車）が現れ、上から下に移動する。
- 敵の車と衝突するとゲームオーバー。
- ぶつからずに、どこまで進めるか（何点取れるか）を楽しむゲームとする。

カーレースの起動画面は、図7-3のようになります。

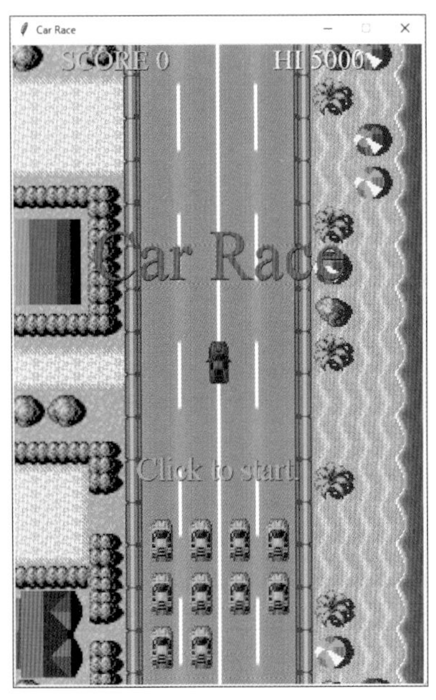

▲図7-3　カーレースの起動画面

レトロな雰囲気のドット絵ゲームです。赤い車がプレイヤーの車、黄色がコンピューターの動かす車ですよ。

おもしろそうですね。
早く完成させて遊びたいです！

ゲームの主要な処理をフローチャートで示します（図7-4）。

プレイヤーの車を動かす処理は、マウスポインタを動かしたときに呼び出す関数で行います。

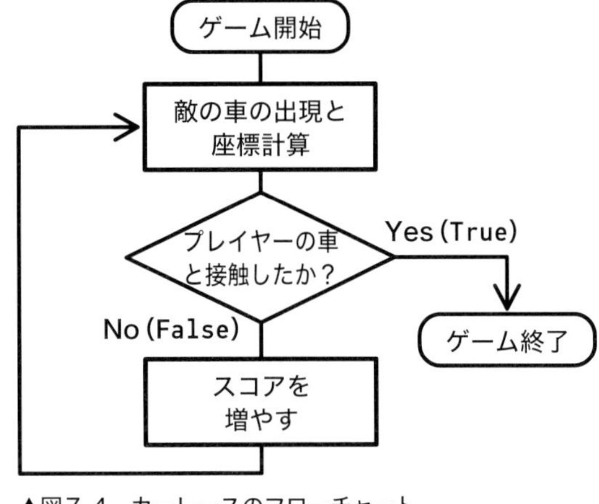

▲図7-4　カーレースのフローチャート

(4) 使う画像ファイル

表7-1の画像を使って制作します。画像ファイルは、本書サンプルのzip内に入っています。p.ivを参考にダウンロードしましょう。

▼表7-1　画像ファイル

bg.png	car_red.png	car_red2.png	car_yellow.png

(5) どのようなステップで完成させるか

ここでは、6つの段階（表7-2）に分けて各種の処理を組み込み、ゲームを完成させます。

▼表7-2　完成させるまでの流れ

段階	節	組み込む内容
ステップ1	7-2	背景をスクロールする（1枚絵を使ったスクロールの手法を学ぶ）
ステップ2	7-3	マウスでプレイヤーの車を動かせるようにする
ステップ3	7-4	敵の車を1台、登場させる（コンピューターに座標を計算させる）
ステップ4	7-5	プレイヤーと敵の車が衝突したことをわかるようにする
ステップ5	7-6	配列を使って、複数の敵の車を動かす
ステップ6	7-7	タイトルとゲ　ムオーバーを入れて完成させる

今回も段階的に処理を組み込んでいくのか！

そうです。1つずつ理解しながら進んでいきましょう。

7-2 ステップ1 背景をスクロールする

ではさっそくカーレースの制作を始めましょう。まずは、背景の画像を読み込んで表示し、それをスクロールさせるところからです。

(1) 背景の画像

このゲームは、道路と周りの景色を、画面の上から下に向かってスクロールさせます。ゲームメーカーが作るゲームは、建物や木立などの様々なグラフィックデータを用意してゲーム画面を構成しますが、本書では初学者が理解しやすいように、背景全体を描いた1枚の画像を使って、画面をスクロールさせます。

(2) 画面をスクロールさせる手法

カーレースの画面は、幅480ピクセル、高さ720ピクセルとします。背景画像も、それと同じ大きさのものを使います。1枚の画像を使って画面をスクロールする手法を、図7-5をもとに説明します。

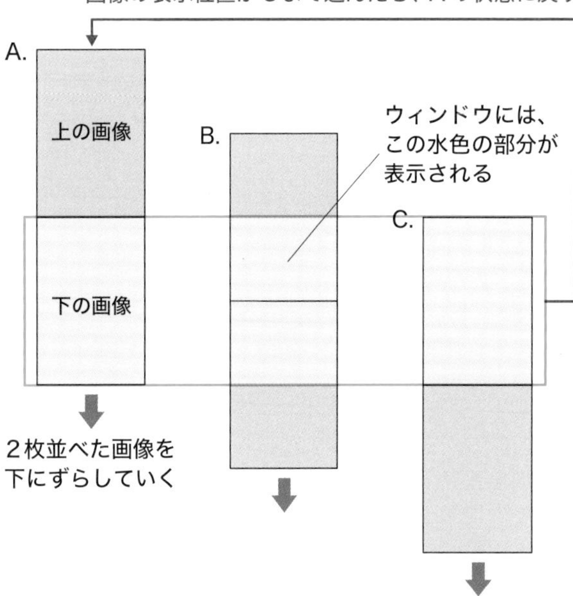
画像の表示位置がCまで進んだら、Aの状態に戻す
A.
上の画像
下の画像
B.
ウィンドウには、
この水色の部分が
表示される
C.
2枚並べた画像を
下にずらしていく

▲図7-5　1枚絵を使ったスクロールの仕組み

縦に並べた2つの画像をスライドさせることで、画面をスクロールさせます。

画面をスクロールさせるアルゴリズムがあるんですね。

1枚の画像を使って画面をスクロールするアルゴリズム

①画像の表示位置を代入する変数を用意する。その変数名をbg_yとする。
②「bg_y = bg_y+(1回の計算で画面が動くピクセル数)」として、bg_yの値を毎フレーム増やす。
③bg_yが720以上になったら、bg_yから720を引く。
④同じ画像を縦に2枚並べて表示する。上に位置する画像の座標を(240, bg_y-360)、下に位置する画像の座標を(240, bg_y+360)とする。

※④の360という数は、画面の高さ720を2で割った値です。

②～④の座標計算と画像描画をリアルタイムに続けます。変数で座標を計算し、図7-5のようにA→B→Cと表示位置をずらしていき、再びAに戻すことで、背景が延々と続いていくように見せることができます。これが**1枚の画像を使って画面をスクロールするアルゴリズム**です。

(3) 背景のスクロール処理の確認

背景をスクロールするプログラムを確認します。コード7-1のプログラムを入力して実行しましょう。プログラムのファイル名は、第7章ゲームの1段階目（ステップ1）の処理組み込みという意味で、step_7_1.pyとしています。

▼コード7-1　step_7_1.py

```
01 import tkinter                                          tkinterをインポート
02
03 WIDTH, HEIGHT = 480, 720                                ゲーム画面の幅と高さを定義
04 bg_y = 0                                                背景のy座標を計算する変数
05
06 def main():                                             メイン処理を行う関数
07     global bg_y                                         変数のグローバル宣言
08     bg_y = bg_y + 2                                     ┬背景のy座標の値を計算
09     if bg_y>=HEIGHT: bg_y = bg_y - HEIGHT               ┘
10     cvs.delete("all")                                   描いたものをすべて消す
11     cvs.create_image(240, bg_y-360, image=bg)           ┬背景を描く
12     cvs.create_image(240, bg_y+360, image=bg)           ┘
13     root.after(33, main)                                33ミリ秒後にmain()を呼ぶ
14
15 root = tkinter.Tk()                                     ウィンドウを作る
16 cvs = tkinter.Canvas(width=WIDTH, height=HEIGHT)        キャンバスを用意
17 cvs.pack()                                              キャンバスを配置
18 bg = tkinter.PhotoImage(file="image/bg.png")            変数に背景画像を読み込む
19 main()                                                  main()関数を呼び出す
20 root.mainloop()                                         ウィンドウの処理を開始
```

▼実行結果

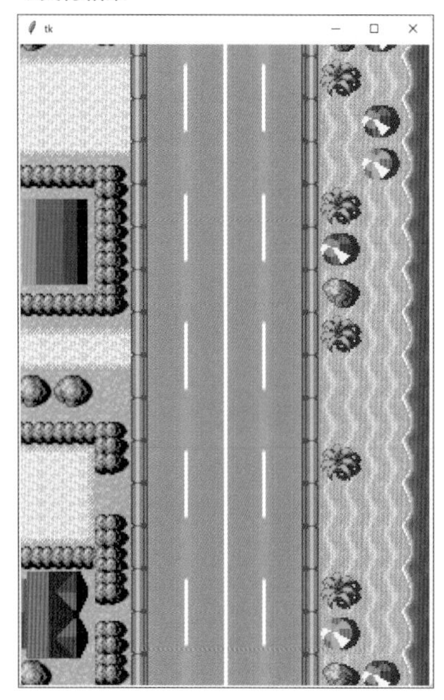

(4) 何度も使う値を定数として定義する

3行目のWIDTH, HEIGHT = 480, 720で、ウィンドウの幅と高さを、変数WIDTHとHEIGHTに代入しています。Pythonでは、複数の変数への値の代入を、このように1行で記述できます。幅と高さのように関連性のあるものを、1行で記述するとわかりやすいときに、まとめて宣言するとよいでしょう。

(5) リアルタイムに計算と描画を行う

リアルタイムに計算と描画を行うので、main()関数を定義し、13行目のroot.after(33, main)でmain()を実行し続けています。リアルタイム処理を行う方法は、モグラ叩きやテニスゲームの制作で学んだとおりです。

4行目で宣言したbg_yが背景の表示位置を管理する変数です。この変数の値をmain()関数内で変更するので、関数の冒頭でglobal bg_yとグローバル宣言しています。

8～9行目でbg_yの値を2ずつ増やし、720（HEIGHT）以上になったら720引いています。初期値0から始まったbg_yは、この計算で2→4→6→8→‥‥→710→712→714→716→718と値が増え、再び0に戻ります。

bg_yの値を使って、(240, bg_y-360)と(240, bg_y+360)の座標に画像を表示しています。縦に2つ並べた画像の、画面に映る範囲を、図7-6で確認しましょう。

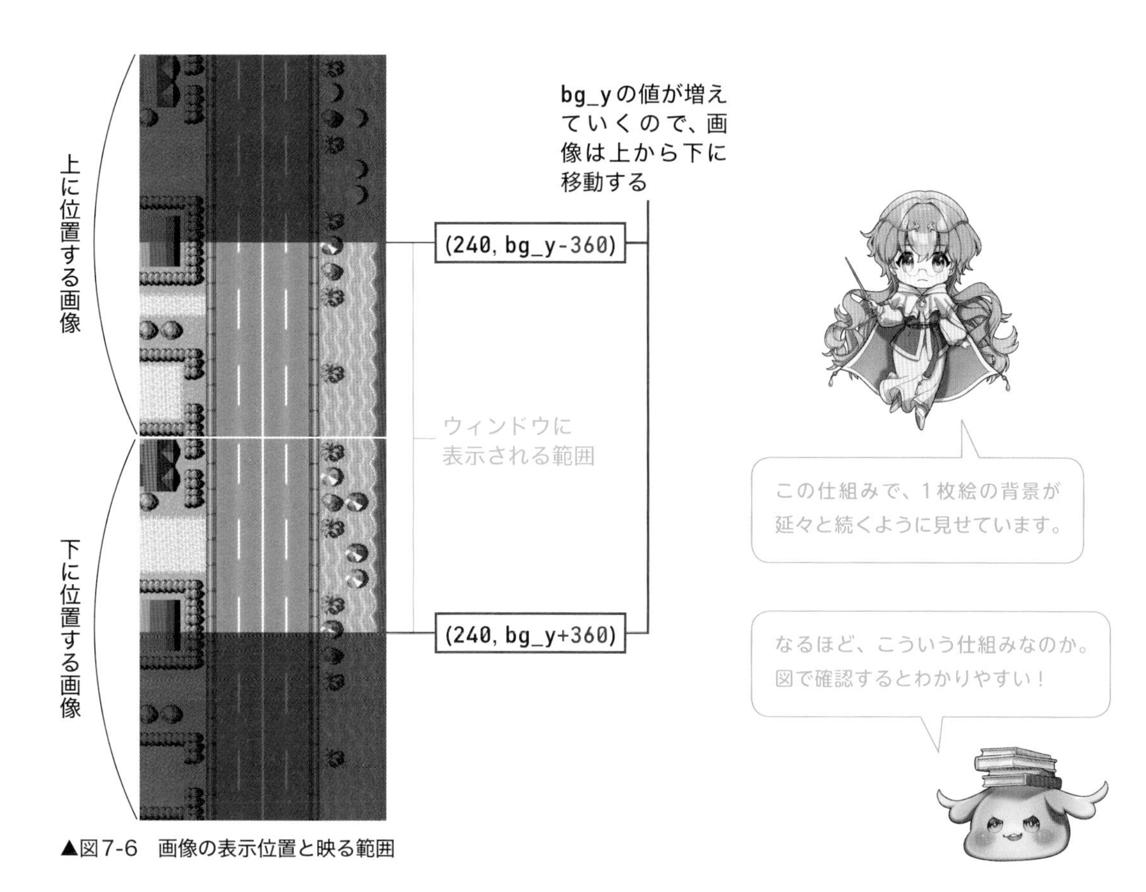
上に位置する画像
下に位置する画像
bg_yの値が増えていくので、画像は上から下に移動する
(240, bg_y-360)
(240, bg_y+360)
ウィンドウに表示される範囲
この仕組みで、1枚絵の背景が延々と続くように見せています。
なるほど、こういう仕組みなのか。図で確認するとわかりやすい！

▲図7-6　画像の表示位置と映る範囲

(6) bg_yの計算を1行で済ませる

8〜9行目の計算式とif文を、余りを求める演算子%を使って、1行で記述できます。

▼step_7_1.pyの抜粋：2行で記述

```
08      bg_y = bg_y + 2
09      if bg_y>=HEIGHT: bg_y = bg_y - HEIGHT
```

▼1行で記述した場合

```
08      bg_y = (bg_y + 2)%HEIGHT
```

bg_y = (bg_y + 2)%HEIGHTは、「bg_yに2を加え、それを720で割った余りを、bg_yに代入せよ」という意味の式です。この式でbg_yの値は2ずつ増えていき、2→4→6→8→････→710→712→714→716→718と変化します。bg_yが718のとき、bg_y = (bg_y + 2)%HEIGHTはbg_y = (718+2)%720となります。これは、「720を720で割った余りをbg_yに代入せよ」という意味になるので、bg_yは0に戻ります（表7-3）。

bg_yが718のとき、(bg_y+2)%HEIGHTは0になるところがポイントです。

▼表7-3　(bg_y+2)%HEIGHTの計算結果

bg_yがこの値のとき	2	4	6	8	…	712	714	716	718
(bg_y+2)%HEIGHTはいくつになるか	4	6	8	10	…	714	716	718	0

bg_y = bg_y + 2、if bg_y>=HEIGHT: bg_y = bg_y - HEIGHTと同じことを、%を使った式で記述できます。次の7-3節のプログラムからは、bg_y = (bg_y + 2)%HEIGHTの式でbg_yの値を変化させます。

余りを求める演算子を使うと、このように処理を簡潔に記述できることがあります。%を使うことは、慣れないうちはなかなか難しいですが、便利な使い方があることを知っておきましょう。

余りを求める演算子を数学で使うことは、あまりないでしょうが、これも数学的な計算の1つです。難しく考えずに、こんな計算のやり方もあるということを頭に入れておきましょう。

書くプログラムが1行になるのはよいですね！

7-3 ステップ2 プレイヤーの車を操作できるようにする

次に、プレイヤーの車をマウスポインタの位置に移動する処理を組み込んで、車を操作できるようにします。

(1) 車の座標を代入する変数

プレイヤーの車を動かすために、車の座標を代入する変数を用意します（表7-4）。

▼表7-4　プレイヤーの車を動かすための変数

変数名	用途
pl_x、pl_y	車の(x, y)座標を代入する（図7-7）

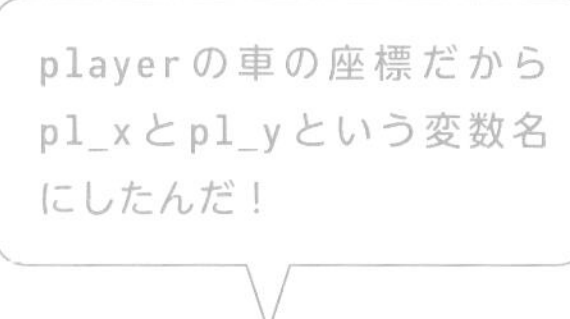
playerの車の座標だから
pl_xとpl_yという変数名
にしたんだ！

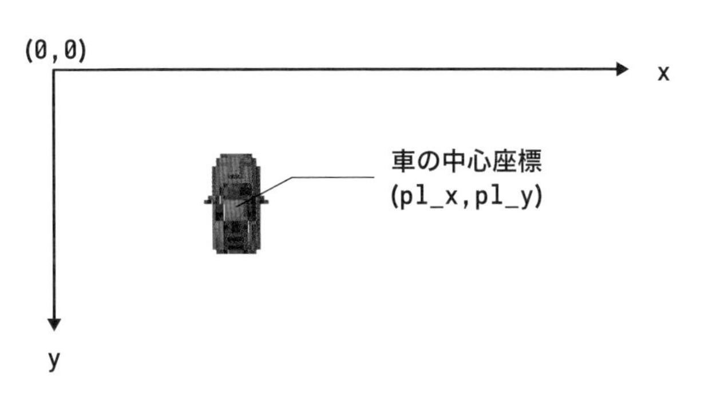
(0,0)
x
y
車の中心座標
(pl_x,pl_y)

▲図7-7　プレイヤーの車の座標

(2) マウスを動かしたときに車を移動する

マウスポインタを動かしたときに、プレイヤーの車をポインタの位置に近づける計算を行って、車を動かします。その計算には、数学で学ぶ**2点を結ぶ線分を内分する式**を使います。具体的な計算方法は後述します。

マウスの動きを取得する方法を簡単に復習します。マウス操作やキー入力を**イベント**といいます。tkinterで作ったウィンドウでは、イベント発生時に呼び出す関数を定義し、bind()でその関数を指定することで、イベントを受け取ることができます。

これから確認するプログラムは、マウスポインタを動かしたときにmove()という関数を呼び出し、その関数内でpl_xとpl_yの値を変化させています。

(3) 車を動かすプログラムの確認

プレイヤーの車を動かすプログラムを確認します（コード7-2)。7-2節のプログラム（step_7_1.py）から、色のついた部分を追加、変更しています。ウィンドウ内でマウスポインタを動かし、その位置に車が近づくことを確認しましょう。

▼コード7-2　step_7_2.py

```
01 import tkinter                                          tkinterをインポート
02
03 WIDTH, HEIGHT = 480, 720                                ゲーム画面の幅と高さを定義
04 bg_y = 0                                                背景のy座標を計算する変数
05 pl_x = int(WIDTH/2)                                     ┐プレイヤーの車の座標を
06 pl_y = int(HEIGHT/2)                                    ┘代入する変数
07
08 def move(e):                                            マウスが動いたときに呼ぶ関数
09     global pl_x, pl_y                                   変数のグローバル宣言
10     pl_x = int(0.8*pl_x+0.2*e.x)                        ┐プレイヤーの車の座標を
11     pl_y = int(0.8*pl_y+0.2*e.y)                        ┘ポインタに近づける計算
12     if pl_x<160: pl_x = 160                             ┐道路の左右の端から
13     if pl_x>320: pl_x = 320                             ┘出ないようにする
14
15 def main():                                             メイン処理を行う関数
16     global bg_y                                         変数のグローバル宣言
17     bg_y = (bg_y+2)%HEIGHT                              背景のy座標を計算する
18     cvs.delete("all")                                   描いたものをすべて消す
19     cvs.create_image(240, bg_y-360, image=bg)           ┐背景を描く
20     cvs.create_image(240, bg_y+360, image=bg)           ┘
21     cvs.create_image(pl_x, pl_y, image=mycar)           プレイヤーの車を表示
22     root.after(33, main)                                33ミリ秒後にmain()を呼ぶ
23
24 root = tkinter.Tk()                                     ウィンドウを作る
25 root.bind("<Motion>", move)                             イベント時に呼ぶ関数を指定
26 cvs = tkinter.Canvas(width=WIDTH, height=HEIGHT)        キャンバスを用意
27 cvs.pack()                                              キャンバスを配置
28 bg = tkinter.PhotoImage(file="image/bg.png")            変数に背景画像を読み込む
29 mycar = tkinter.PhotoImage(file="image/car_red.png")    赤い車の画像を読み込む
30 main()                                                  main()関数を呼び出す
31 root.mainloop()                                         ウィンドウの処理を開始
```

※17行目の画面をスクロールさせる計算を、7-2節で説明した%を使う式にしました。

5〜6行目でプレイヤーの車の座標を代入する変数pl_x、pl_yを宣言しています。それらの初期値に、キャンバスの幅の1/2の整数、高さの1/2の整数を代入し、プログラムの実行直後は、画面中央に車が表示されるようにしています。

▼実行結果

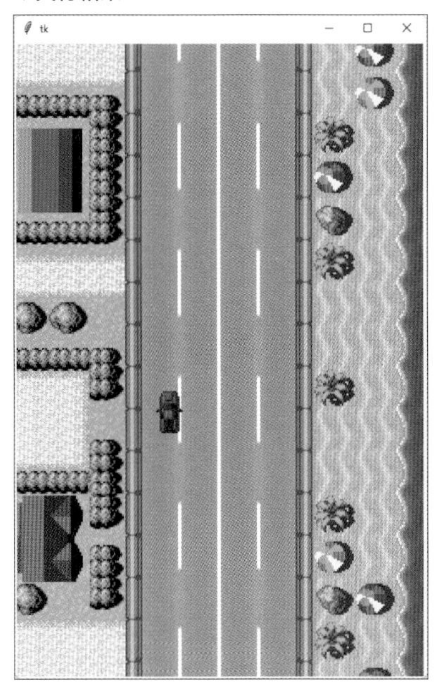

わ〜い、
海岸通りをドライブしてる気分♪

赤い車の画像を29行目でmycarという変数に読み込んでいますよ。

(4) マウスポインタを動かしたときに座標を変化させる

マウスポインタを動かしたときに呼び出すmove()という関数を、8〜13行目に定義しています。この関数でpl_xとpl_yの値を変化させています。

```
08 def move(e):
09     global pl_x, pl_y
10     pl_x = int(0.8*pl_x+0.2*e.x)
11     pl_y = int(0.8*pl_y+0.2*e.y)
12     if pl_x<160: pl_x = 160
13     if pl_x>320: pl_x = 320
```

move()を呼び出すために25行目でroot.bind("<Motion>", move)としています。

関数の外側で宣言したpl_xとpl_yの値を関数内で変更するので、9行目でglobal pl_x, pl_yとしています。

10〜11行目の式で、pl_xとpl_yの値をマウスポインタの座標に近づけています。それらの式の意味は、次のとおりです。

- 10行目 → pl_xとe.xを2：8に内分した値をpl_xに代入する
- 11行目 → pl_yとe.yを2：8に内分した値をpl_yに代入する

これは、平面上にある2つの点A(x_1, y_1)とB(x_2, y_2)を結んだ線分ABを、$m:n$に内分した点（**内分点**）を求める計算になります。次の（5）で線分の内分点について説明します。なお、12行目と13行目は、車が道路の左右の端から外に出ないようにするif文です。

(5) 線分の内分点を求める式について

図7-8の内分点Pの座標は、$\left(\frac{nx_1+mx_2}{m+n},\ \frac{ny_1+my_2}{m+n}\right)$で求まります。

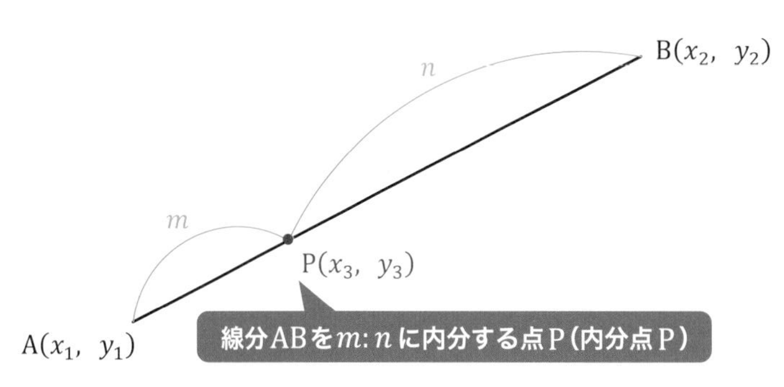

▲図7-8　線分ABの内分点

step_7_2.pyのプログラムでは、mを2、nを8とし、2：8に内分する座標を求めています。10〜11行目のpl_xとpl_yがx1とy1、e.xとe.yがx2とy2に当たります。

(6) 数学の式をプログラムの式にする

数学の式をどのようにプログラムの式にしたかを図7-9で説明します。

内分点(x_3, y_3)を求める式$x_3=\frac{nx_1+mx_2}{m+n}$、$y_3=\frac{ny_1+my_2}{m+n}$から

$\mathrm{pl\_x}=\frac{n\times pl\_x+m\times e.x}{m+n}$、$\mathrm{pl\_y}=\frac{n\times pl\_y+m\times e.y}{m+n}$ という式を立てる。

数学の式

m=2、n=8とすると、

$\mathrm{pl\_x}=\frac{8\times pl\_x+2\times e.x}{2+8}$、$\mathrm{pl\_y}=\frac{8\times pl\_y+2\times e.y}{2+8}$

つまり　　これが10なので10で割った式にする

pl_x=0.8×pl_x+0.2×e.x、pl_y=0.8×pl_y+0.2×e.yとなる。

これをプログラムで記述すると、

pl_x = 0.8*pl_x+0.2*e.x、pl_y = 0.8*pl_y+0.2*e.yとなる。

このプログラムでは座標を整数とするため、int()を使って

`pl_x = int(0.8*pl_x+0.2*e.x)`、`pl_y = int(0.8*pl_y+0.2*e.y)`

という式にしている。

最終的に、この形にして記述する

▲図7-9　数学の式をプログラムの式にする

マウスポインタを動かしたとき、この計算により、pl_xはe.xの値に近づき、pl_yはe.yの値に近づきます。車がどのようにポインタの位置に移動するかを、図7-10で説明します。

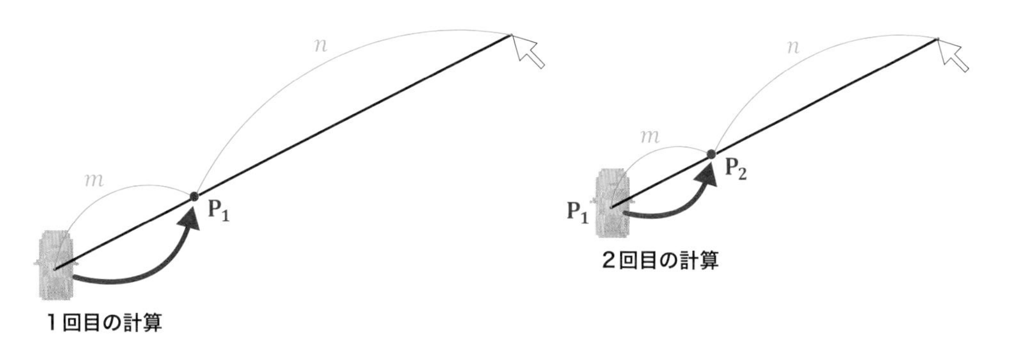

▲図7-10　車がポインタに近づく仕組み

マウスを動かすとmove()関数が呼ばれ、座標の計算が行われます。1回目の計算で、車は現在の位置とポインタの間にある座標$\mathbf{P_1}$に移動します。

マウスを動かしたとき、短い時間の中でmove()関数が何度か呼ばれます。2回目の計算で、車は、P_1とポインタの間にある座標$\mathbf{P_2}$に移動します。さらに何度か呼び出しが続き、よりポインタに近づいた位置に車が移動します。

(7) マウスポインタの座標を直接、代入すると…

座標を内分する計算を行わず、pl_xとpl_yにマウスポインタの座標を代入して、車を動かすこともできます。その場合は、10〜11行目を次のように記述します。

```
10      pl_x = e.x
11      pl_y = e.y
```

ただし、こうすると、マウスポインタを動かした途端に、ポインタの位置に車が移動します。そのため画面の離れた場所に車がワープするように見えることがあります。

この章で作るカーレースは、内分点の式で座標を計算し、ポインタに向かって車を滑らかに移動させます。ゲームは操作性も大切です。操作に違和感があるゲームは、ユーザーが楽しめません。

たしかに、操作性が悪いゲームはイライラしますよね。気をつけなくちゃ！

4 ステップ3 敵の車を1台、動かす

続いて、1台の敵の車が道路上を動くようにします。敵の車とは、コンピューターが座標を計算する車のことです。

(1) 敵の車の座標を代入する変数

敵の車もプレイヤーの車と同様に、座標を代入する変数を用意します（表7-5）。

▼表7-5　敵の車を動かすための変数

変数名	用途
com_x、com_y	座標を代入する（図7-11）

computerに座標を計算させるので、com_xとcom_yという変数名にしたんだ！

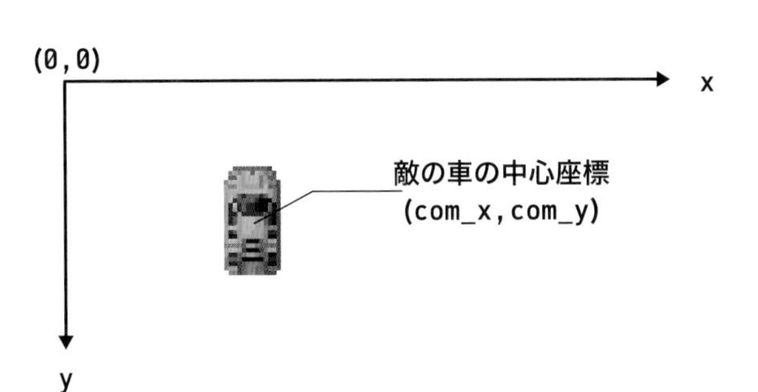

▲図7-11　敵の車の座標

これらの変数を7-6節 ステップ5 で配列に置き換え、複数の車を動かします。プログラムを組み上げていく過程がわかりやすいように、この7-4節 ステップ3 ではまず1台の車を動かす処理を作ります。

(2) 敵の車を動かすプログラムの確認

敵の車のy座標を変化させ、画面の上から下に向かって移動するプログラムを確認します（コード7-3）。7-3節のプログラム（step_7_2.py）から、色のついた部分を追加、変更しています。

▼コード7-3　step_7_3.py

```
01 import tkinter                                  tkinterをインポート
02 import random                                   randomをインポート
03
04 WIDTH, HEIGHT = 480, 720                        ゲーム画面の幅と高さを定義
```

```
05 bg_y = 0                                                   背景のy座標を計算する変数
06 pl_x = int(WIDTH/2)                                        ┬プレイヤーの車の座標を
07 pl_y = int(HEIGHT/2)                                       ┘代入する変数
08 com_x = int(WIDTH/2)                                       ┬敵の車の座標を
09 com_y = 0                                                  ┘代入する変数
10
11 def move(e):                                               マウスが動いたときに呼ぶ関数
：  …略…：プレイヤーの車を動かす処理（step_7_2.pyと同じ）          …
17
18 def main():                                                メイン処理を行う関数
19     global bg_y                                            ┬変数のグローバル宣言
20     global com_x, com_y                                    ┘
21     bg_y = (bg_y+30)%HEIGHT                                背景のy座標を計算する
22     cvs.delete("all")                                      描いたものをすべて消す
23     cvs.create_image(240, bg_y-360, image=bg)              ┬背景を描く
24     cvs.create_image(240, bg_y+360, image=bg)              ┘
25     cvs.create_image(pl_x, pl_y, image=mycar)              プレイヤーの車を表示
26     com_y = com_y + 5                                      敵の車を下に動かす
27     if com_y>HEIGHT+40:                                    y座標がHEIGHT+40超なら
28         com_x = random.randint(160, 320)                   x座標を乱数で決める
29         com_y = -60                                        y座標を-60とする
30     cvs.create_image(com_x, com_y, image=comcar)           敵の車を表示
31     root.after(33, main)                                   33ミリ秒後にmain()を呼ぶ
32
33 root = tkinter.Tk()                                        ウィンドウを作る
34 root.bind("<Motion>", move)                                イベント時に呼ぶ関数を指定
35 cvs = tkinter.Canvas(width=WIDTH, height=HEIGHT)           キャンバスを用意
36 cvs.pack()                                                 キャンバスを配置
37 bg = tkinter.PhotoImage(file="image/bg.png")               変数に背景画像を読み込む
38 mycar = tkinter.PhotoImage(file="image/car_red.png")       赤い車の画像を読み込む
39 comcar = tkinter.PhotoImage(file="image/car_yellow.png")   黄色い車の画像を読み込む
40 main()                                                     main()関数を呼び出す
41 root.mainloop()                                            ウィンドウの処理を開始
```

▼実行結果

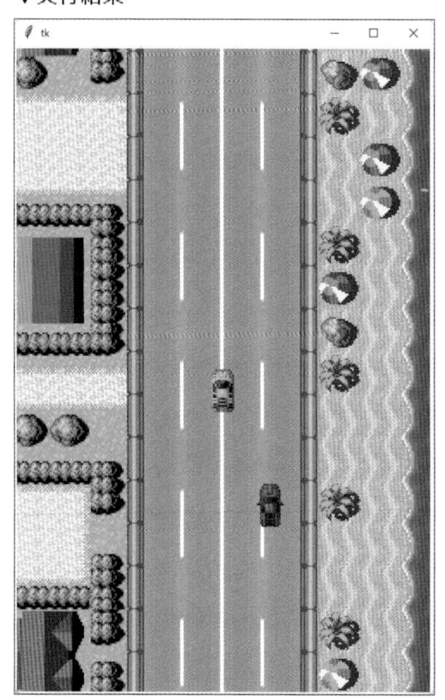

黄色い車の画像を39行目でcomcarという変数に読み込んでいます。

このプログラムは、この前のプログラムより、背景のスクロール速度を上げ、スピード感を出しました。背景の表示位置の計算を、bg_y = (bg_y+30)%HEIGHTとして、30ピクセルずつ座標を変えています。

それでスクロールが速くなったのか！

(3) 敵の車を動かす処理

敵の車が出現する座標を乱数で決めるので、2行目でrandomモジュールをインポートしています。

8〜9行目で敵の車の座標を代入する変数com_x、com_yを宣言しています。com_xの初期値をint(WIDTH/2)、com_yの初期値を0とし、プログラムの実行直後は、画面中央の上から現れるようにしています。

main()関数に、敵の車の座標を変化させる処理を組み込んでいます。その部分を抜き出して説明します。

```
26      com_y = com_y + 5
27      if com_y>HEIGHT+40:
28          com_x = random.randint(160, 320)
29          com_y = -60
30      cvs.create_image(com_x, com_y, image=comcar)
```

26行目でy座標の値を5ずつ増やしています。27〜29行目のif文と代入式で、車のy座標が画面下部の少し外側に出たら、com_xに乱数を代入し、com_yに-60を代入しています。y座標の-60という値は、画面上部の60ピクセル外側の位置です。

整数の乱数を発生させるrandint(最小値, 最大値)で、車のx座標を、背景の道路の範囲内である160〜320のいずれかの値にしています（図7-12）。これで画面下に出ていった敵の車は、再び画面上の道路から現れます。

y座標が60ピクセル外側の位置

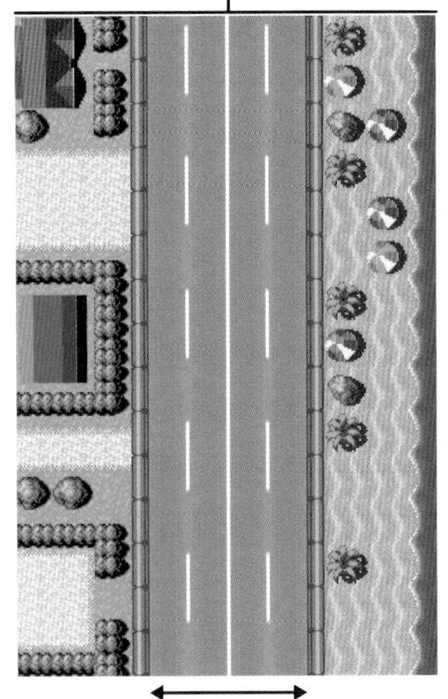

敵の車が出現する範囲のx座標
(160〜320という値)

▲図7-12　敵の車の座標

ステップ5（7-6節）で複数の車の座標を配列で扱う方法を学びます。ここで学んだ内容は、そこへ進む準備でもあります。

5 ステップ4 プレイヤーと敵の車が衝突したかを調べる

プレイヤーの車と敵の車が衝突したかを調べる、ヒットチェックのアルゴリズムを組み込みます。

(1) ヒットチェック

第4章で円によるヒットチェックと、矩形によるヒットチェックを学びました。カーレースの車は長方形に近い形をしているので、矩形によるヒットチェックが向いています（図7-13)。

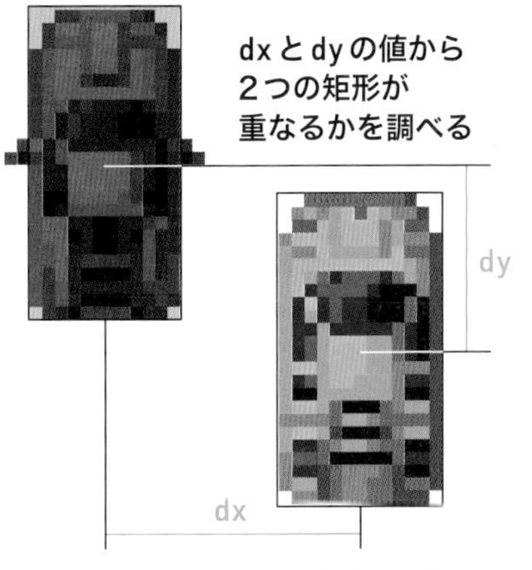

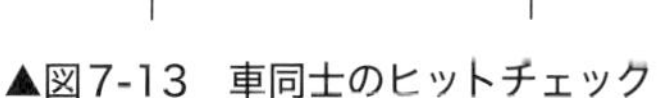
▲図7-13　車同士のヒットチェック

第6章のテニスゲームでは、円と矩形の接触を簡易的に調べる方法も学びましたね。

ヒットチェック（当たり判定）は、ゲーム作りに欠かせないアルゴリズムですね。

矩形によるヒットチェックは、2つの矩形の中心座標がx軸方向にどれくらい離れているかと、y軸方向にどれくらい離れているかを調べて、接触しているかを判断します。

(2) プログラムの確認

プレイヤーと敵の車が接触しているなら、プレイヤーの車の上に白い矩形を表示するプログラムを確認します（コード7-4)。7-4節のプログラム（step_7_3.py）から、色のついた部分を追加、変更しています。

白い矩形はヒットチェックの確認用で、ゲームを完成させるときには、敵の車と衝突するとゲームオーバーになるようにします。このゲームでは、プレイヤーの車のサイドミラーがコンピューターの動かす車に触れても、衝突したことにはしません。複数の敵の車を出したとき、サイドミラーの接触でゲームオーバーになると、難しすぎるためです。

▼コード7-4　step_7_4.py

```
01 import tkinter                                    tkinterをインポート
02 import random                                     randomをインポート
03
04 WIDTH, HEIGHT = 480, 720                          ゲーム画面の幅と高さを定義
05 bg_y = 0                                          背景のy座標を計算する変数
06 pl_x = int(WIDTH/2)                               ┬プレイヤーの車の座標を
07 pl_y = int(HEIGHT/2)                              ┘代入する変数
08 com_x = int(WIDTH/2)                              ┬敵の車の座標を
09 com_y = 0                                         ┘代入する変数
10
11 def move(e):                                      マウスが動いたときに呼ぶ関数
 : …略…：プレイヤーの車を動かす処理（step_7_3.pyと同じ）  …
17
18 def main():                                       メイン処理を行う関数
19     global bg_y                                   ┬変数のグローバル宣言
20     global com_x, com_y                           ┘
21     bg_y = (bg_y+30)%HEIGHT                       背景のy座標を計算する
22     cvs.delete("all")                             描いたものをすべて消す
23     cvs.create_image(240, bg_y-360, image=bg)     ┬背景を描く
24     cvs.create_image(240, bg_y+360, image=bg)     ┘
25     cvs.create_image(pl_x, pl_y, image=mycar)     プレイヤーの車を表示
26     com_y = com_y + 5                             敵の車を下に動かす
27     if com_y>HEIGHT+40:                           y座標がHEIGHT+40超なら
28         com_x = random.randint(160, 320)          x座標を乱数で決める
29         com_y = -60                               y座標を-60とする
30     cvs.create_image(com_x, com_y, image=comcar)  敵の車を表示
31     dx = abs(com_x-pl_x)                          dxにx軸方向の距離を代入
32     dy = abs(com_y-pl_y)                          dyにy軸方向の距離を代入
33     if dx<26 and dy<44:                           プレイヤーの車と接触したら
34         cvs.create_rectangle(pl_x-16, pl_y-24, pl_x+16, pl_y+24, fill="white")  白い矩形を表示する
35     root.after(33, main)                          33ミリ秒後にmain()を呼ぶ
36
37 root = tkinter.Tk()                               ウィンドウを作る
38 root.bind("<Motion>", move)                       イベント時に呼ぶ関数を指定
39 cvs = tkinter.Canvas(width=WIDTH, height=HEIGHT)  キャンバスを用意
40 cvs.pack()                                        キャンバスを配置
41 bg = tkinter.PhotoImage(file="image/bg.png")      変数に背景画像を読み込む
42 mycar = tkinter.PhotoImage(file="image/car_red.png")  赤い車の画像を読み込む
43 comcar = tkinter.PhotoImage(file="image/car_yellow.png")  黄色い車の画像を読み込む
44 main()                                            main()関数を呼び出す
45 root.mainloop()                                   ウィンドウの処理を開始
```

▼実行結果

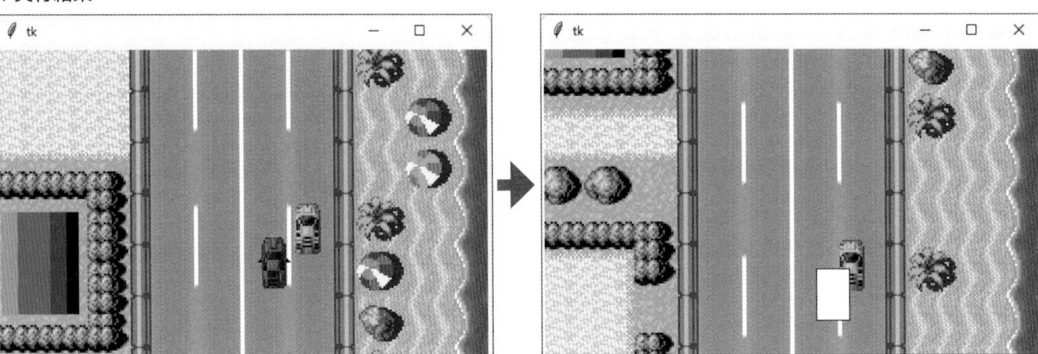

▲2台がぶつかると矩形を表示

プレイヤーの車と敵の車が接触しているか調べる処理を31～34行目に記述しています。その部分を抜き出して説明します。

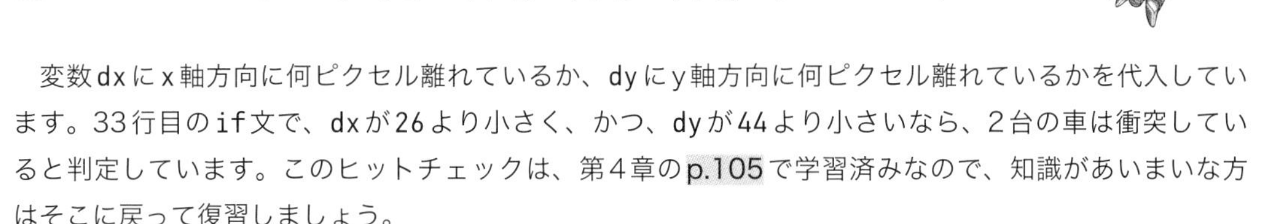


```
31      dx = abs(com_x-pl_x)
32      dy = abs(com_y-pl_y)
33      if dx<26 and dy<44:
34          cvs.create_rectangle(pl_x-16, pl_y-24, pl_x+16, pl_y+24, fill="white")
```

変数dxにx軸方向に何ピクセル離れているか、dyにy軸方向に何ピクセル離れているかを代入しています。33行目のif文で、dxが26より小さく、かつ、dyが44より小さいなら、2台の車は衝突していると判定しています。このヒットチェックは、第4章のp.105で学習済みなので、知識があいまいな方はそこに戻って復習しましょう。

(3) ヒットチェックの範囲

dxが26未満、dyが44未満で「衝突した」と判定しています。この数値の意味を説明します（図7-14）。

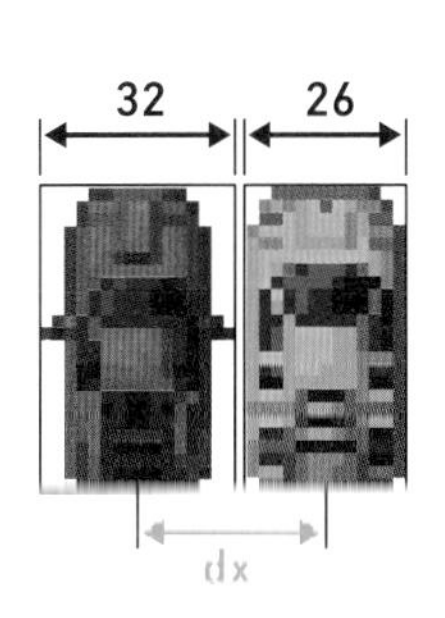

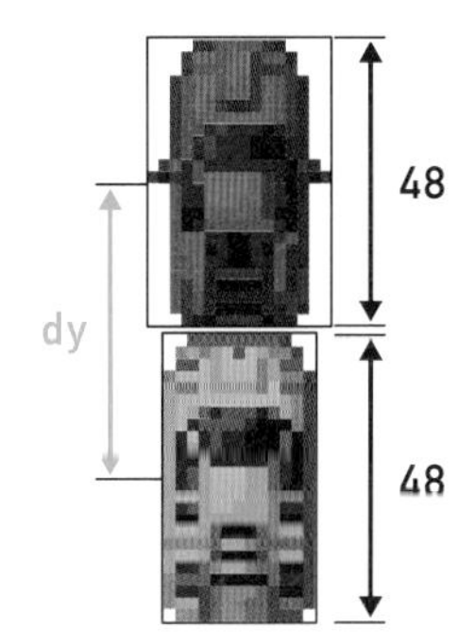

▲図7-14　車の画像の大きさ

赤い車の幅は32ピクセル、黄色の車の幅は26ピクセル、高さはどちらも48ピクセルです。dxの値が$\frac{32}{2}+\frac{26}{2}$の29以下、dyの値が$\frac{48}{2}+\frac{48}{2}$の48以下なら、2つの画像は触れています。しかし車の絵は、画像ファイル全体に描かれてはいません。dx<=29　and　dy<=48とすると、車を描いていない部分が触れても衝突したことになります。そこで、33行目のように、dx<26　and　dy<44と判定範囲を狭め、車体が完全に触れたら衝突したことにしています。

dx<26としたので、プレイヤーの車のサイドミラーが敵に触れても、ぶつかったことにはなりません。

ゲームは、単に数学の式や値を記述すればよいってわけじゃなく、遊ぶ人の気持ちを考えて値を決めるのか。ゲーム作りって奥深いですね。

7-6 ステップ5 複数の敵の車を動かす

7-4節 ステップ3 で組み込んだ敵の車の変数を配列に置き換え、複数の車が動くようにします。

(1) 配列を使う

敵の車の座標を代入する変数com_x、com_yを、com_x[]、com_y[]という配列に置き換えます（図7-15）。

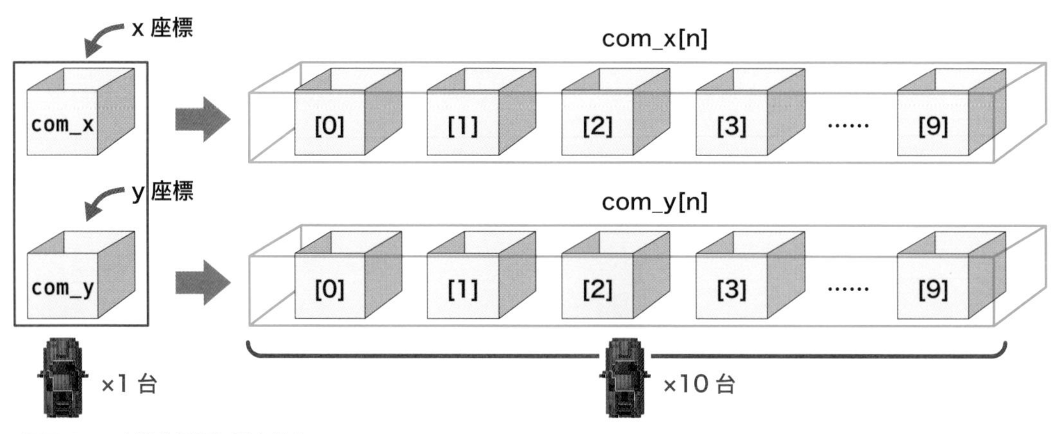

▲図7-15　変数を配列に置き換える

配列の要素数（箱の数）は、10とします。10が敵の車の台数です。プログラムの複数箇所で10という数値を使うので、COM_MAX = 10と定義しておきます。

(2) プログラムの確認

10台の敵の車が動くプログラムを確認します（コード7-5）。7-5節のプログラム（step_7_4.py）から、色のついた部分を追加、変更しています。敵の車の変数を配列に置き換えたほかに、車の座標の初期値を代入する関数を定義しています。動作確認後に追加した処理を説明します。

▼コード7-5　step_7_5.py

```
01 import tkinter                                      tkinterをインポート
02 import random                                       randomをインポート
03
04 WIDTH, HEIGHT = 480, 720                            ゲーム画面の幅と高さを定義
05 bg_y = 0                                            背景のy座標を計算する変数
06 pl_x = 0                                            ┬プレイヤーの車の座標を
07 pl_y = 0                                            ┘代入する変数
08 COM_MAX = 10                                        敵の車を何台、出すか
09 com_x = [0]*COM_MAX                                 ┬敵の車の座標を
10 com_y = [0]*COM_MAX                                 ┘代入する配列
11
12 def set_car():                                      車の初期座標を代入する関数
13     global pl_x, pl_y                               変数のグローバル宣言
14     pl_x = int(WIDTH/2)                             ┬プレイヤーの車の座標を
15     pl_y = int(HEIGHT/2)                            ┘ウィンドウ中央にする
16     for i in range(COM_MAX):                        敵の車の台数分、繰り返す
17         com_x[i] = 172+46*(i%4)                     敵の車のx座標を代入
18         com_y[i] = 560+60*int(i/4)                  敵の車のy座標を代入
19
20 def move(e):                                        マウスが動いたときに呼ぶ関数
21     global pl_x, pl_y                               変数のグローバル宣言
22     pl_x = int(0.8*pl_x+0.2*e.x)                    ┬プレイヤーの車の座標を
23     pl_y = int(0.8*pl_y+0.2*e.y)                    ┘ポインタに近づける計算
24     if pl_x<160: pl_x = 160                         ┬道路の左右の端から
25     if pl_x>320: pl_x = 320                         ┘出ないようにする
26
27 def main():                                         メイン処理を行う関数
28     global bg_y                                     変数のグローバル宣言
29     bg_y = (bg_y+30)%HEIGHT                         背景のy座標を計算する
30     cvs.delete("all")                               描いたものをすべて消す
31     cvs.create_image(240, bg_y-360, image=bg)       ┬背景を描く
32     cvs.create_image(240, bg_y+360, image=bg)       ┘
33     cvs.create_image(pl_x, pl_y, image=mycar)       プレイヤーの車を表示
34
35     for i in range(COM_MAX):                        敵の車の台数分、繰り返す
36         com_y[i] = com_y[i] + 5 + i%5               敵の車を下に動かす
37         if com_y[i]>HEIGHT+40:                      y座標がHEIGHT+40超なら
38             com_x[i] = random.randint(160, 320)     x座標を乱数で決める
39             com_y[i] = -60*i                        y座標を計算式で決める
40         cvs.create_image(com_x[i], com_y[i], image=comcar)   敵の車を表示
41         dx = abs(com_x[i]-pl_x)                     dxにx軸方向の距離を代入
42         dy = abs(com_y[i]-pl_y)                     dyにy軸方向の距離を代入
43         if dx<26 and dy<44:                         プレイヤーの車と接触したら
44             cvs.create_rectangle(pl_x-16, pl_y-24, pl_x+16, pl_y+24,
   fill="white")                                       白い矩形を表示する
45     root.after(33, main)                            33ミリ秒後にmain()を呼ぶ
46
47 root = tkinter.Tk()                                 ウィンドウを作る
48 root.bind("<Motion>", move)                         イベント時に呼ぶ関数を指定
49 cvs = tkinter.Canvas(width=WIDTH, height=HEIGHT)    キャンバスを用意
50 cvs.pack()                                          キャンバスを配置
51 bg = tkinter.PhotoImage(file="image/bg.png")        変数に背景画像を読み込む
52 mycar = tkinter.PhotoImage(file="image/car_red.png")       赤い車の画像を読み込む
53 comcar = tkinter.PhotoImage(file="image/car_yellow.png")   黄色い車の画像を読み込む
54 set_car()                                           車の初期座標を代入
55 main()                                              main()関数を呼び出す
56 root.mainloop()                                     ウィンドウの処理を開始
```

▼実行結果

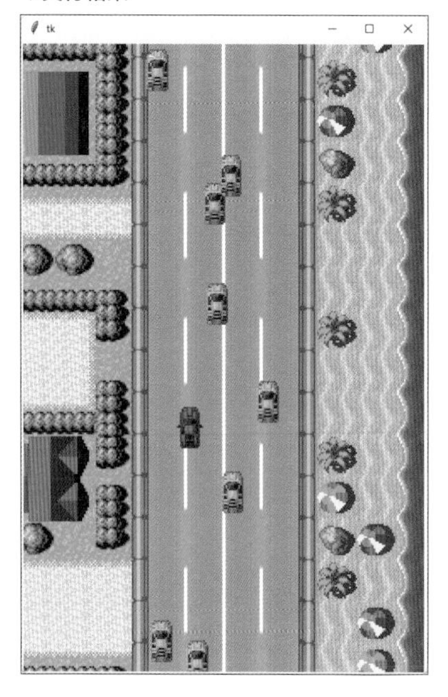

コンピューターの車が一気に増えたよ！
配列ってすごく便利だね。

8行目で敵の車の台数（配列の要素数）を定数で定義し、9〜10行目で座標を代入する配列を宣言しています。Pythonでは**配列名 = [初期値]*要素数**と記述して、すべての箱に初期値の入った配列を用意することができます。

```
08 COM_MAX = 10
09 com_x = [0]*COM_MAX
10 com_y = [0]*COM_MAX
```

この宣言は簡潔で記述しやすく便利です。ぜひ覚えておきましょう。

(3) for文で繰り返して配列の値を変更する

複数の車を動かす処理を、main()関数内の35〜44行目に記述しています。その部分を抜き出して説明します。

```
35     for i in range(COM_MAX):
36         com_y[i] = com_y[i] + 5 + i%5
37         if com_y[i]>HEIGHT+40:
38             com_x[i] = random.randint(160, 320)
39             com_y[i] = -60*i
40         cvs.create_image(com_x[i], com_y[i], image=comcar)
41         dx = abs(com_x[i]-pl_x)
42         dy = abs(com_y[i]-pl_y)
43         if dx<26 and dy<44:
44             cvs.create_rectangle(pl_x-16, pl_y-24, pl_x+16, pl_y+24, fill="white")
```

配列のすべての値を計算するために、このように繰り返しを使います。

35行目のfor文でiは0から始まり、COM_MAX-1まで1ずつ増えます。COM_MAXは10なので、0から9まで増えることになります。

36行目のcom_y[i] = com_y[i] + 5 + i%5で、車のy座標を5〜9ずつ増やしています。i%5はiの値を5で割った余りで、表7-6のように0〜4の整数になります。

▼表7-6　繰り返しの変数iの値とi%5の値

i	0	1	2	3	4	5	6	7	8	9
i%5	0	1	2	3	4	0	1	2	3	4

i%5を加えずcom_y[i] = com_y[i] + 5とすると、すべての車が5ピクセルずつ下に動きます。

車のy座標を増やすのに、5を加え、さらにi%5を加えることで、車ごとに動く速さを変えています。

37〜39行目のif文で、車が画面下から外に出たら、x座標をランダムに変え、y座標を画面上のウィンドウの外側の位置にして、再び上から現れるようにしています。

このとき、y座標をcom_y[i] = -60*iという式で、iが大きいほど小さな値となるようにして、出現位置がばらけるようにしています。ばらばらの位置に敵の車を出現させる理由は、同じような位置に敵がまとまって出てくると、プレイヤーがその集団を避けられなくなるためです。

41〜44行目でプレイヤーの車とヒットチェックする処理は、7-5節 ステップ4 で組み込んだとおりです。プレイヤーと敵の車のx軸方向とy軸方向の距離（ピクセル数）を測って判定しています。

1台ずつすべての車と接触したかを調べており、接触したら白い矩形を表示しています。

(4) 車の初期座標を代入する関数

このプログラムには、車の初期座標を代入するset_car()という関数を追加しています。

```
12 def set_car():
13     global pl_x, pl_y
14     pl_x = int(WIDTH/2)
15     pl_y = int(HEIGHT/2)
16     for i in range(COM_MAX):
17         com_x[i] = 172+46*(i%4)
18         com_y[i] = 560+60*int(i/4)
```

この関数を54行目で呼び出してから、55行目でmain()を呼び出しているんだね。

グローバル変数のpl_xとpl_yを関数内で変更するので、13行目でグローバル宣言しています。**配列はグローバル宣言せずに、関数内で各要素の中身を変更できます。**

for i in range(COM_MAX)の繰り返しで、敵の車の配列に座標を代入しています。x座標はcom_x[i] = 172+46*(i%4)という式、y座標はcom_y[i] = 560+60*int(i/4)という式で代入しています。それらの式で、座標の値は表7-7のようになります（図7-16）。

▼表7-7　敵の車の座標

iの値	0	1	2	3	4	5	6	7	8	9
i%4	0	1	2	3	0	1	2	3	0	1
x座標	172	218	264	310	172	218	264	310	172	218
int(i/4)	0	0	0	0	1	1	1	1	2	2
y座標	560	560	560	560	620	620	620	620	680	680

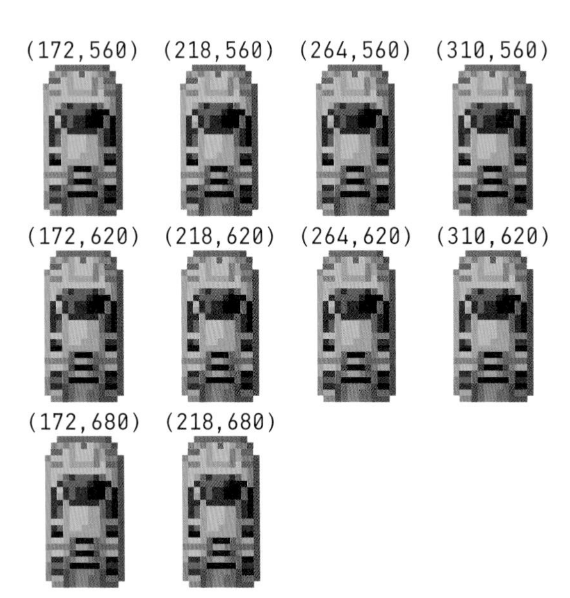

▲図7-16　車の初期座標

完成に近づきましたね。配列は難しいけど、あっというまに車を増やせたので、とても便利なものだとわかりました！

配列で様々なデータを効率よく扱えます。配列を使いこなせるようになれば、一人前のプログラマーですね。

7 ステップ6 タイトルとゲームオーバーを入れて完成させる

タイトル画面とゲームオーバーの処理を追加して、カーレースを完成させます。

(1) 画面遷移を管理する変数

画面遷移を管理する変数を用意して、タイトル→ゲームをプレイ→ゲームオーバーの3つの処理に分岐させます（図7-17）。その変数名をsceneとします（表7-8）。

▼表7-8　sceneの値

sceneの値	どのシーンか
タイトル	タイトル画面
ゲーム	ゲームをプレイ中の画面
ゲームオーバー	ゲームオーバーの画面

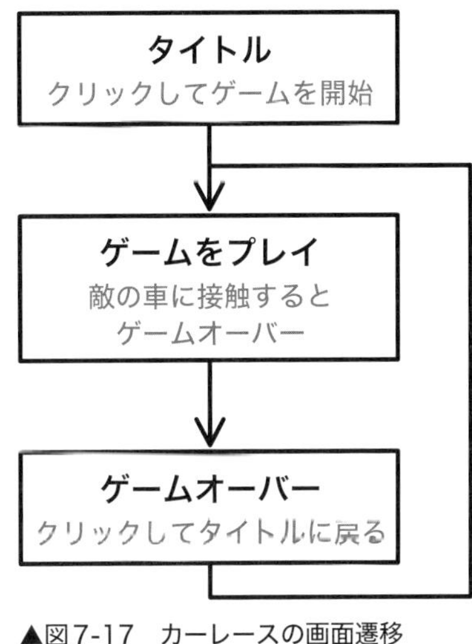

▲図7-17　カーレースの画面遷移

(2) スコアの計算を追加する

スコアを代入するscoreという変数と、ハイスコアを代入するhiscoという変数を用意し、点数計算を行います。スコアは、走り続けると自動的に増えるようにします。

(3) 完成版のプログラムの確認

完成版のプログラムを確認します（コード7-6）。7-6節のプログラム（step_7_5.py）から、色のついた部分を追加、変更しています。画面をクリックしてゲームを始め、敵の車を避けて走り、ハイスコアを目指しましょう。

▼コード7-6　car_race.py

```
01 import tkinter                                       tkinterをインポート
02 import random                                        randomをインポート
03
04 WIDTH, HEIGHT = 480, 720                             ゲーム画面の幅と高さを定義
05 bg_y = 0                                             背景のy座標を計算する変数
06 pl_x = 0                                             ┬プレイヤーの車の座標を
07 pl_y = 0                                             ┘代入する変数
08 COM_MAX = 10                                         敵の車を何台、出すか
09 com_x = [0]*COM_MAX                                  ┬敵の車の座標を
10 com_y = [0]*COM_MAX                                  ┘代入する配列
11 scene = "タイトル"                                   シーンを管理する変数
12 score = 0                                            スコアを代入する変数
13 hisco = 5000                                         ハイスコアを代入する変数
14
15 def set_car():                                       車の初期座標を代入する関数
16     global pl_x, pl_y                                変数のグローバル宣言
17     pl_x = int(WIDTH/2)                              ┬プレイヤーの車の座標を
18     pl_y = int(HEIGHT/2)                             ┘ウィンドウ中央にする
19     for i in range(COM_MAX):                         敵の車の台数分、繰り返す
20         com_x[i] = 172+46*(i%4)                      敵の車のx座標を代入
21         com_y[i] = 560+60*int(i/4)                   敵の車のy座標を代入
22
23 def move(e):                                         マウスが動いたときに呼ぶ関数
24     global pl_x, pl_y                                変数のグローバル宣言
25     if scene=="ゲーム":                              ゲームをプレイ中なら
26         pl_x = int(0.8*pl_x+0.2*e.x)                 ┬プレイヤーの車の座標を
27         pl_y = int(0.8*pl_y+0.2*e.y)                 ┘ポインタに近づける計算
28         if pl_x<160: pl_x = 160                      ┬道路の左右の端から
29         if pl_x>320: pl_x = 320                      ┘出ないようにする
30
31 def click(e):                                        クリックしたときに呼ぶ関数
32     global scene, score                              変数のグローバル宣言
33     if scene=="タイトル":                            ┬タイトルなら
34         scene = "ゲーム"                             │sceneにゲームを代入、
35         score = 0                                    ┘scoreを0でゲーム開始
36     if scene=="ゲームオーバー":                      ┬ゲームオーバーなら
37         set_car()                                    │車の初期座標を代入
38         scene = "タイトル"                           ┘タイトルに戻る
39
40 def text(x, y, txt, siz, col):                       影つき文字を表示する関数
41     fnt = ("Times New Roman", siz)                   フォントの定義
42     cvs.create_text(x+1, y+1, text=txt, font=fnt, fill="black")  黒で文字列を表示
43     cvs.create_text(x, y, text=txt, font=fnt, fill=col)          引数の色で文字列を表示
44
45 def main():                                          メイン処理を行う関数
46     global bg_y, scene, score, hisco                 変数のグローバル宣言
47     cvs.delete("all")                                描いたものをすべて消す
48     cvs.create_image(240, bg_y-360, image=bg)        ┬背景を描く
49     cvs.create_image(240, bg_y+360, image=bg)        ┘
50     cvs.create_image(pl_x, pl_y, image=mycar)        プレイヤーの車を表示
51
52     for i in range(COM_MAX):                         敵の車の台数分、繰り返す
53         if scene=="ゲーム":                          ゲームをプレイ中なら
54             com_y[i] = com_y[i] + 5 + i%5            敵の車を下に動かす
55             if com_y[i]>HEIGHT+40:                   y座標がHEIGHT+40超なら
56                 com_x[i] = random.randint(160, 320)  x座標を乱数で決める
57                 com_y[i] = -60*i                     y座標を計算式で決める
```

```
58              dx = abs(com_x[i]-pl_x)                              dxにx軸方向の距離を代入
59              dy = abs(com_y[i]-pl_y)                              dyにy軸方向の距離を代入
60              if dx<26 and dy<44:                                  プレイヤーの車と接触したら
61                  scene = "ゲームオーバー"                          ゲームオーバーの処理に移る
62          cvs.create_image(com_x[i], com_y[i], image=comcar)       敵の車を表示
63
64      if scene=="タイトル":                                         ┬タイトル画面の処理
65          text(240, 240, "Car Race", 60, "red")                    │詳細は後述
66          text(240, 480, "Click to start.", 28, "lime")            │
67          bg_y = (bg_y + 2)%HEIGHT                                 ┘
68
69      if scene=="ゲーム":                                           ┬ゲーム中の処理
70          score += 10                                              │詳細は後述
71          if score>hisco: hisco = score                            │
72          bg_y = (bg_y + 30)%HEIGHT                                ┘
73
74      if scene=="ゲームオーバー":                                    ┬ゲームオーバーの処理
75          cvs.create_image(pl_x, pl_y, image=mycar2)               │詳細は後述
76          text(240, 320, "GAME OVER", 40, "red")                   ┘
77
78      text(120, 20, "SCORE "+str(score), 24, "cyan")               スコアを表示
79      text(360, 20, "HI "+str(hisco), 24, "yellow")                ハイスコアを表示
80      root.after(33, main)                                         33ミリ秒後にmain()を呼ぶ
81
82  root = tkinter.Tk()                                              ウィンドウを作る
83  root.title("Car Race")                                           タイトルを指定
84  root.resizable(False, False)                                     ウィンドウサイズ変更不可
85  root.bind("<Motion>", move)                                      ┬bind()でイベント時に
86  root.bind("<Button>", click)                                     ┘呼ぶ関数を指定
87  cvs = tkinter.Canvas(width=WIDTH, height=HEIGHT)                 キャンバスを用意
88  cvs.pack()                                                       キャンバスを配置
89  bg = tkinter.PhotoImage(file="image/bg.png")                     変数に背景画像を読み込む
90  mycar = tkinter.PhotoImage(file="image/car_red.png")             プレイヤーの車の画像、
91  mycar2 = tkinter.PhotoImage(file="image/car_red2.png")           壊れた車の画像、
92  comcar = tkinter.PhotoImage(file="image/car_yellow.png")         敵の車の画像を読み込む
93  set_car()                                                        車の初期座標を代入
94  main()                                                           main()関数を呼び出す
95  root.mainloop()                                                  ウィンドウの処理を開始
```

※ウィンドウが実行結果画面のように広がらないときは、84行目のroot.resizable(False, False)をコメントアウトするか、削除して実行しましょう。

Pythonの優れた点の1つは、プログラムを短い行数で簡潔に記述できることです。このカーレースは95行で完成させることができました。

▼実行結果

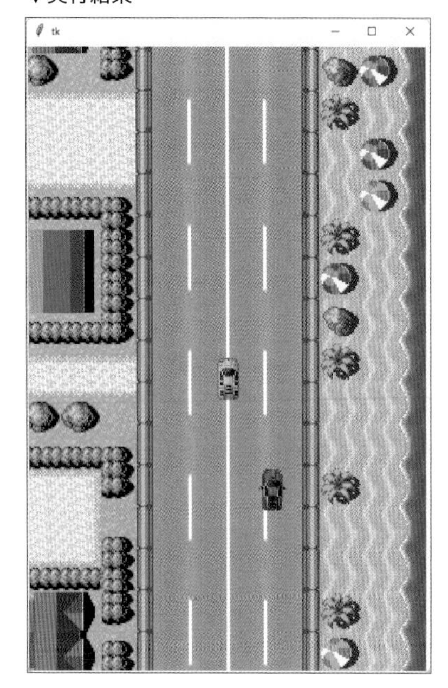

tk

わーい、カーレースが完成したよ！

64行目のif scene=="タイトル"、69行目のif scene=="ゲーム"、74行目のif scene=="ゲームオーバー"の3つの条件分岐で、タイトルの処理、ゲームをプレイする処理、ゲームオーバーの処理を分けています。

このプログラムには、これらのif文のほかに、main()に記述した敵の車の処理にif scene=="ゲーム"という条件分岐を加え（53行目）、ゲーム中にだけ敵を動かします。また、マウスを動かしたときに呼び出すmove()関数にも、if scene=="ゲーム"を加え（25行目）、ゲーム中にだけプレイヤーの車を動かすようにしています。

main()関数で行っている、タイトル、ゲームをプレイ、ゲームオーバーの3つの処理について説明します。

①タイトル画面（64～67行目）

タイトルとClick to start.という文字列を、40～43行目に定義したtext()関数で表示しています。画面をクリックしてゲームを開始する処理は、click()という関数を定義し、その中で行っています。click()関数の内容は、（5）で説明します。

タイトル画面では、背景のy座標をbg_y = (bg_y + 2)%HEIGHTという式で2ピクセルずつ動かし、画面をゆっくりとスクロールさせています。

②ゲームをプレイする処理（69〜72行目）

背景をbg_y = (bg_y + 30)%HEIGHTで30ピクセルずつスクロールさせ、車が高速で走る様子を表現しています。

このゲームは、走り続けるとスコアが増えるルールとし、70行目のscore += 10で毎フレーム10点ずつ増やしています。score += 10は、score = score + 10と同じ式です。

71行目のif文で、スコアがハイスコアを超えたらハイスコアを更新しています。

プレイヤーの車と敵の車が衝突したらゲームオーバーにする処理は、（4）で説明します。

③ゲームオーバー画面（74〜76行目）

プレイヤーの車に、壊れた車の画像を重ね、クラッシュしたことを表現しています。また、text()関数でGAME OVERという文字列を表示しています。画面をクリックしたときにタイトルに戻る処理は、（5）で説明するclick()関数で行っています。

（4）ヒットチェックとゲームオーバーへの移行

プレイヤーと敵の車が衝突したらゲームオーバーにする処理について説明します。

main()関数内の52〜62行目に、敵の車を動かす処理を記述しています。その中の58〜61行目で、プレイヤーと敵の車が接触したかを調べています。接触したら、変数sceneにゲームオーバーという文字列を代入し、ゲームオーバーの処理に移行しています。

この前のstep_7_5.py
では、プレイヤーと敵が
触れたら白い矩形を表示
していました。

（5）click()関数

画面をクリックしたときに呼び出す関数を、click()という関数名で31〜38行目に定義しています。

```
31 def click(e):
32     global scene, score
33     if scene=="タイトル":
34         scene = "ゲーム"
35         score = 0
36     if scene=="ゲームオーバー":
37         set_car()
38         scene = "タイトル"
```

タイトル画面でクリックすると、sceneにゲームという文字列を代入し、ゲームを開始しています。ゲームオーバー画面でクリックすると、sceneにタイトルという文字列を代入し、タイトル画面に戻しています。

(6) その他に追加した処理

40～43行目に、影のついた文字列を表示する関数を定義しました。

```
40 def text(x, y, txt, siz, col):
41     fnt = ("Times New Roman", siz)
42     cvs.create_text(x+1, y+1, text=txt, font=fnt, fill="black")
43     cvs.create_text(x, y, text=txt, font=fnt, fill=col)
```

影があるとフォントが見やすいし、カッコいい感じのゲーム画面になるね！

第6章のテニスゲームで組み込んだものと同じ関数です。引数の座標(x, y)より1ピクセル右下の位置に黒で文字列を表示し、(x, y)の位置に引数の色で文字列を上書きして、影のついた文字列を表現しています。

(7) 改造してみよう

カーレースが完成しました。このプログラムも改造して知識と技術力を伸ばしましょう。

①プログラム中の数値を書き換えるだけでできる改造例

- **敵の車の数を増やす**

8行目のCOM_MAX = 10が敵の車の台数の定義です。この値を増やせば、ゲームが難しくなり、減らせば簡単になります。

- **ヒットチェックを甘くする、厳しくする**

60行目のif dx<26 and dy<44の26と44を小さな値にすれば、敵の車と少しくらい触れてもゲームオーバーにならなくなります。これを「ヒットチェックを甘くする」と表現します。難しいと感じる方は、ヒットチェックを甘くして試してみましょう。

逆に、それらの数字を大きくすれば、少し触れただけでゲームオーバーになるので、難しくなります。

- **スクロールする速さを変える**

67行目と72行目でbg_yの値を計算しています。bg_yに加える値を変更すれば、背景のスクロールする速さが変わります。この値を変えてもゲームの難易度には影響しませんが、“スピード感”が変わるので、試してみましょう。

②プログラムを追記して行う改造の例

- **敵の車のx座標を変化させる**

敵の車のx座標を変えることで、ふらふら運転したり、プレイヤーの車に近づいてくるなど、色々な動きをする車を作ることができます。

ではx座標を変化させるにはどうすればよいでしょう？

色々な方法が考えられますが、実は方法の１つを、第６章のテニスゲームで、すでに学んでいます。それは、車のx座標の変化量を代入する配列を用意して、車が左右のどちらに進むかを計算するという方法です。これはやや難しい改造ですが、第６章を復習するなどして挑戦してみましょう。

現実世界では危険運転はいけませんが、これはゲームですから、学習のために危ない車を作ってみるのもおもしろいです。

ゲームを進めると敵の車が増えていく

たとえば、最初に現れる敵は１台で、先へ進むと敵の車の数が増えるようにします。そうすれば、ゲームを始めてしばらくは簡単ですが、先へ進むほど（スコアが増えるほど）難しくすることができます。この改造を行うには、敵の車が何台出現するかを代入する変数を用意します。最初は、その変数の値を1にします。そして、スコアが一定の値に達するごとに、変数の値を1増やします。敵の車を動かす繰り返し（for文）の処理で、その変数の番号までの車を動かすようにします。

追い抜いていく車を作る

敵の車のうち何台かを、画面の下から上に向かうようにy座標を変化させ、プレイヤーの車を追い抜くようにすると、より本格的なゲームになります。この改造も６章で学んだ知識が役に立ちます（y軸方向の変化量を代入する配列を用意する）。

敵の車が上からも下からも現れると、ゲームの難易度は上がります。ヒットチェック範囲を甘くするなど、ゲーム全体のバランス調整も含めて、改造するとよいでしょう。

難しい改造にもチャレンジしてみましょう。

色々やってみま〜す！

COLUMN

アルゴリズムを組み立てよう②

第6章のCOLUMN（p.179）の続きです。千の位の数字を取り出すプログラムを確認しましたね。しかし、そのプログラムは、負の整数を入力すると正しく動作しませんでした。ここで、不具合を修正してプログラムを完成させましょう。

千の位の数字を取り出すプログラム

第6章のCOLUMNでは、次のようなプログラムを確認しました。

▼thousands_digit.py（再掲）

```
01 print("好きな整数を入力してください")
02 print("何も入力せずにEnterを押すと終了します")
03 while True:
04     s = input("入力する値は ")
05     if s=="": break
06     n = int(s)
07     i = int(n/1000)
08     t = i%10
09     print("その数の千の位の数字は", t, "です")
```

このプログラムは、26783や999など、0以上の値を入力すると、千の位の数字を正しく取り出すことができます。しかし、-1000を入力すると、千の位が9となってしまいます。このバグがなぜ起きるのかを説明します。

負の数から正しい値を取り出せない理由

負の数を入力したとき、7行目でiの値も負の数になります。具体的には、-1000を入力すると、iは-1になります。

8行目でiを10で割った余りをtに代入しています。負の数に%演算子を使うと、Pythonでは表7-Aのような結果になります。

▼表7-A　Pythonで%演算子を負の値に使った結果

式	結果
-9 % 10	1
-8 % 10	2
-7 % 10	3

式	結果
-6 % 10	4
-5 % 10	5
-4 % 10	6

式	結果
-3 % 10	7
-2 % 10	8
-1 % 10	9

剰余を求める演算子を使うときの注意点

剰余（割り算の余り）を求める演算子を、0以上の数の計算に使うなら、どのプログラミング言語でも同じ結果（数学と同じ答え）になります。しかし**負の数に剰余を求める演算子を使うと、得られる結果は、プログラミング言語によって異なります。**

プログラムを改良してバグが起きないようにする

負の数を入力したときに起きる不具合を解消するには、7行目を`i = abs(int(n/1000))`とします。`abs()`は、引数の絶対値を求める命令です。`abs()`を加えると、`-1000`を入力したとき、`i`は`-1`ではなく`1`になります。そして、8行目の`t = i%10`で、正しい答えを取り出せるようになります。`-1000`以外の負の数を入力しても、もちろん正しく動作します。

数以外を入力しても止まらないようにする

どれどれ、確かに千の位の数字を取り出せているね。

`thousands_digit.py`は、たとえばaという文字を入力すると、エラーになって止まってしまいます。

▼実行結果（エラーとなる例）

```
入力する値は a
Traceback (most recent call last):
  File "C:/Users/……/thousands_digit.py", line 6, in <module>
    n = int(s)
ValueError: invalid literal for int() with base 10: 'a'
```

aは、文字であり数値ではありません。6行目の`n = int(s)`で、文字を整数に変換しようとして、このエラーが発生します。

Pythonにはエラーが発生したとき、そのエラーを捉え、処理する機能が備わっています。それを**例外処理**といい、**try except**という命令を使って記述します。

改良したプログラムの確認

Chapter7フォルダに、このプログラムが入っています。

例外処理を追加し、文字や文字列を入力してもエラーで止まらないようにしたプログラムを確認します（コード7-A）。色のついた部分が、`try~except`の処理です。

▼コード7-A　thousands_digit_2.py

```
01 print("好きな整数を入力してください")
02 print("何も入力せずにEnterを押すと終了します")
03 while True:
04     s = input("入力する値は ")
05     if s=="": break
06     try:
07         n = int(s)
08     except:
09         print("整数を入力してください")
10         continue
11     i = abs(int(n/1000))
12     t = i%10
13     print("その数の千の位の数字は", t, "です")
```

▼実行結果

```
好きな整数を入力してください
何も入力せずにEnterを押すと終了します
入力する値は こんにちは
整数を入力してください
入力する値は abc
整数を入力してください
入力する値は -1000
その数の千の位の数字は 1 です
入力する値は -123456789
その数の千の位の数字は 6 です
入力する値は
```

tryの後にエラーが発生する可能性のある処理を記述します。エラーが発生したときは、exceptのブロックに記述した処理が実行されます。

元のプログラムは整数以外を入力すると、n = int(s)でエラーとなり、停止しました。改良したプログラムは、エラーが発生したらexceptのブロックにあるprint("整数を入力してください")が実行されます。そして、続くcontinueでwhile文の先頭に戻り、再び4行目のinput()が実行されます。

例外処理は正しく使う

このようにtry exceptをうまく使うと、プログラムがエラーで止まることを回避して、処理を続けさせることができます。ただし、不具合が起きそうなところに、例外処理を入れておけばよいということではありません。プログラムにバグが見つかったときは、その不具合がなぜ起きているのかをきちんと調べ、原因を取り除きます。ただし、ユーザーの操作によっては、不具合が起きる可能性が残ってしまうことがあります。そのようなときに例外処理を使います。

つまり、プログラムを色々な条件で動かして、エラーが出ないかを調べる必要があるってことですよね？

正解です。試験問題を解くとき、時間の許す限り見直して、間違いがないかを確認しますよね。プログラムも一通り記述したら、しっかり動作確認し、間違いや不具合を探すことが大切です。

CHAPTER 8

シューティングゲームで復習しよう

この章では、宇宙からの侵略者をクリックして倒す「シューティングゲーム」のプログラムで、本書で学んだ数学やアルゴリズムの知識と、ゲーム制作の技術について総復習します。

Contents

復習、ガンバっていきましょう！
はーい！

CHAPTER シューティングゲームで復習しよう

8-1 この章で確認するプログラムと復習内容

敵をクリックして撃ち落とすシューティングゲーム風のプログラムを使って、本書で学んだ知識を復習します。このプログラムの名前は「ギャラクシー・ディフェンダー」です。

(1) シューティングゲームとは？

シューティングゲームとは、戦闘機などを操作し、弾を撃って敵を倒すゲームを総称する言葉です（図8-1）。英語のShooting Gameを略してSTGと表記することもあります※1。

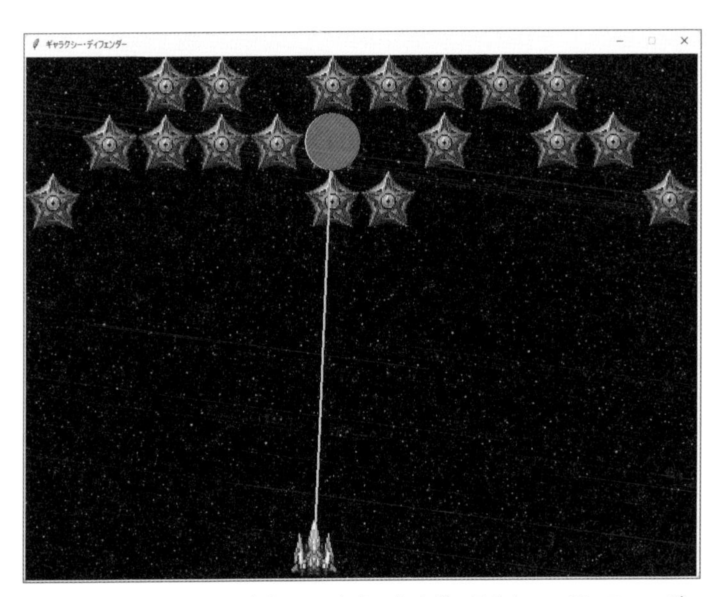

▲図8-1 シューティングゲーム：本章で作るギャラクシー・ディフェンダー

この章では、戦闘機からビームを打ち、敵を倒すSTG風プログラムで、本書で学んだことを復習します。

※1 「シューティング」というとFPSを思い浮かべる方もいるかもしれません。FPSはファーストパーソン・シューティング(First Person Shooting) の略語で、3Dの1人称視点のゲーム画面で敵を倒すゲームの総称です。STGとFPSは、別のジャンルとして区別されます。

(2) 実行してみよう

Chapter8フォルダに入っているgalaxy_defender.pyをIDLEで開いて実行しましょう。図8-2のようなゲームが実行されるはずです※2。

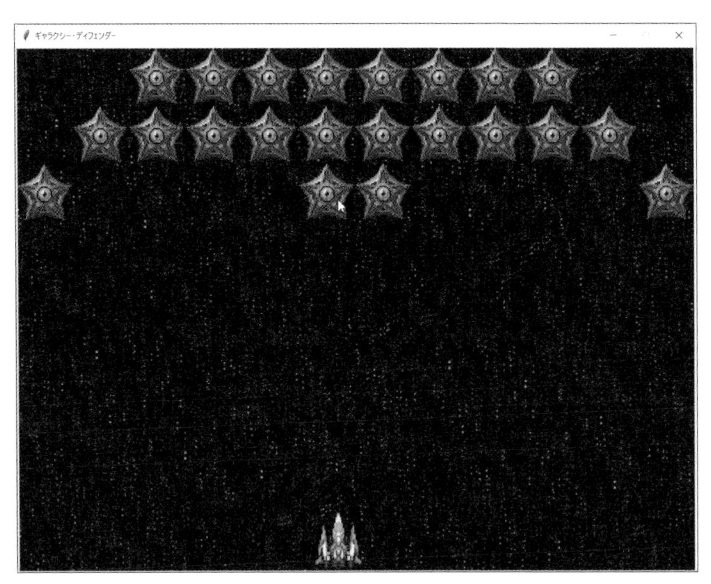

▲図8-2　ギャラクシー・ディフェンダーの起動画面

マウスで敵をクリックすると、図8-1のようにビームが発射されます。

シンプルで楽しい！
どんどん敵を撃ち落とせ～。

ギャラクシー・ディフェンダーは、次のような内容のゲームです。

ギャラクシー・ディフェンダーの基本ルール

- 画面上部に、宇宙から侵略者（以降、敵）が3行に並んで表示される。
- プレイヤーの戦闘機（以降、自機）は、下部に表示される。
- マウスポインタを動かすと、ポインタの位置に合わせて自機が左右に動く。
- 画面をクリックすると、その位置に対して自機が水色の線（以降、ビーム）を発射する。
- クリックした位置に敵がいれば、爆発する演出が表示され、敵を破壊する。

このプログラムは、本書で学んだことを復習しやすいように、最低限の処理だけを記述しています。自機を左右に動かし、ビームを発射して敵を倒すことができますが、敵を動かしたり、ゲームオーバーになったりなどの処理は入れていません。完全なゲームにするには、どのような改造方法が考えられるかを、本章の最後で解説します。復習後は、ゲームの改造に挑戦しましょう。

※2　ウィンドウがこの実行画面のように広がらないときは、61行目のroot.resizable(False, False)をコメントアウトするか、削除して実行しましょう。

(3) 使う画像ファイル

ギャラクシー・ディフェンダーは、表8-1の画像を使って作られています。これらの画像ファイルは、Chapter8フォルダ内のimageフォルダに入っています。

まずは、中身を確認していこう！

▼表8-1 画像ファイル

bg.png	fighter.png	invader.png
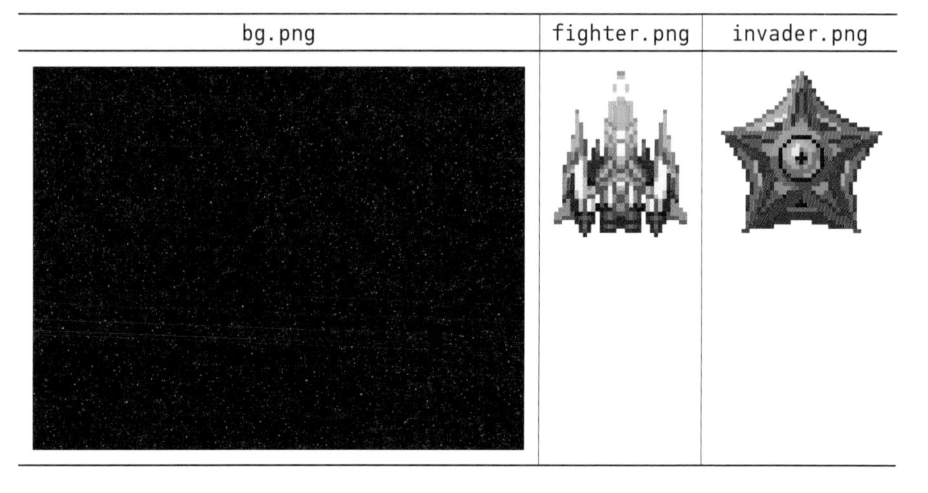		

(4) 復習する内容

このギャラクシー・ディフェンダーのプログラムを使って、次の復習を行います。

① プログラミングの基礎知識
→変数と配列、条件分岐、繰り返し、関数

② 数学的な知識
→四則演算や、%演算子を使った計算、二次元平面と座標

③ ゲーム制作の技術
→図形と画像の描画、イベントの取得、リアルタイム処理

次の節でプログラムの中身を確認します。

これまで学んだことの総復習ですね。がんばるぞ〜。

2 プログラムをながめてみよう

まず、ギャラクシー・ディフェンダーのプログラムの全体を見てみましょう。

ここまで学んだことの総仕上げです。プログラム全体をざっと見てみましょう。

(1) galaxy_defender.pyの確認

ギャラクシー・ディフェンダーは、全部で70行のプログラムです（コード8-1）。

▼コード8-1　galaxy_defender.py

```
01 import tkinter                                         tkinterをインポート
02 import time                                            timeをインポート
03
04 WIDTH, HEIGHT = 960, 720                               ゲーム画面の幅と高さを定義
05 bg_y = 0                                               背景のy座標を計算する変数
06 pl_x, pl_y = 0, HEIGHT-40                              自機の座標を代入する変数
07 cl_x, cl_y = 0, 0                                      クリック位置を代入する変数
08 fire = False                                           クリックしたかのフラグ
09 SIZE = 80                                              敵の大きさ（ピクセル数）
10 enemy = [                                              ┐敵の有無を管理する配列
11     [0,0,1,1,1,1,1,1,1,1,0,0],                         │
12     [0,1,1,1,1,1,1,1,1,1,1,0],                         │
13     [1,0,0,0,0,1,1,0,0,0,0,1]                          │
14 ]                                                      ┘
15
16 def move(e):                                           マウスが動いたときに呼ぶ関数
17     global pl_x                                        変数のグローバル宣言
18     pl_x = int(pl_x*0.9+e.x*0.1)                       自機のx座標を計算
19
20 def click(e):                                          クリックしたときに呼ぶ関数
21     global cl_x, cl_y, fire                            変数のグローバル宣言
22     cl_x = e.x                                         ┐クリックした座標を
23     cl_y = e.y                                         ┘ cl_x、cl_yに代入
24     fire = True                                        クリックしたフラグを立てる
25
26 def effect(cx, cy):                                    エフェクトを表示する関数
27     for i in range(10):                                forで繰り返す
28         cvs.create_oval(cx, cy, cx+SIZE, cy+SIZE, fill="red")     引数の座標に赤い円を描く
29         cvs.update()                                   画面を更新する
30         time.sleep(0.01)                               0.01秒待つ
31         cvs.create_oval(cx, cy, cx+SIZE, cy+SIZE, fill="yellow")  引数の座標に黄色の円を描く
32         cvs.update()                                   画面を更新する
33         time.sleep(0.01)                               0.01秒待つ
34
35 def main():                                            メイン処理を行う関数
36     global bg_y, fire                                  変数のグローバル宣言
37     bg_y = (bg_y+2)%HEIGHT                             背景のy座標を計算する
38     cvs.delete("all")                                  描いたものをすべて消す
39     cvs.create_image(WIDTH/2, bg_y-HEIGHT/2, image=bg) ┐背景画像を縦に2つ並べて
40     cvs.create_image(WIDTH/2, bg_y+HEIGHT/2, image=bg) ┘ 表示する
```

```
41     for y in range(3):                                            yは0から2まで1ずつ増える
42         for x in range(12):                                       xは0から11まで1ずつ増える
43             if enemy[y][x]==1:                                    enemy[y][x]が1なら
44                 X = x*SIZE + SIZE/2                               ┬キャンバスの敵の座標を計算
45                 Y = y*SIZE + SIZE/2                               ┘
46                 cvs.create_image(X, Y, image=invader)             敵を表示
47     cvs.create_image(pl_x, pl_y, image=fighter)                   自機（戦闘機）を表示
48     if fire==True:                                                fireがTrueなら
49        cvs.create_line(pl_x, pl_y, cl_x, cl_y, fill="cyan", width=3)  線を引く命令でビームを描く
50        fire = False                                               fireをFalseにする
51        ax = int(cl_x/SIZE)                                        ┬クリックした座標から配列の
52        ay = int(cl_y/SIZE)                                        ┘添え字を求めax、ayに代入
53        if 0<=ax and ax<=11 and 0<=ay and ay<=2:                   ax、ayが二次元配列の範囲内で
54            if enemy[ay][ax]==1:                                   そこに敵が存在するなら
55                effect(ax*SIZE, ay*SIZE)                           エフェクトを表示
56                enemy[ay][ax] = 0                                  その要素を0にして敵を消す
57     root.after(33, main)                                          33ミリ秒後にmain()を呼ぶ
58
59 root = tkinter.Tk()                                               ウィンドウを作る
60 root.title("ギャラクシー・ディフェンダー")                          タイトルを指定
61 root.resizable(False, False)                                      ウィンドウサイズ変更不可
62 root.bind("<Motion>", move)                                       ┬イベント時に呼ぶ関数を指定
63 root.bind("<Button>", click)                                      ┘
64 cvs = tkinter.Canvas(width=WIDTH, height=HEIGHT)                  キャンバスを用意
65 cvs.pack()                                                        キャンバスを配置
66 bg = tkinter.PhotoImage(file="image/bg.png")                      変数に背景画像を読み込む
67 fighter = tkinter.PhotoImage(file="image/fighter.png")            戦闘機の画像を読み込む
68 invader = tkinter.PhotoImage(file="image/invader.png")            敵の画像を読み込む
69 main()                                                            main()関数を呼び出す
70 root.mainloop()                                                   ウィンドウの処理を開始
```

(2) 基礎知識無しでソフトウェアは作れない

プログラムの全体をながめると、どの部分にも、代入式や計算式、ifやforなどを使った処理が記述されていることがわかります。プログラミングの基礎知識を身につけなければ、ソフトウェアを作ることができないことを、みなさんはすでに理解されたことでしょう。身につけておくべきプログラミングの基礎知識を以下に列挙します。

入力と**出力** ➡ コンピューターにデータを入力すること／必要なデータを出力すること
変数と**配列** ➡ 数値や文字列などのデータを入れて扱う箱のようなもの
条件分岐 ➡何らかの条件が成り立ったときに処理の流れを分岐させる仕組み
繰り返し ➡ コンピューターに繰り返して処理を行わせる仕組み
関数 ➡ コンピューターが行う処理を1つのまとまりとして記述したもの

クリックしたのが敵だと、どうやって判断してるの？

これらの知識で、まだあいまいなものがあれば、第2章で復習しましょう。

次の8-3節では、ギャラクシー・ディフェンダーの処理の流れや、使っている変数などを確認します。さらに8-4節で、各処理について詳しく説明します。

画面に並ぶ敵を二次元配列で管理しています。8-4節で、クリックした敵を判断する方法を学びます。

8-3 プログラムの全体像

ギャラクシー・ディフェンダーの処理の流れ、使っている変数と配列、定義した関数について説明します。

(1) 処理の流れ

処理の流れをフローチャートで示します（図8-3）。main()関数で、この処理を行っています。

図8-3でプログラム全体の処理の流れを確認しておきましょう。

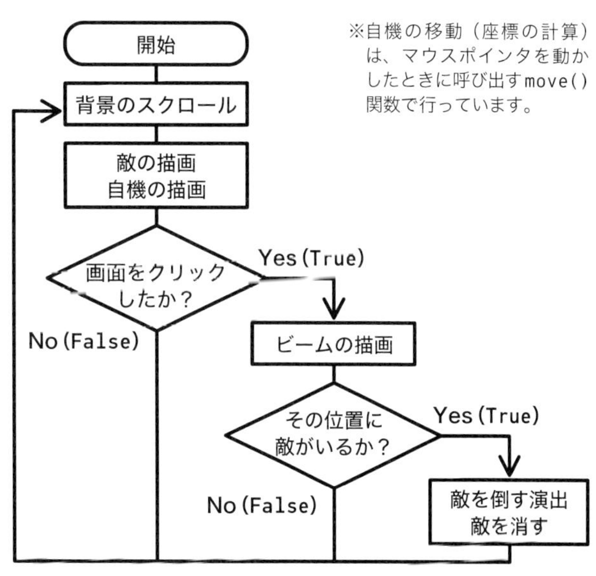

※自機の移動（座標の計算）は、マウスポインタを動かしたときに呼び出すmove()関数で行っています。

▲図8-3　処理の大きな流れ

(2) 変数と配列

このプログラムで使っている変数と配列を確認しましょう（表8-2・表8-3）。

▼表8-2　宣言した変数と配列

変数名	用途
WIDTH、HEIGHT	ゲーム画面の大きさ（ピクセル数）を代入（定数として扱う変数）
bg_y	背景をスクロールするためのy座標を代入
pl_x、pl_y	自機の(x, y)座標を代入（図8-4）
cl_x、cl_y	画面をクリックした(x, y)座標を代入（図8-4）
fire	クリックしたかを判断する**フラグ**（MEMOp.224参照）
SIZE	敵が並ぶマスの幅と高さのピクセル数
enemy[][]	敵が存在するかを管理する二次元配列

変数名が大文字のものは、定数（として扱う変数）ですよ。

4〜14行目で変数や配列を宣言していますね。

(0,0)

x

クリックした座標 = マウスポインタの座標
(cl_x,cl_y)

自機の中心座標
(pl_x,pl_y)

y

▲図8-4　自機とクリックした座標の変数

▼表8-3　画像を読み込む変数

変数名	用途
bg	背景を読み込む
fighter	自機を読み込む
invader	敵を読み込む

画像は、66~68行目のPhotoImage()で読み込んでいます。

MEMO

フラグ

何らかの条件が成り立ったときに処理を分けるために使う変数を**フラグ**といいます。フラグには、たとえば最初に0やFalseを代入し、条件が変化したら別の値（1やTrueなど）を代入します。このプログラムでは、fireにFalseを代入し、画面をクリックしたらTrueに変えて、main()関数内でクリックしたことを判定できるようにしています。

(3) 定義した関数

次に、定義した関数も確認しておきましょう（表8-4）。これらの関数で行っている処理を、次の8-4節で詳しく説明します。

▼表8-4　定義した関数

関数名	役割
move(e)	マウスポインタを動かしたときに呼び出す関数。自機の座標を変化させる計算を行う
click(e)	画面をクリックしたときに呼び出す関数。cl_x、cl_yにクリックした座標を代入し、fireをTrueにする。
effect(cx, cy)	敵を破壊する演出を表示する関数。詳細は8-4節
main()	メイン処理を行う関数。詳細は8-4節

これまで学んだように、複数の関数を用意して、それぞれに役割を持たせているのですね。

そうです。どのような処理を行っているかを、8-4節で確認しましょう。

4 処理の詳細を理解しよう

ギャラクシー・ディフェンダーの処理の詳細を説明します。

(1) 数学的な計算

やや難しい数学的な計算を行っている部分から説明します。

①線分の内分点

第7章のカーレースでは、**線分の内分点の公式**を使い、プレイヤーの車の座標を変化させました。**線分の内分点**とは、図8-5のように2点A(x_1, y_1)、B(x_2, y_2)があるとき、線分ABをm:nに分ける点P(x_3, y_3)のことです。

そうそう、自分の車が滑らかに移動するように、この式を使ったね。

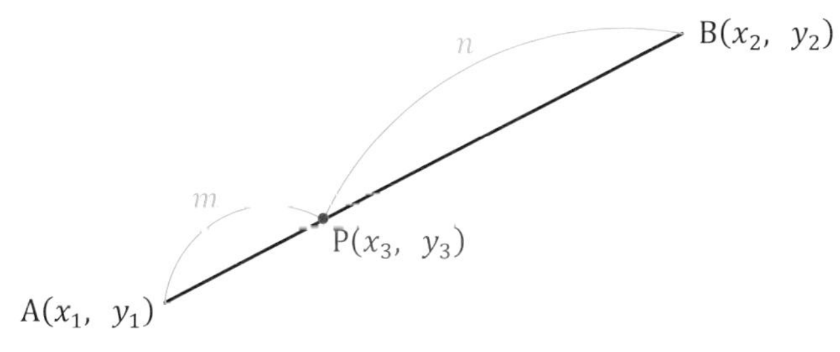

内分点の座標を求める数学の公式

$$x_3 = \frac{nx_1 + mx_2}{m + n}$$

$$y_3 = \frac{ny_1 + my_2}{m + n}$$

▲図8-5　線分の内分点

18行目を確認しましょう。`pl_x = int(pl_x*0.9+e.x*0.1)`という式で、自機のx座標`pl_x`と、マウスポインタのx座標`e.x`を1:9に内分する点を求め、その座標を`pl_x`に代入しています。この計算により、マウスを動かしたときに自機のx座標がマウスポインタのx座標に近づきます。

数学の式をプログラミングの式として記述する方法は、p.194で学びましたね。18行目の式の意味があいまいな方は、そちらを参考に復習しましょう。

②余りを求める演算子の活用

数学で余りを求める演算子を使う機会はほとんどありませんが、数学的な計算になるので、ここで説明します。

`main()`関数内の37行目で、背景をスクロールさせるためのy座標の計算を、`bg_y = (bg_y+2)%HEIGHT`という式で行っています。`HEIGHT`には、4行目で`720`を代入しています。

bg_y = (bg_y+2)%HEIGHTは、「bg_yに2を加え、それを720で割った余りを、bg_yに代入せよ」という意味です。この式でbg_yの値は、2→4→6→8→‥‥→710→712→714→716→718のように2ずつ増えていきます。bg_yが718のとき、bg_y = (bg_y+2)%HEIGHTはbg_y = (718+2)%720となります。これは、720を720で割った余りをbg_yに代入することなので、bg_yは0に戻ります。

この式でy座標を計算し、2つ並べた画像をスライドさせて画面をスクロールする手法を、第7章で学びました。忘れている方は、7-2節（p.186）で復習しましょう。

(2) 二次元配列で敵を管理する

二次元配列は大切な知識です。ここでしっかり学びましょう。

ギャラクシー・ディフェンダーの画面には、3行12列で敵が表示されます。それらの敵の1つ1つをクリックして倒すことができます。敵をどのように管理しているかを説明します。

①敵の有無を二次元配列で管理

敵が存在するかどうかを、enemy[行][列]という二次元配列で管理しています。配列の要素を**マス**と呼んで説明します（図8-6）。

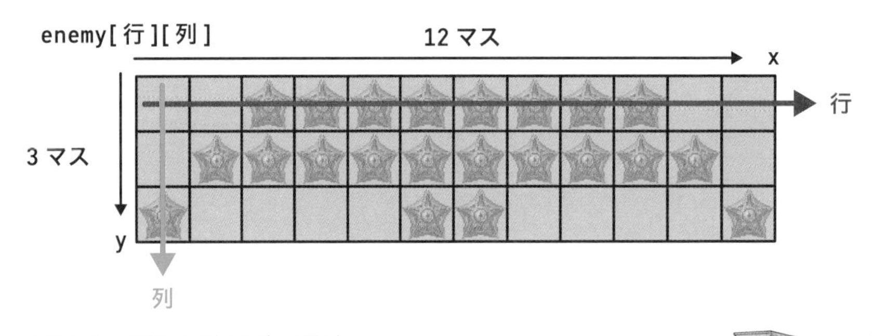

▲図8-6　3行12列の二次元配列

コンピューターの行は横の並び、列は縦の並びを意味するんだよね。

この二次元配列を10〜14行目で定義しています。

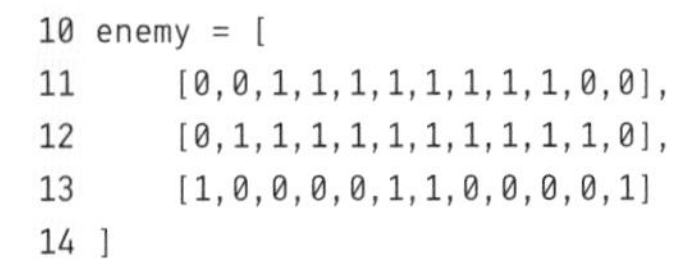

```
10 enemy = [
11     [0,0,1,1,1,1,1,1,1,1,0,0],
12     [0,1,1,1,1,1,1,1,1,1,1,0],
13     [1,0,0,0,0,1,1,0,0,0,0,1]
14 ]
```

値1のマスには敵がいて、値0のマスには敵はいないものとします（図8-7）。たとえば、左上角のマス（enemy[0][0]）には0が代入されるので、そこに敵はいません。右下角のマス（enemy[2][11]）には1が代入されるので、そこには敵がいます。

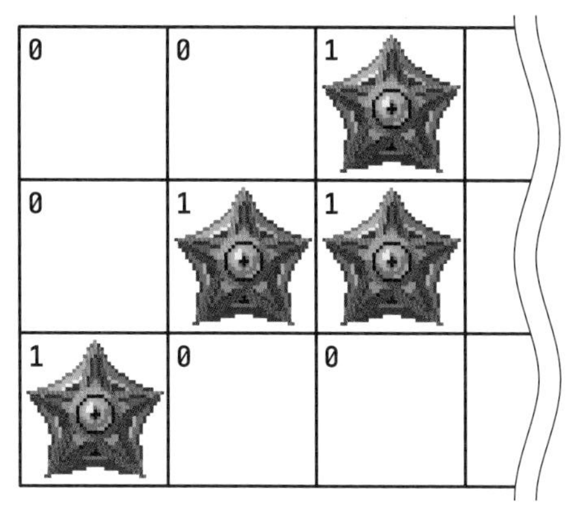

▲図8-7　要素の値と敵の有無

②座標と添え字の関係

画面をクリックしたとき、クリックしたマスの位置（添え字の番号）を、51〜52行目の式で変数axとayに代入しています。axとayは、main()関数に記述したローカル変数です。クリックした座標から、マスの位置をどのように求めているかを説明します。

クリックした座標から、マスの位置を求める

① 画面をクリックしたとき、click()関数で、クリックした座標を変数cl_x、cl_yに代入する。このとき、変数fireにTrueを代入する。

② main()関数内でfireがTrueかをif文で調べる。Trueなら画面をクリックしたので、自機から発射するビームを描く。そして、クリックした座標から、そのマスの列と行の値を、ax = int(cl_x/SIZE)、ay = int(cl_y/SIZE)で求める※。

※変数SIZEの値は、80です。この80は、マスの幅と高さのピクセル数です。

ax = int(cl_x/SIZE)とay = int(cl_y/SIZE)で添え字の番号が求まる理由を説明します。図8-8のように、マウスポインタが2行3列目（enemy[1][2]）のマスにあるとします。一般的に一番上の行を1行目、一番左の列を1列目と呼びますが、プログラミングの配列の添え字は、0から始まることに注意しましょう。

enemy[y][x]　クリックしたx座標の値

	0〜79	80〜159	160〜239	240〜319	320〜	〜879	800〜959
0〜79	[0][0]	[0][1]	[0][2]	[0][3]			[0][11]
80〜159	[1][0]	[1][1]	[1][2]	[1][3]			[1][11]
160〜239	[2][0]	[2][1]	[2][2]	[2][3]			[2][11]

クリックしたy座標の値

▲図8-8　クリックした座標と二次元配列の添え字の関係

ポインタが(170, 90)の座標にあるとします。cl_xが170、cl_yが90です。cl_xをSIZEの80で割った整数は2、cl_yを80で割った整数は1です。この2がenemy[行][列]の列の値、1が行の値になります。マスの幅と高さは、それぞれ80ドットなので、ポインタのx座標を80で割れば、二次元配列の列の番号となり、y座標を80で割れば、二次元配列の行の番号となる仕組みです。

(3) 画像の扱い方、イベント取得、リアルタイム処理の復習

画像を読み込んで表示する方法、マウスやキーの操作を受け取る方法、リアルタイムに処理を進める方法を復習します。

ここからは、ゲームを作るための技術を復習します。

①画像の読み込みと表示

画像の読み込みはPhotoImage()を使い、引数のfile=で読み込むファイル名を指定して、変数に画像を読み込みます。ギャラクシー・ディフェンダーで使っている画像ファイルは、プログラムと同じ階層のimageフォルダにあるので、img = tkinter.PhotoImage(file="image/画像ファイル名")のように、フォルダ名とファイル名を指定しています（66〜68行目)。

画像を表示するには、キャンバスの変数に対してcreate_image()命令を使います。create_image()の引数は、x座標、y座標、image=画像を読み込んだ変数です（39、40、46、47行目)。

create_image()のx座標とy座標は画像の中心になる位置だよ。

②イベント（マウスやキーの操作）の取得方法

イベントが発生したことを知るには、イベント発生時に呼び出す関数を定義します。マウスやキーの操作があったら、その関数が呼び出されるように、bind()命令を記述します。

このプログラムでは、マウスポインタを動かしたときに呼び出すmove()という関数を定義しています（16〜18行目）。マウスを動かしたときにmove()を呼び出すために、62行目にroot.bind("<Motion>", move)と記述しています。

イベントを受け取る関数には、引数を設けます。move()の引数をeとしたので、e.xとe.yがポインタの座標になります。

また、このプログラムには、画面をクリックしたときに働くclick()という関数も定義し（20〜24行目）、63行目のbind()命令で、その関数が呼び出されるようにしています。

③リアルタイム処理を行う方法

リアルタイム処理は、after()という命令で行います。after()は、ウィンドウのオブジェクト変数に対して使う命令です。root.after(ミリ秒, 呼び出す関数)と記述すると、引数のミリ秒後に指定した関数が呼び出されます。

このプログラムでは、main()関数の最後にroot.after(ミリ秒, main)と記述し、main()の処理を実行し続けています。

これらの処理の基礎は、第4章で学びました。あいまいなものがあれば、第4章で復習しましょう。

本書のどのプログラムも、ウィンドウを作るときの変数名をrootとしています。

(4) 各関数の役割

定義した4つの関数の処理を説明します。

最後に各関数の役割を確認します。

①move()関数（16〜18行目）

マウスポインタを動かしたときに呼ばれる関数です。自機のx座標をマウスポインタのx座標に近づける計算を行っています。

②click()関数（20〜24行目）

マウスボタンをクリックしたときに呼ばれる関数です。クリックした座標を変数cl_xとcl_yに代入します。また、変数fireにTrueを代入します。

③effect()関数（26～33行目）

敵を破壊する演出を行う関数です。引数cx、cyでキャンバスの座標を受け取り、(cx, cy)を左上角とした幅と高さがSIZE（すなわち半径SIZE）の円を、赤と黄色で交互に描きます。描画したものが即座に画面に表示されるようにupdate()命令を使っています。また、timeモジュールのsleep()命令で処理をわずかな時間止めて、赤と黄色の円がきちんと描かれるようにしています。

④main()関数（35～57行目）

背景を画面の上から下にスクロールさせます（37～40行目）。

変数yとxを使った二重ループでenemy[y][x]の値を調べ、敵が存在するなら、キャンバス上の座標を計算して、そこに敵を表示します（41～46行目）。

自機を表示します（47行目）。

変数fireがTrueなら、クリックした座標と自機の間に水色の線を引き、ビームを発射する演出を行います（48～49行目）。画面をクリックしたかを判断するフラグであるfireの値をリセット（Falseを代入）します（50行目）。そしてクリックした位置に敵がいるかを調べ、いるならeffect()関数で敵を破壊する演出を行い、クリックした位置のenemy[ay][ax]を0にして敵を消しています（51～56行目）。

以上の処理をafter()命令でリアルタイムに続けています（57行目）。

復習はどうでした？
二次元配列が難しかったけど、
何とか理解できました！

(5) 改造しよう

ギャラクシー・ディフェンダーは、ゲームとしては未完成です。最後に、ゲームとして完成させるヒントを見ていきましょう。

①ゲームルールを決める

たとえば、「時間内にすべての敵を倒す」などのルールを決めます。時間制のゲームとするなら、残り時間を代入する変数を用意します。そして、ゲーム開始時に、その変数に初期値を代入し、ゲーム中に値を減らして、0になったらゲームオーバーになるようにします。

②タイトル→ゲームをプレイ→ゲームオーバーの流れを組み込む

プログラムを起動したらタイトル画面になり、画面をクリックしたり、キーボードのいずれかのキーを押すとゲームが始まるようにします。また、ゲームオーバーになる条件を組み込んで、ゲームが終わるようにします。

シーンごとに処理を分ける仕組みは、モグラ叩き、テニスゲーム、カーレースの制作の中で学びましたね。sceneなどの名称の変数を用意し、その値によって処理を分岐させます。

③新たな敵が出現するようにする

二次元配列enemyのいずれかの要素を1にすれば、そこに敵が出現します。「一定時間ごとに敵が出現する」「ランダムに敵が出現する」などのルールを決め、その処理を組み込みます。

④敵が攻めてくる

敵が攻めてくるようにするには、様々な処理が考えられます。1つの方法としては、次のような仕組みを入れることで実現できます（図8-9）。

敵が攻めてくるようにする仕掛けの一例

- 二次元配列のenemy[][]を9行12列にする。
- 一定時間が経過するごとに、配列の値を書き換え、敵が下に降りてくるようにする。
- 自機の位置に敵が達したらゲームオーバーにする。

▲図8-9　敵が攻めてくるようにした例

よしっ、この難しい改造にチャレンジしてみるぞ！

敵を倒したときのスコアの計算も入れてみましょう。

ゲームとして完成させたプログラムは、Chapter8フォルダの中にあるgalaxy_defender_2.pyというファイルです。この完成版のプログラムから重要な処理を抜粋して見ていきましょう。

11〜13行目で、append()命令により、9行12列の二次元配列を用意しています。append()は、配列にデータを追加する関数です。ここでは、enemy[]という空の配列に[0,0,0,0,0,0,0,0,0,0,0,0]を9セット追加して、二次元配列を作り出しています。

```
11 enemy = []                                   enemy[]という空の配列を用意
12 for i in range(9):                           iは0から8まで1ずつ増える
13     enemy.append([0,0,0,0,0,0,0,0,0,0,0,0])  0が12個並んだ一次元配列を追加
```

sceneという変数で、タイトル画面、ゲームプレイ画面、ゲームオーバー画面の各シーンに分岐させています。ゲームをプレイ中のif scene=="ゲーム"のブロックで、敵の群れを一定時間ごとに1行ずつ下げる処理を行っています。

```
72     if scene=="ゲーム":                               ゲームをプレイ中
73         if timer%30==0:                               30フレームに1回、以下の処理を行う
74             for y in range(8, 0, -1):                 yは8から1まで1ずつ減る
75                 for x in range(12):                   xは0から11まで1ずつ増える
76                     enemy[y][x] = enemy[y-1][x]       配列の要素を1行下にずらす
77             for x in range(12):                       xは0から11まで1ずつ増える
78                 enemy[0][x] = random.choice([0,0,0,1])  一番上の行に新たな敵を配置
79             for x in range(12):                       for文とif文で、一番下の行に
80                 if enemy[8][x]==1:                    敵がいるかを調べ、いる場合は
81                     scene = "ゲームオーバー"            sceneにゲームオーバーを代入
82                     timer = 0                         timerを0にしてゲームオーバーに移行
```

74行目の変数yを使ったfor文と、75行目の変数xを使ったfor文で、二次元配列の要素を1つずつ、次の行にずらしています。

敵全体を下にずらした後、77〜78行目で、一番上の行に新たな敵を配置しています。

random.choice([0,0,0,1])の[0,0,0,1]を、たとえば[0,1]とすると、敵が多く配置されて難易度が上がります。難易度を下げるには、[0,0,0,0,0,1]などに変えてみましょう。

randomモジュールのchoice()は、引数の配列から、いずれか1つの要素を選ぶ命令です。

1が選ばれると、敵が配置されるのですね。なるほど、それで[0,1]や[0,0,0,0,0,1]に変更して1が選ばれる確率を変えて、難易度を調整できるのか！

COLUMN

計算ソフトを作ってみよう

本書では、tkinterで作ったウィンドウに、図形や画像を描くキャンバスを配置し、ゲームを制作しました。ウィンドウには、キャンバスだけでなく、文字列を入力する部品、出力する部品、ボタンなども配置できます。

ここでは、文字列の入力部となる**エントリー**という部品、文字列の出力部となる**ラベル**という部品を使って作った、簡単な計算ソフトのプログラムを紹介します。

実行してみよう

Chapter8フォルダに入っているcalc_soft.pyをIDLEで開いてみましょう。実行すると、図8-Aのような画面になります。

2つある文字列の入力部に半角の数字を入力して、[計算] ボタンを押しましょう。2つの数を足した値が出力（表示）されます。

このプログラムは、コード8-Aのような内容です。

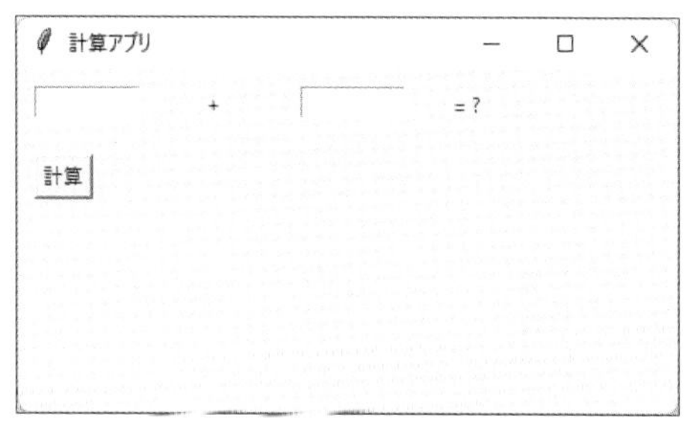

▲図8-A　calc_soft.pyの実行画面

▼コード8-A　calc_soft.py

```
01 import tkinter                                         tkinterをインポート
02 import tkinter.messagebox                              tkinter.messageboxをインポート
03
04 def btn_on():                                          ボタンを押したときに呼び出す関数
05     try:                                               エラーを捉える
06         v1 = float(e1.get())                           エントリー1の値をv1に代入
07         v2 = float(e2.get())                           エントリー2の値をv2に代入
08         ans = str(v1+v2)                               足し算の結果をansに代入
09         l2["text"] = "= "+ans                          ラベル2の文字列をansの値にする
10     except:                                            エラーが発生したら
11         tkinter.messagebox.showinfo("","エントリーに数字を入力してください")   メッセージを出力
12
13 root = tkinter.Tk()                                    ウィンドウを作る
14 root.geometry("400x200")                               ウィンドウの大きさを指定
15 root.title("計算アプリ")                                タイトルを指定
16 e1 = tkinter.Entry(width=10)                           ┬エントリー1の部品を用意し、
17 e1.place(x=10, y=10)                                   ┘座標を指定して、それを配置
18 l1 = tkinter.Label(text="+")                           ┬ラベル1の部品を用意し、
19 l1.place(x=110, y=10)                                  ┘座標を指定して、それを配置
20 e2 = tkinter.Entry(width=10)                           ┬エントリー2の部品を用意し、
21 e2.place(x=170, y=10)                                  ┘座標を指定して、それを配置
22 l2 = tkinter.Label(text="= ?")                         ┬ラベル2の部品を用意し、
23 l2.place(x=260, y=10)                                  ┘座標を指定して、それを配置
24 bu = tkinter.Button(text="計算", command=btn_on)        ┬ボタンの部品を用意し、
25 bu.place(x=10, y=50)                                   ┘座標を指定して、それを配置
26 root.mainloop()                                        ウィンドウの処理を開始
```

文字列の入力部、出力部の配置

16〜17行目と20〜21行目で、文字列の入力部となる**エントリー**という部品をウィンドウに配置しています。エントリーは、Entry()という命令で作ります。引数のwidth=は、文字数の指定です。このプログラムでは半角文字10文字分の入力部としました。文字数でエントリーの幅が決まりますが、指定した文字数を超える文字列の入力もできます。

18〜19行目と22〜23行目で、文字列の出力部（表示部）となる**ラベル**という部品を配置しています。ラベルは、Label()という命令で作ります。引数のtext=で、配置時に表示する文字列を指定します。

これらの部品を、place()という命令で、x座標とy座標を指定して配置しています。

ボタンの配置

24〜25行目で**ボタン**を配置しています。ボタンは、Button()という命令で作ります。引数のtext=で、ボタンに表示する文字列を指定します。また、**command=で、ボタンを押したときに呼び出す関数を指定**します。

ゲーム制作では、キャンバスをpack()でウィンドウ全体に配置しました。部品の配置にplace()を使うと、どこに置くかを指定できます。

ボタンを押したときの動作

ボタンを押したときに呼び出す関数を、btn_on()という関数名で、4〜11行目に定義しています。24行目でボタンを作るとき、Button()の引数のcommand=で、この関数を指定していることを確認しましょう。command=で指定する関数名には、()を付けない決まりがあります。

btn_on()関数を抜き出して、その処理を説明します。

```
04 def btn_on():
05     try:
06         v1 = float(e1.get())
07         v2 = float(e2.get())
08         ans = str(v1+v2)
09         l2["text"] = "= "+ans
10     except:
11         tkinter.messagebox.showinfo("","エントリーに数字を入力してください")
```

try exceptの例外処理を使っています。例外処理については後述します。

6行目と7行目でエントリーに入力した文字列をget()で取得し、float()で小数に変換して、変数v1とv2に代入しています。8行目でv1とv2を足した値を、str()で文字列に変換し、ansに代入しています。文字列にするのは、次の9行目で"=　"とansの値をつなぎ、文字列としてラベルに表示するためです。

9行目の、「ラベルの変数[テキスト]=文字列」という記述で、ラベルの文字列を変更しています。Pythonのtkinterで作った部品は、「**部品の変数[属性]=値**」と記述して、部品に表示する文字列などを変更できます。

例外処理

例外処理とは、プログラムの実行中に発生したエラーを捉え、その対応を行う処理のことです。Pythonでは、**try**と**except**で例外処理を記述します。第7章のCOLUMNでtry exceptを使いましたが、ここでもう一度、説明します。

エラーが発生する可能性のある処理をtryのブロックに記述します。エラーが発生したときは、exceptのブロックに記述した処理が行われます。

エントリーに数以外を入力してボタンを押すと、6行目や7行目のfloat()で小数に変換できずにエラーが発生します。エラーが発生したときは、exceptのブロックにあるメッセージボックスを表示する命令で、情報メッセージを出しています（図8-B）。

計算アプリ
A
+
B
= ?
計算
エントリーに数字を入力してください
OK

try、exceptとともに使うfinallyという命令がありますが、本書の学習ではfinallyは不要なので省略しています。

▲図8-B　情報メッセージ

メッセージボックスを使うには、**tkinter.messageboxモジュール**をインポートします。このプログラムは、11行目のshowinfo()という命令でメッセージボックスを表示しています。showinfo()は、第1引数でメッセージボックスのタイトル、第2引数で表示する文字列を指定します。

メッセージボックスには、表8-Aの種類があります。

▼表8-A　メッセージボックスの種類

命令	どのようなメッセージボックスか
showinfo()	情報を表示する
showwarning()	警告を表示する
showerror()	エラーを表示する
askyesno()	［はい］［いいえ］のボタンがある
askokcancel()	［OK］［キャンセル］のボタンがある

tkinter.messageboxをインポートすれば、命令1つでメッセージを出力できるんだ！　これは便利に使えそう。

ボタンが2つあるメッセージボックスは、「変数=tkinter.messagebox.askyesno(タイトル, メッセージ)」として、メッセージボックスからの戻り値を変数に代入できます。はい（Yes）やOKをクリックするとTrueが、いいえ（No）やキャンセルをクリックするとFalseが返ります。

改造して腕を磨こう！

calc_soft.pyは、2つの数の足し算だけができる、とてもシンプルな内容です。これをたとえば四則演算すべてができるソフトなどに改造してみましょう。

本書で学んだ知識で、ゲームだけでなく、教育やビジネスのソフトも作れます。ぜひ自分だけの作品作りにチャレンジしてくださいね。

Chapter8フォルダの中にあるcalc_soft_2.pyというファイルが、四則演算ができるようにしたプログラムの例です。このプログラムの実行画面は、次のようになります。

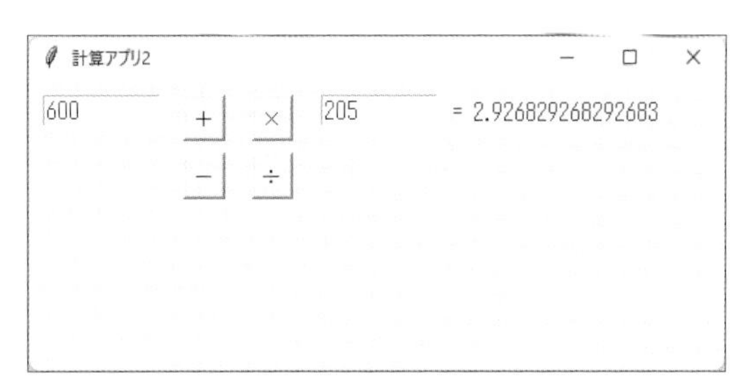

▲図8-C　calc_soft_2.pyの実行画面

IDLEでcalc_soft_2.pyを開いて実行し、動作を確認してみましょう。また、それをどのようなコードで実現しているのか、プログラムの内容も確認してみましょう。

ここまで学んできたみなさんなら、プログラムの内容を理解できるはずです。

はい、がんばってプログラムを読み解きます！

特別付録 A

ジャンプアクションゲームで学ぼう

すべての章を読破されたみなさんに、さらに学びを深めていただけるよう、2つの特別付録を用意しました。1つ目は、横にスクロールする画面で主人公を左右に動かし、地面の穴に落ちないようにジャンプして進む、アクションゲームのプログラムです。物体が放物線に近い軌跡を描く計算を組み込んだゲームになります。

Contents

A-1 ゲームの内容

この特別付録のプログラムは、「魔物にさらわれた姫を助けにいく」という設定のゲームです。ゲームタイトルを「ヘルプ！プリンセス」としました。まずは、ヘルプ！プリンセスの概要を見てみましょう。

(1) アクションゲームとは？

アクションゲームとは、主人公のキャラクターを操り、敵を避けたり倒したりしながら、定められた目標を達成するゲームを総称する言葉です。アクションゲームのジャンルに分類されるゲームは豊富にあり、様々なルールのアクションゲームが存在します。その中でも特に有名なのは、画面が横にスクロールし、障害物や敵をジャンプで避けながらゴールを目指すタイプのゲームです。ヘルプ！プリンセスは、そのようなタイプのゲームで、主人公のキャラクターをジャンプさせて地面の穴を飛び越え、ゴールを目指します。

任天堂のスーパーマリオブラザーズ※1は、世界的にも有名なアクションゲームの代表格です。

(2) 実行してみよう

AppendixAフォルダにあるhelp_princess.pyをIDLEで開いて実行しましょう。実行すると、図A-1のような画面になります※2。

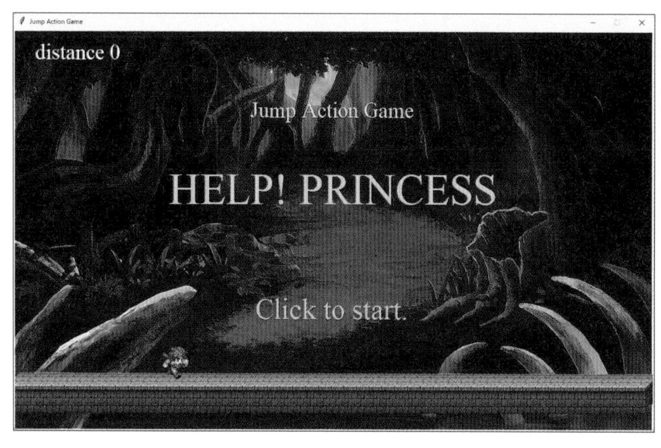

▲図A-1　ヘルプ！プリンセスの実行画面

クリックでジャンプするんだね。

※1　https://www.nintendo.co.jp/software/smb1/
※2　ウィンドウが図A-1の画面のように広がらないときは、111行目のroot.resizable(False, False)をコメントアウトするか、削除して実行しましょう。

ヘルプ！プリンセスは、次のような内容です。

最後まで進むことができれば、お姫様を助けられます。

ヘルプ！プリンセスの基本ルール

- ゲームを始めると、画面下部の床が右から左にスクロールする。
- 主人公のキャラクターは、マウスポインタがキャラクターより左にあれば左へ、右にあれば右へ移動する。
- マウスボタンをクリックすると、キャラクターがジャンプする。
- 穴に落ちないように進んでいく。
- 距離（distance）が0になるまで進めば、ゲームクリアとなる。

(3) 使う画像ファイル

このゲームは、表A-1の画像を使って作られています。これらの画像ファイルは、AppendixAフォルダ内のimageフォルダに入っています。

▼表A-1　画像ファイル

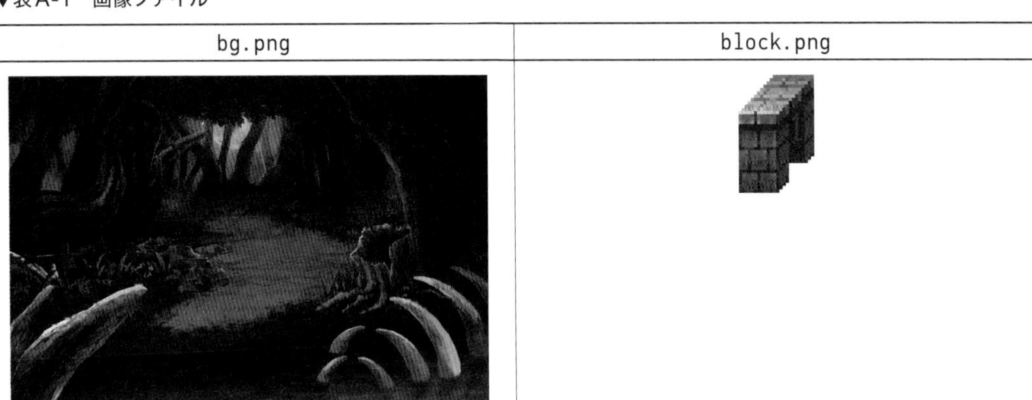

bg.png	block.png

player0.png ～ player2.png	princess.png

おまけ素材のデビルの絵（devil.png）も入っています。改造するときに使ってみましょう。

ボクは良いモンスターだけど、このデビルは悪い子っぽいね。

A-2 プログラムをながめてみよう

次は、プログラムの概要を確認します。

(1) help_princess.pyの確認

ヘルプ！プリンセスのプログラムの内容を見てみましょう（コードA-1）。

▼コードA-1　help_princess.py

```
01 import tkinter                                                        tkinterをインポート
02 import random                                                         randomをインポート
03
04 WIDTH, HEIGHT = 1200, 720                                             画面の幅と高さを定義
05 FLOOR_Y = 600                                                         床のy座標の位置を定義
06 SIZE = 24                                                             床ブロック1つの横幅を定義
07 BLOCKS = 50                                                           床ブロックの総数を定義
08 floor = [1]*BLOCKS                                                    ブロック用の配列を用意
09 space = 0                                                             ブロックのない箇所の計算用
10 pl_x = 300                                                            ┬主人公の座標を
11 pl_y = FLOOR_Y                                                        ┘代入する変数
12 pl_yp = 0                                                             y軸方向の変化量の変数
13 pl_jump = False                                                       ジャンプ用のフラグ
14 scene = "タイトル"                                                     シーンを管理する変数
15 timer = 0                                                             時間をカウントする変数
16 dist = 0                                                              ゴールまでの距離の変数
17 mouse_x, mouse_y = 0, 0                                               マウスポインタのx, y座標
18 mouse_c = False                                                       マウスボタンのフラグ
19
20 def move(e):                                                          マウスが動いたときに呼ぶ関数
21     global mouse_x, mouse_y                                           変数のグローバル宣言
22     mouse_x = e.x                                                     ┬mouse_x、mouse_yに
23     mouse_y = e.y                                                     ┘マウスの座標を代入
24
25 def click(e):                                                         クリックしたときに呼ぶ関数
26     global mouse_c                                                    変数のグローバル宣言
27     mouse_c = True                                                    mouse_cをTrueにする
28
29 def release(e):                                                       ボタンを離したときに呼ぶ関数
30     global mouse_c                                                    変数のグローバル宣言
31     mouse_c = False                                                   mouse_cをFalseにする
32
33 def text(x, y, txt, siz, col):                                        影付き文字を表示する関数
34     fnt = ("Times New Roman", siz)                                    フォントの定義
35     cvs.create_text(x+1, y+1, text=txt, font=fnt, fill="black")       黒で文字列を表示
36     cvs.create_text(x, y, text=txt, font=fnt, fill=col)               引数の色で文字列を表示
37
38 def main():                                                           メイン処理を行う関数
39     global floor                                                      配列のグローバル宣言
40     global mouse_c, space, pl_x, pl_y, pl_yp, pl_jump, scene, timer, dist  変数のグローバル宣言
```

```
41
42        timer += 1                                                  timerを1増やす
43        cvs.delete("all")                                           描いたものをすべて消す
44        cvs.create_image(WIDTH/2, HEIGHT/2, image=bg)               背景を表示
45        for i in range(BLOCKS):                                     床を表示
46            if floor[i]==1:
47                cvs.create_image(i*SIZE+SIZE/2, FLOOR_Y+56, image=block)
48        ani = int(timer/3)%4                                        主人公のアニメ番号を計算
49        cvs.create_image(pl_x, pl_y, image=player[ani])             ani番の主人公の画像を表示
50        text(120, 40, "distance "+str(dist), 30, "white")           残りの距離を表示
51
52        if scene=="タイトル":                                       タイトル画面の処理
53            text(WIDTH/2, HEIGHT*0.2, "Jump Action Game", 30, "gold")          タイトルの文字列を表示し、
54            text(WIDTH/2, HEIGHT*0.4, "HELP! PRINCESS", 60, "pink")            画面をクリックしたら
55            text(WIDTH/2, HEIGHT*0.7, "Click to start.", 40, "skyblue")        ゲームを開始する
56            if mouse_c==True:
57                floor = [1]*BLOCKS                                  詳細は後述
58                pl_x = 300
59                pl_y = FLOOR_Y
60                pl_yp = 0
61                pl_jump = False
62                scene = "ゲーム"
63                timer = 0
64                dist = 1000
65
66        if scene=="ゲーム":                                         ゲームをプレイ中の処理
67            if pl_x>mouse_x and pl_x>30:                            主人公キャラの操作、
68                pl_x -= 12                                          穴に落ちた判定、
69            if pl_x<mouse_x and pl_x<WIDTH-30:                      ゲームクリアの判定
70                pl_x += 12                                          床のスクロールなどを行う
71            if pl_jump==False:
72                fx = int(pl_x/SIZE)                                 詳細は後述
73                if floor[fx]==0: # 穴に落ちた？
74                    scene = "ゲームオーバー"
75                    timer = 0
76                if mouse_c==True:
77                    pl_yp = -60
78                    pl_jump = True
79            else:
80                pl_y += pl_yp
81                pl_yp += 6
82                if pl_y>=FLOOR_Y: pl_jump = False
83            dist -= 1
84            if dist==0:
85                scene = "ゲームクリア"
86                timer = 0
87            if dist%30==0: space = random.randint(2, 12)
88            floor.pop(0)
89            if space==0:
90                floor.append(1)
91            else:
92                floor.append(0)
93                space -= 1
94
95        if scene=="ゲームオーバー":                                 ゲームオーバーの処理
96            if timer<50:                                            詳細は後述
97                pl_y += 6
98            else:
```

ジャンプアクションゲームで学ぼう　特別付録A

```
99              text(WIDTH/2, HEIGHT*0.33, "GAME OVER", 60, "red")
100         if timer>150: scene = "タイトル"
101
102     if scene=="ゲームクリア":                                          ゲームクリアの処理
103         cvs.create_image(pl_x+60, pl_y, image=princess)               詳細は後述
104         text(WIDTH/2, HEIGHT*0.33, "Congratulations!", 60, "pink")
105         if timer>150: scene = "タイトル"
106
107     root.after(50, main)                                               50ミリ秒後にmain()を呼ぶ
108
109 root = tkinter.Tk()                                                    ウィンドウを作る
110 root.title("Jump Action Game")                                         タイトルを指定
111 root.resizable(False, False)                                           ウィンドウサイズ変更不可
112 root.bind("<Motion>", move)                                            イベント発生時に呼ぶ
113 root.bind("<Button>", click)                                           関数をbind()で指定
114 root.bind("<ButtonRelease>", release)
115 cvs = tkinter.Canvas(width=WIDTH, height=HEIGHT)                       キャンバスを用意
116 cvs.pack()                                                             キャンバスを配置
117 bg = tkinter.PhotoImage(file="image/bg.png")                           変数に背景画像を読み込む
118 block = tkinter.PhotoImage(file="image/block.png")                     ブロックの画像を読み込む
119 princess = tkinter.PhotoImage(file="image/princess.png")               姫の画像を読み込む
120 player = [                                                             配列にプレイヤーの
121     tkinter.PhotoImage(file="image/player0.png"),                      画像を読み込む
122     tkinter.PhotoImage(file="image/player1.png"),
123     tkinter.PhotoImage(file="image/player0.png"),
124     tkinter.PhotoImage(file="image/player2.png")
125 ]
126 main()                                                                 main()関数を呼び出す
127 root.mainloop()                                                        ウィンドウの処理を開始
```

42行目のtimer += 1はtimer = timer + 1と同じ式です。83行目のdist -= 1は、dist = dist - 1と同じ式です。82、87、100、105行目のif文は、コロンで改行せずに1行で記述しています。

100行を超えるプログラムだけど、がんばって読み解いているところです！

次の節で処理の流れを説明しますので、あせらなくても大丈夫ですよ。

A③ プログラムの全体像

続いて、ヘルプ！プリンセスの主要な処理の流れ、使っている変数と配列、定義した関数について説明します。

(1) ゲームをプレイする処理の流れ

ゲームをプレイするときの処理の流れをフローチャートで示します（図A-2）。main()関数のif scene=="ゲーム"のブロックで、この処理を行っています。

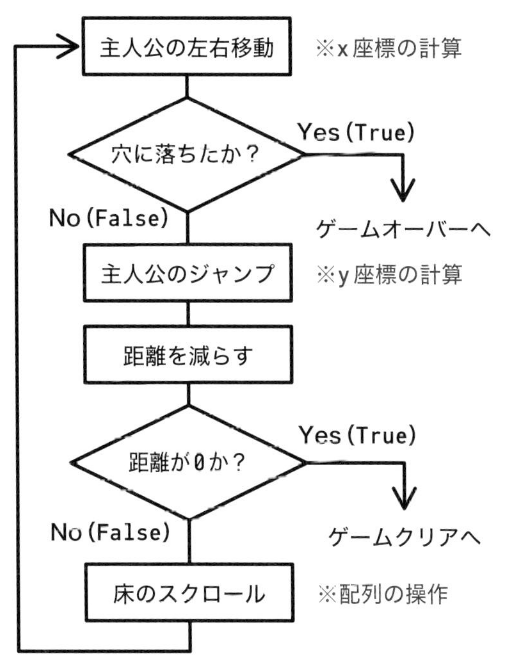

▲図A-2　ゲーム中の処理の流れ

main()関数の中で、タイトル画面、ゲームをプレイする処理、ゲームオーバー、ゲームクリアという4つの大きな処理を、if文で分岐させています。

その中のゲームをプレイする処理が、この図A-2の流れになっているんですね。

(2) 変数と配列

このプログラムで使っている変数と配列を確認します（表A-2・表A-3）。

▼表A-2　宣言した変数と配列

変数名	用途
WIDTH、HEIGHT	ゲーム画面の大きさを定義（定数として使用）
FLOOR_Y	床のy座標の位置を定義（定数として使用）
SIZE	床のブロック1つ分の幅を定義（定数として使用）
BLOCKS	ブロックを横にいくつ並べて床を作るか（定数として使用）
floor[]	床のブロックの状態を管理する配列
space	床に穴を配置する計算に使う
pl_x、pl_y	主人公の(x, y)座標を代入（図A-3）
pl_yp	ジャンプ中のy軸方向の変化量（ピクセル数：図A-3）
pl_jump	ジャンプ中かどうかのフラグ※1
scene	どのシーンかを管理
timer	ゲーム内の時間の進行を管理
dist	ゴールに到達するまでの距離を代入
mouse_x、mouse_y	マウスポインタの(x, y)座標を代入
mouse_c	マウスボタンをクリックしたかのフラグ※2

※1　ジャンプしていないときはFalse、ジャンプ中はTrueを代入する。
※2　ボタンが押されていないならFalse、押されているならTrueを代入する。

4～18行目で変数や配列を宣言しているね。

画像は117～125行目のPhotoImage()で読み込んでいます。

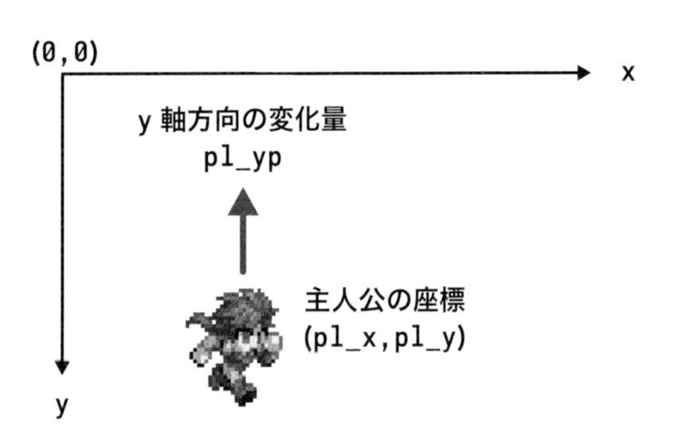

▲図A-3　主人公の変数

▼表A-3　画像を読み込む変数、配列

変数名	用途
bg	背景を読み込む
block	ブロックの画像を読み込む
princess	姫の画像を読み込む
player[]	主人公の画像を読み込む

(3) 定義した関数

次に、定義した関数も確認します（表A-4）。

▼表A-4　定義した関数

関数名	役割
move(e)	マウスポインタを動かしたときに呼び出す関数。mouse_x、mouse_yにマウスポインタの座標を代入
click(e)	マウスボタンを押したときに呼び出す関数。mouse_cにTrueを代入
release(e)	マウスボタンを離したときに呼び出す関数。mouse_cにFalseを代入
text()	影の付いた文字を表示する関数
main()	メイン処理を行う関数。詳細はA-4節とA-5節

A-4 処理の詳細を理解しよう① 主人公の動き

次に、この節と次のA-5節で、ヘルプ！プリンセスの処理の詳細を説明します。ここでは、数学的な計算と、主人公を動かす処理について説明します。

(1) 数学的な計算

やや難しい数学的な計算を行っている部分について説明します。

①放物運動

斜め上向きに投げたボールは、図A-4のような軌跡を描いて飛びます。この曲線を**放物線**といいます。また、このような物体の動きを**放物運動**といいます。

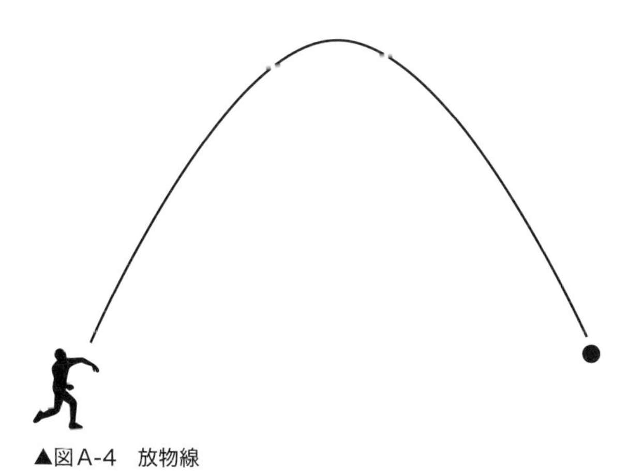

▲図A-4　放物線

放物運動は、高校物理で学びます。このゲームでは、物理を学んでいない人も放物運動に似た動きを表現できる計算を行っています。

主人公のキャラクターがジャンプしたときの様子を観察すると、放物運動に似た動きをしていることがわかります。放物運動を正確に計算するには、次ページのMEMOで挙げた物理の知識が必要ですが、ヘルプ！プリンセスでは**物理の公式を使わず、簡易的な計算で放物運動に近い動きを表現**しています。

斜方投射

高校物理で**斜方投射**という放物運動を学びます。斜方投射の公式は、次のとおりです（図A）。

水平方向（x軸方向）
速さ $v_x = v_0 \cos\theta$
変位 $x = v_0 t \cos\theta$

鉛直方向（y軸方向）
速さ $v_y = v_0 \sin\theta - gt$
変位 $y = v_0 t \sin\theta - \frac{1}{2}gt^2$

物理の二次元平面上の運動で、この図のように物体の速度をx軸方向とy軸方向に分解して計算を行います。

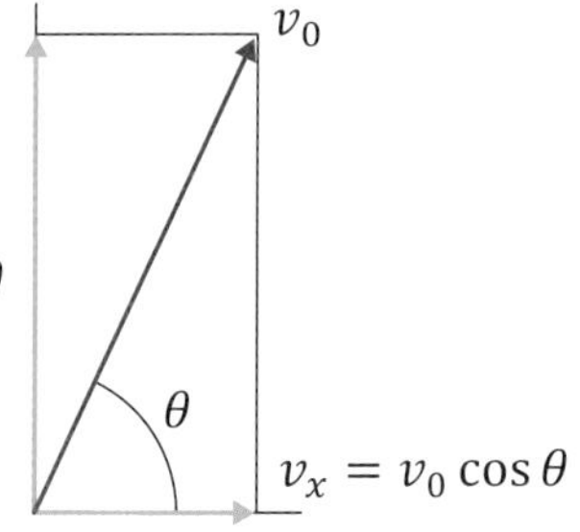

▲図A　斜方投射の初速度

これは、初速度v_0(m/s)、角度θで物を投げたときの、時間tにおける速さと座標の変化を表す式です。gは地球の重力によって生じる重力加速度で、一般的に$g = 9.8m/s^2$として計算します。

②主人公を動かす計算

ヘルプ！プリンセスは、二次元の画面で構成されたゲームです。物体（主人公のキャラクター）は、二次元平面上を移動します。そのような運動は、動きの計算をx軸方向とy軸方向に分けて行います。

このゲームの主人公は、ジャンプ中も左右に移動できますが、左右に動かさずにジャンプしたときの様子を観察すると、放物線を描くように見えます。その動きをどのように計算しているかを説明します。

まず、放物線の動きとは関係しない、主人公を左右に動かす処理から説明します。main()関数内の67～70行目に、次のif文を記述しています。

```
67          if pl_x>mouse_x and pl_x>30:
68              pl_x -= 12
69          if pl_x<mouse_x and pl_x<WIDTH-30:
70              pl_x += 12
```

67～68行目で、主人公のx座標がマウスポインタのx座標より大きく、かつ主人公のx座標が30より大きいなら、pl_xの値を減らし、左に移動させています。

69～70行目で、主人公のx座標がマウスポインタのx座標より小さく、かつ主人公のx座標がWIDTH-30より小さいなら、pl_xの値を増やし、右に移動させています（図A-5）。

マウスポインタのx座標のほうに主人公を移動させる

▲図A-5　主人公の左右の動き

x座標が30より大きいかと、WIDTH-30より小さいかを判定しているのは、主人公が画面の左右の端から外に出ないようにするためです。

次に説明する、71～82行目のif文とy座標の計算の中で、放物運動に近い動きを表現する処理を行っています。

```
71          if pl_jump==False:
72              fx = int(pl_x/SIZE)
73              if floor[fx]==0: # 穴に落ちた？
74                  scene = "ゲームオーバー"
75                  timer = 0
76              if mouse_c==True:
77                  pl_yp = -60
78                  pl_jump = True
79          else:
80              pl_y += pl_yp
81              pl_yp += 6
82              if pl_y>=FLOOR_Y: pl_jump = False
```

pl_jumpは、主人公がジャンプしているときと、していないとき（床に載った状態のとき）で処理を分けるためのフラグです。pl_jumpがFalseなら床に載った状態です。そのときは、71～78行目で、次の2つの処理を行っています。

主人公がジャンプしていないときにする処理

①73～75行目で穴に落ちたかを判定し、落ちたらゲームオーバーに移行する。
②76～78行目でマウスボタンがクリックされたかを判定し、そのときはpl_ypを-60に、pl_jumpをTrueにして、ジャンプの処理に移る。

79～82行目のelseのブロックが、主人公がジャンプしているときの計算です。ここにpl_yにpl_ypの値を加える式と、pl_ypを6増やす式を記述していますが、それらの式が放物線を描くための計算です。82行目のif文は、ジャンプして頂点に達し、落下して再び床に戻ったかを判定しています。床に戻ったらpl_jumpにFalseを代入し、ジャンプの計算を終えます。

80～81行目の計算で、pl_yとpl_ypがどう変化するかを表A-5にまとめます。表A-5の計算回数は、ジャンプを始めるときが1回目で、跳び上がる計算を2回、3回、4回‥‥と続けていき、21回目の計算で再び地面に戻る、という回数を示したものです（図A-6）。

▼表A-5　主人公のy座標とy軸方向の変化量

計算回数	初期値	1回目	2回目	3回目	4回目	5回目	6回目	7回目	8回目	9回目	10回目
y座標（pl_y）	600	540	486	438	396	360	330	306	288	276	270
変化量(pl_yp)	-60	-54	-48	-42	-36	-30	-24	-18	-12	-6	0

計算回数	11回目	12回目	13回目	14回目	15回目	16回目	17回目	18回目	19回目	20回目	21回目
y座標（pl_y）	270	276	288	306	330	360	396	438	486	540	600
変化量(pl_yp)	6	12	18	24	30	36	42	48	54	60	66

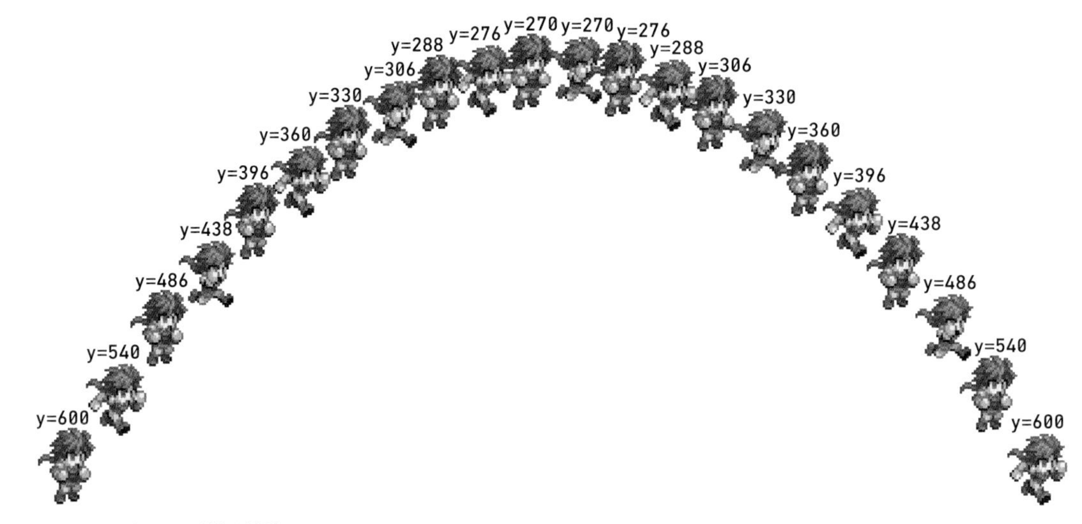

▲図A-6　主人公が描く軌跡

主人公のキャラクターが床に載っているとき、そのy座標の値は600です。この600という値は、5行目でFLOOR_Y = 600と定義しています。

pl_ypには、ジャンプを始めるとき、-60を代入しています。pl_yにpl_ypを足すので、主人公のy座標は60減り、主人公は画面の上に向かって移動します。

pl_yにpl_ypを足し続けますが、同時にpl_ypに6を足しています。pl_ypの値は、-60→-54→-48→-42→-36→‥‥と6ずつ増え、0に近づいていきます。そのため、主人公は上に向かいつつ、1回の計算で変化するy座標のピクセル数は小さくなっていきます。つまり最初は勢いよく跳び上がり、頂点に近づくにつれ、y軸方向にあまり移動しなくなります。

表A-5の10回目と11回目の値を確認しましょう。pl_yが270になっています。このときが最も高く跳び上がった状態です。

頂点に達した後、pl_ypは0→6→12→18→‥‥と増えていきます。これをpl_yに加えているので、y座標が増え、主人公は加速しながら落下していきます。

このゲームは、床を右から左へ自動的にスクロールさせているので、主人公が右に向かって走っていくように見えます。ここで説明したy座標を変化させる計算と、右へ向かって移動するように見せる演出により、キャラクターがあたかも放物線を描いてジャンプしているように見えるのです。

y座標を代入する変数と、y軸方向の変化量を代入する変数を用意したところがポイントです。この計算で、放物運動に近い動きを簡易的に表現できます。

なるほど～。難しい公式を使わずに、2つの変数だけでマリオのような動きをさせるなんてスゴイですね！

(2) 主人公のアニメーション

120〜125行目でplayerという配列に主人公の画像を読み込んでいます（表A-6）。

```
120 player = [
121     tkinter.PhotoImage(file="image/player0.png"),
122     tkinter.PhotoImage(file="image/player1.png"),
123     tkinter.PhotoImage(file="image/player0.png"),
124     tkinter.PhotoImage(file="image/player2.png")
125 ]
```

画像は3種類だけど、
配列の箱は4つ用意してるね。

▼表A-6　主人公の画像を読み込む配列

配列	player[0]	player[1]	player[2]	player[3]
ファイル名	player0.png	player1.png	player0.png	player2.png
画像				

player[0]とplayer[2]には、同じ画像を読み込んでいます。これらの絵は、順に表示することで、走る動きになるように描かれています。

主人公の画像を、48〜49行目で順に表示して、アニメーションさせています。

```
48     ani = int(timer/3)%4
49     cvs.create_image(pl_x, pl_y, image=player[ani])
```

ani = int(timer/3)%4 で、変数aniに0〜3のいずれかの数を代入しています。cvs.create_image(pl_x, pl_y, image=**player[ani]**)で、どの画像を表示するかを、aniで指定しています。この計算について説明します。

変数timerの値を42行目のtimer += 1で1ずつ増やしています。timerは、0→1→2→3→4→5→6→7→8→9→10→11→12→13→14→15→16→17→18→19→20→21→‥‥と増えていきます。

int(timer/**3**)は、それを**3で割った整数**なので、timerが3増えるごとに、0→1→2→3→4→5→6→7→‥‥と1ずつ増えていきます。

int(timer/3)**%4**は、それを**4で割った余り**なので、0→1→2→3→0→1→2→3→‥‥と0から3までを繰り返します。

この計算で主人公の画像をplayer[0]→player[1]→player[2]→player[3]の順に繰り返して表示し、走るアニメーションを行っています。

たとえば、int(timer/3)%4をint(timer/2)%4やtimer%4とすると、主人公の走る様子があわただしくなります。また、int(timer/10)%4のように、timerを割る値を大きくすると、動作がゆっくりになります。

%は、割り算の余りを求める演算子です。本書の中で何度か使いました。%は便利に使える演算子ですから、使い方を覚えてしまうとよいでしょう。

A⑤ 処理の詳細を理解しよう② 床と穴のスクロール

次に、スクロールする床を、どのようにプログラミングしたかを説明します。

(1) 配列を使って床を作る

主人公が載る床の状態を配列で管理しています。その仕組みから説明します。

①床の有無を配列に代入する

7〜8行目のBLOCKS = 50、floor = [1]*BLOCKSで、一次元の配列を用意しています。こう記述すると、floor[0]からfloor[49]の50個の箱（要素）が作られます。

floor[n]の値は、図A-7のように、1なら床のブロックがある、0ならブロックはない（そこは穴である）とします。

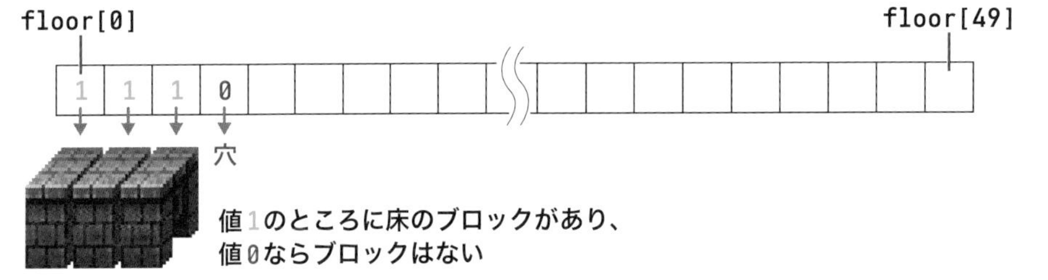

▲図A-7　床を管理する配列

②並べたブロックで床を作る

45〜47行目の、変数iを使ったfor文とif文で、floor[i]の値を調べ、1ならブロックの画像を表示しています。

```
45    for i in range(BLOCKS):
46        if floor[i]==1:
47            cvs.create_image(i*SIZE+SIZE/2, FLOOR_Y+56, image=block)
```

SIZEには、6行目で24を代入しています。この値は、ブロックの幅のピクセル数です。ブロックの画像を24ピクセルずつずらして並べ、床にしています（図A-8）。24ピクセルずつずらすために、47行目のcreate_image()のx座標の引数をi*SIZE+SIZE/2としています。

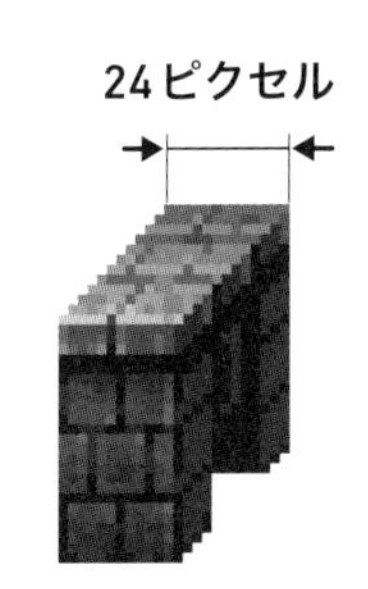

▲図A-8　床のブロックの幅

create_image()の座標の引数は、
画像の中心になるので+SIZE/2としています。

③座標と添え字の関係

主人公が穴に落ちる判定について説明します。

主人公のx座標の値から、主人公の載る床の配列の添え字を計算し、その箱（要素）を調べます。floor[主人公の載るブロックの番号]が0なら、そこは穴なので、ゲームオーバーに移行させています。その処理を72〜75行目に記述しています。

```
72            fx = int(pl_x/SIZE)
73            if floor[fx]==0: # 穴に落ちた？
74                scene = "ゲームオーバー"
75                timer = 0
```

変数fxが主人公の載る床のfloor[]の添え字です。②で説明したように、ブロック1つの幅を24ピクセル（SIZEの値）としています。72行目のように、主人公のx座標をSIZEで割った整数が、添え字の番号になります。

第8章で学んだシューティングゲーム「ギャラクシー・ディフェンダー」のプログラムでは、これと同じ仕組みで、クリックした座標から、敵を管理する二次元配列の添え字を求めました。この仕組みがあいまいな方は、p.226で復習しましょう。

(2) 要素の削除と追加で床をスクロールさせる

床を右から左にスクロールさせる処理について説明します。

88行目のpop()という命令で、配列の先頭の要素を削除し、90行目と92行目のappend()という命令で、配列の末尾に新たな要素を加えています。これら2種類の命令を使って、配列全体を左にずらし、床を移動させています。その仕組みを図解します（図A-9）。

pop(添え字の番号)で配列の要素を取り出して削除し、append(データ)で配列末尾に新たなデータの入った要素を追加できます。

pop()とappend()は、
便利な命令なんだね。

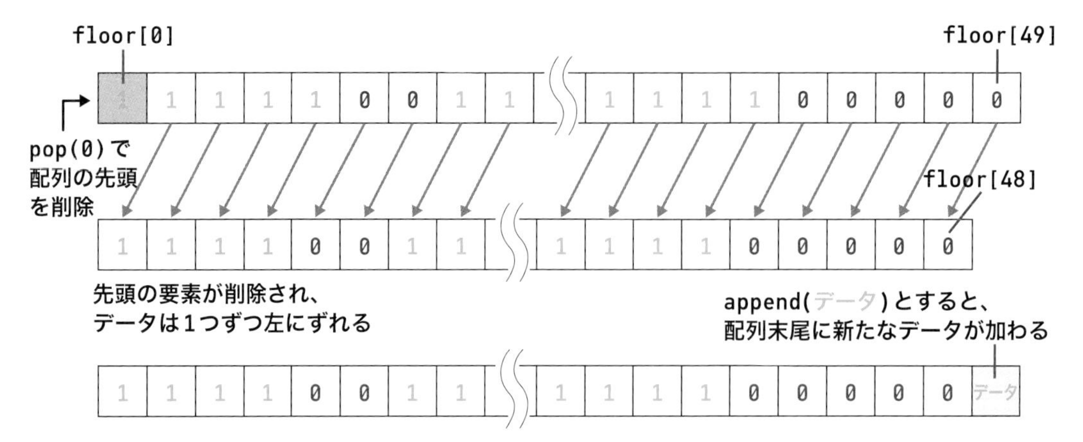

floor[0]
floor[49]
pop(0)で
配列の先頭
を削除
floor[48]
先頭の要素が削除され、
データは1つずつ左にずれる
append(データ)とすると、
配列末尾に新たなデータが加わる
データ

▲図A-9　pop()とappend()で配列の要素を移動する

(3) 床に穴を配置する

83〜93行目に、ゴールまでの距離の計算と、穴を配置する処理を記述しています。その部分を抜き出して説明します。

```
83          dist -= 1
84          if dist==0:
85              scene = "ゲームクリア"
86              timer = 0
87          if dist%30==0: space = random.randint(2, 12)
88          floor.pop(0)
89          if space==0:
90              floor.append(1)
91          else:
92              floor.append(0)
93              space -= 1
```

distが残りの距離を数える変数です。ゲーム開始時に1000を代入し、ゲーム中に1ずつ減らし、0になったらゲームクリアとしています。

87行目でdistを30で割った余りが0のときに、spaceという変数に2〜12の乱数を代入しています。この乱数はブロックをいくつ置かないようにするか（穴の幅をどれくらいにするか）という値です。

88行目のpop()命令で、floor[]の先頭要素を削除しています。90行目もしくは92行目のappend()命令で、floor[]の末尾に新たなデータを加えています。このとき、89行目のif文で、spaceが0ならブロック（値1）を追加し、91行目のelseで、spaceが0より大きいときは穴（値0）を追加し、spaceを1減らしています。これで、距離が30進むごとに、2〜12個分の穴が配置されます。

floor[n]が1ならブロックがあり、0ならブロックはない、つまり穴になるわけですね。配列でデータを扱う意味もわかってきました！

すばらしいですね。配列にデータを出し入れして使うことができるようになれば、制作できる処理がぐっと増えますよ。

特別付録

3Dダンジョン探検プログラムで学ぼう

Pythonパークに
3Dダンジョンアトラクションが
できたって。
ヒマだし、行ってみるか。

2つ目の特別付録は、3DCGで描かれた迷路の中を探検するプログラムです。レイキャスティングという手法で、コンピューターの中に三次元空間を表現します。

Contents

B ① ゲームの内容

この特別付録のプログラムは、三次元のコンピューターグラフィックス（CG）で描かれた迷路の中を歩き、出口を探す、という内容です。ゲームタイトルを「ラビリンス・エクスプローラー」としました。まずは、ラビリンス・エクスプローラーの概要を見ていきましょう。

（1）3DCGのゲーム

ゲームの映像表現は、2D（二次元）のCG（コンピューターグラフィックス）で描かれたものと、3D（三次元）のCGで描かれたものに分かれます。

物体などを3Dのグラフィックで描くには、様々な方法があります。それらの中で代表的なものを3つ挙げます。

ゲームのグラフィックは大きく2Dと3Dに分かれますが、他にも本書の最初に取り上げたクイズのようにテキストだけのゲームや、映像はなく音だけで遊ぶゲームもあります。

3Dグラフィックを描く方法（代表的なもの3つ）

方法①

モデルデータ（人物や物体を形作るデータ）と、そのモデルの動きを定めたモーションデータを用意し、三次元の映像をコンピューターの画面に表示する。この方法では、プログラムの開発環境やライブラリが、モデルデータを三次元の映像に変換するので、プログラマーは、モデルを読み込む命令、それを表示する命令、カメラ位置を設定する命令などを記述すればよい（3DCGを描くアルゴリズムをプログラミングする必要はない）。

代表例 SQUARE ENIX「FINAL FANTASY VII REMAKE」https://www.jp.square-enix.com/ffvii_remake/

方法②

三次元空間を描くための計算処理をプログラムで記述し、図形の描画命令などを使って、物体を三次元の映像として描く。つまり、3DCGを描くアルゴリズムをプログラミングする。それを行うには、空間座標などの三次元空間に関する知識、立体物を二次元の映像に変換する計算などの数学的な知識が必要になる。

代表例 ゲームアーツ「シルフィード」https://www.gamearts.co.jp/ja/products/pc-silpheed.html

方法③

イラストやドット絵などの二次元画像を拡大縮小や変形する、図形の大きさを変化させるなどして、疑似的に三次元の映像を表現する。この手法で描かれるCGは、**疑似3DCG**と呼ばれることもある。この方法は、②に比べると難しい知識を必要としないが、あくまで3Dに似せた映像表現になる。

代表例 任天堂・スーパーファミコン「F-ZERO」https://www.nintendo.co.jp/clvs/soft/f_zero.html

パソコン、スマートフォン、ゲーム機などで発売、配信される、3DCGで描かれたゲームの多くは、①の方法で作られています。①は、3DCGを描くためのアルゴリズムを作る必要はありません。一方、②や③の方法では、三次元の映像を作るための処理を自らプログラミングする必要があります。

(2) ラビリンス・エクスプローラーの3DCGの描き方

ラビリンス・エクスプローラーは、**レイキャスティング**という手法で、三次元空間を描きます。矩形の描画命令のみで立体的な迷路を描き、モデルデータや画像は使いません。

レイキャスティングによる3DCGの描画方法は、②に分類されますが、この特別付録のプログラムは、簡易的な計算で三次元空間を描いており、③の手法も取り入れているといえます。

レイキャスティングについては、B-2節で概要を説明し、B-6節でそのアルゴリズムを詳しく説明します。

より多くの人が理解しやすいように、ラビリンス・エクスプローラーのプログラムは、できるだけシンプルな記述とし、簡易的な計算で三次元の空間を表現しています。

(3) 実行してみよう

AppendixBフォルダにあるlabyrinth_explorer.pyをIDLEで開いて実行すると、図B-1のような画面になります。

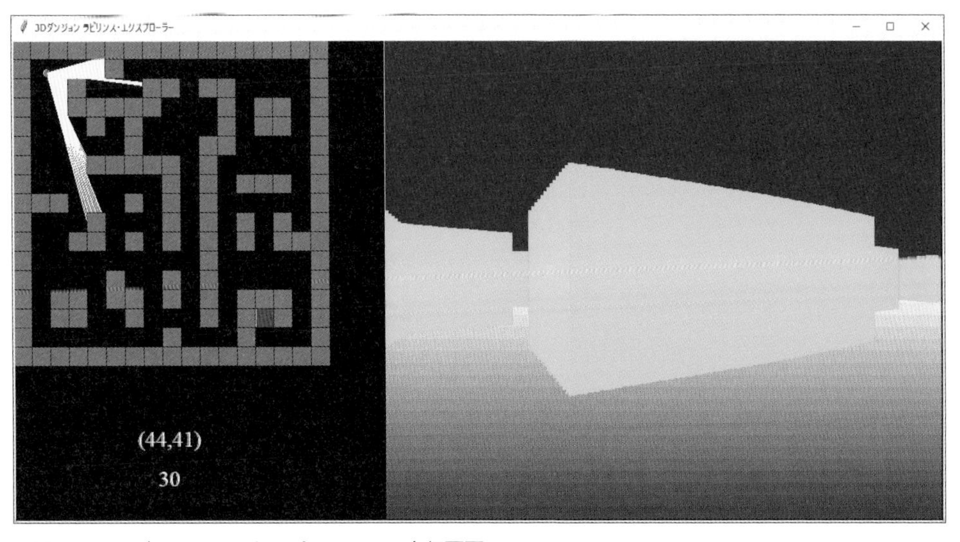

▲図B-1　ラビリンス・エクスプローラーの実行画面

画面右側が、あなた（プレイヤー）のいる場所から見える景色です。画面左側には、迷路の全体が二次元の地図で表示されています。地図左上にある赤丸が、あなたのいる位置です。黄色の線は、視線の先に壁があるかを調べる計算に使う線を表しています。この線は、本来、表示する必要はありませんが、プログラムの内容を理解しやすいように描画しています。B-6節で、この線の意味を説明します。

操作方法を確認しておきましょう。

ラビリンス・エクスプローラーの操作方法（図A）

- カーソルキー（矢印キー）の←キーで左に、→キーで右に向きを変える。キーを押すごとに10度ずつ向きが変わる。
- ↑キーで前進し、↓キーで後退する。後退は、向きを変えずに、後ずさりする形で移動する。

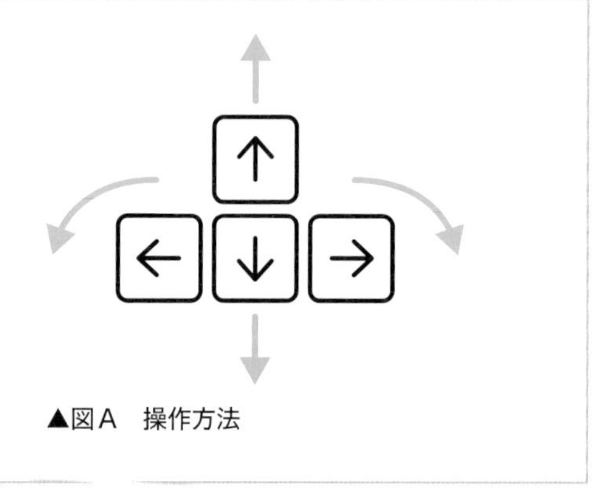

▲図A　操作方法

ゴールに着くと、「おめでとう！ゴールに到着しました。」と表示されます。そこでリアルタイム処理が終わるようにしており、ウィンドウは表示されたまま、キー入力を受け付けなくなります。ゴールに着いたら、ウィンドウの × ボタンで終了してください。

レイキャスティングによる3D表現には、いくつかの計算方法があります。本書では、**視線の先にある迷路の壁までの距離を計算し、その値から壁の高さを変えて描く方法で三次元空間を表現**しています。これはレイキャスティングの手法の中で、最も初歩的な計算です。次の節でレイキャスティングの概要を説明します。

ゲームタイトルのラビリンス（labyrinth）は、迷宮という意味です。RPGの世界で探検する迷宮をダンジョン（dungeon）と呼びますよね。ダンジョンは元々、城などの地下牢を指す言葉です。迷宮や迷路を表す言葉には、ほかにメイズ（maze）があります。

画面の左側が全体地図、画面の右側が自分の目線で迷宮を探検していくゲームなんですね。ワクワクしちゃいますね！

B② レイキャスティング

レイキャスティングのアルゴリズムの概要を見ていきましょう。

(1) レイキャスティングとは？

レイキャスティングは、英語でray castingです。rayは光線、castは投げる・向けるという意味です。**レイキャスティング**とは、この英単語の意味のように、視点から光線を投げかけ、その先にある物体までの距離を測って、物体の形状を捉えたり、立体物を描画したりする仕組みです。

レイキャスティングのアルゴリズムは、実際には光を放つのではなく、図B-2のように、視点から無数の光の線を放つような計算を行って、物体の各部までの距離を求めます。そして、その距離の値を使って、物体を三次元の映像として描きます。

リンゴのような立体物を描くには難しい計算が必要になりますが、迷路のような空間を作る計算はさほど難しいものではありません。次に、迷路を描く具体的な方法を説明します。

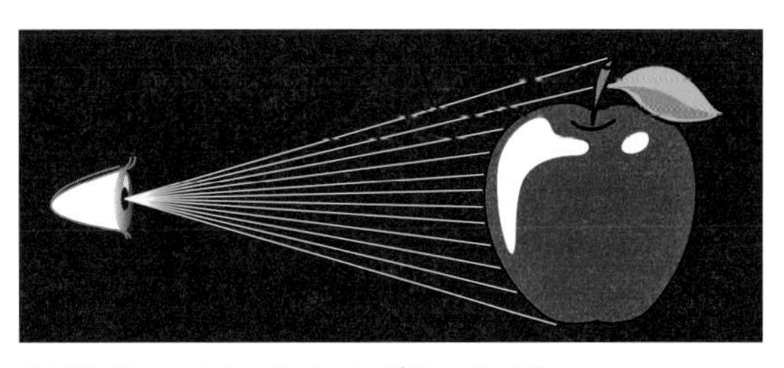

▲図B-2　レイキャスティングのイメージ

私たちはリンゴを見たとき、その全体像を捉えますが、コンピューターというハードウェアには物体の全体像を捉える機能はありません。そういった機能は、すべてソフトウェア（プログラム）で実現します。

コンピューターが物体の全体像を捉えるためのアルゴリズムの1つが、レイキャスティングなんですね！

(2) 三次元の迷路の描き方

レイキャスティングで三次元の迷路を描く手順は、次のとおりです（図B-3）。

レイキャスティングで三次元の迷路を描く

① 迷路のデータを定義する。本書では、そのデータを、通路を`0`、壁を`9`という値とし、二次元配列で定義する。

② 迷路内のどこにプレイヤーがいるか（座標）を代入する変数と、プレイヤーの向き（角度）を代入する変数を用意する。

③ プレイヤーの位置から視線の向きに複数の光線を放つ。光線という言葉は計算方法を例えるものであり、視線を左から右（あるいは右から左）に向ける形で、その先にある壁までの距離を求める計算を行う。

④ 光線が壁に到達するまでの距離に応じて、光線が当たった部分の壁の高さを計算し、壁を描く（計算方法はB-3節で説明）。

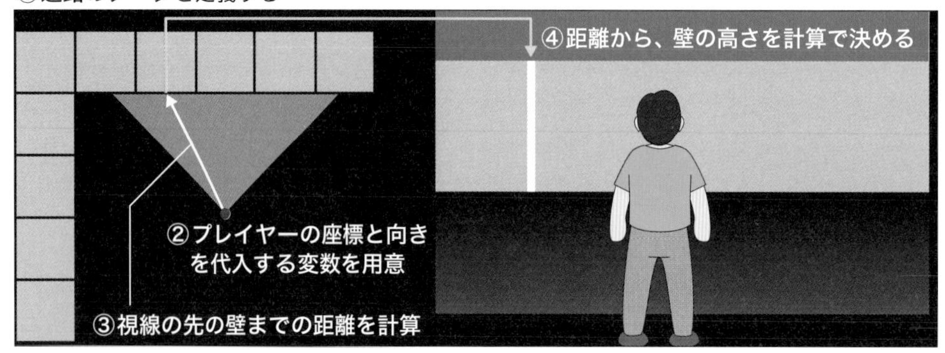

①迷路のデータを定義する
④距離から、壁の高さを計算で決める
②プレイヤーの座標と向きを代入する変数を用意
③視線の先の壁までの距離を計算

▲図B-3　迷路のデータから、壁までの距離を測り、壁を描く

遠くの物は小さく見え、近くの物は大きく見えます。壁の高さなら、遠くの壁は低く（縦に短く）、近くの壁は高く（縦に長く）見えます。壁を描くとき、距離の値から高さを決めます。そうすることで、視線の先にある景色が立体的に描かれます。プログラムを確認しながら、その計算方法を学んでいきましょう。

仕組みは何となくわかったけど、計算方法が難しそう‥‥。

心配しなくても大丈夫。まずは、「近くにある壁は高く見え、遠くの壁は低く見える」「距離によって壁の高さを変えて描く」、この2つを理解して先へ進みましょう。

MEMO

レイトレーシング

レイキャスティングを発展させた**レイトレーシング**というアルゴリズムがあります。**レイトレーシング**は、視線の先にある物体表面の光の反射率※1、その物体の透明度や屈折率※2、光源の位置（光がどちらから当たっているのか）、観測する物体と光源の間にさえぎるものがあるのか、周囲からどのような光が当たっているのかなど、空間内の光の道筋をすべてたどり、そこから求まる各種の値を使って物体表面の色を決め、3DCGを描く手法です。

視線の先にある物体までの距離だけで3DCGを簡易的に描くレイキャスティングに比べ、レイトレーシングのアルゴリズムでは、物体の色や質感、陰影を忠実に再現したリアルな3DCGを描くことができます。

※1
たとえば、鏡のように100%近い光を反射するのか、あるいは紙のように一部の色成分だけを反射するのか。

※2
たとえば、陶器のコップなのか、ガラスのコップなのか。

B③ プログラムをながめてみよう

続いて、プログラムの概要を確認しましょう。

(1) AppendixBフォルダにあるpyファイル

AppendixBフォルダには、次の2つのpyファイルが入っています（図B-4）。

- **labyrinth_explorer.py** → 三次元空間を描き、その中を歩く処理を行うプログラム
- **maze_data1.py** → 迷路のデータを定義したプログラム

labyrinth_explorer.py

3DCGの描画
迷路内の移動など

必要な
データを
受け取る

maze_data1.py

迷路のデータ

三次元空間を描くプログラムと、迷路データを定義したファイルで成り立っています。

▲図B-4　2つのプログラムの役割

ラビリンス・エクスプローラーは、labyrinth_explorer.pyから、maze_data1.pyのデータを読み込む作りになっています。

(2) プログラムの確認① —— labyrinth_explorer.py

三次元空間の景色を計算によって描くlabyrinth_explorer.pyから見ていきましょう（コードB-1）。

▼コードB-1　labyrinth_explorer.py

```
01 import tkinter                                         tkinterをインポート
02 import math                                            mathをインポート
03 import maze_data1                                      maze_data1をインポート
04
05 WIDTH, HEIGHT = 1200, 600                              画面の幅と高さを定義
06 MAZE = maze_data1.DATA                                 迷路の構造を参照する配列
07 ROW, COL, SIZE, COLOR1, COLOR2 = maze_data1.get_param()  迷路の各種のデータを代入
08 pl_x, pl_y, pl_a = maze_data1.init_player()            プレイヤーの座標、向き
09 WALL = 9                                               壁のデータ番号を定義
10 FNT = ("Times New Roman", 20)                          フォントの定義
11
```

```
12 def wall(x, y): # 壁の判定
13     ax, ay = int(x/SIZE), int(y/SIZE)
14     if MAZE[ay][ax]==WALL: return True
15     return False
16
17 def pkey(e): # キー入力(プレイヤーの移動)
18     global pl_x, pl_y, pl_a
19     key = e.keysym
20     if key=="Left": pl_a -= 10
21     if key=="Right": pl_a += 10
22     if pl_a<0: pl_a += 360
23     if pl_a>359: pl_a -= 360
24     s = 0
25     if key=="Up": s = 1
26     if key=="Down": s = -1
27     if s!=0:
28         xp = s*math.cos(math.pi*pl_a/180)
29         yp = s*math.sin(math.pi*pl_a/180)
30         for i in range(5):
31             if wall(pl_x+xp, pl_y+yp): break
32             pl_x += xp
33             pl_y += yp
34
35 def draw_3d_space(sx, sy, sa): # 三次元空間を計算
36     cvs.create_rectangle(480, 0, 1200, 300, fill="navy", outline="")
37     for i in range(20): # 床の描画
38         col = "#{:02x}{:02x}{:02x}".format(192-8*i, 224-8*i, 255-8*i)
39         cvs.create_rectangle(480, 300+15*i, 1200, 300+15*(i+1), fill=col, outline="")
40     wall_w = 4
41     wall_x = 482
42     wall_y = 300
43     rd = -45
44     for i in range(180):
45         rx, ry = sx, sy
46         xp = math.cos(math.pi*(sa+rd)/180)/5
47         yp = math.sin(math.pi*(sa+rd)/180)/5
48         while wall(rx, ry)==False:
49             rx += xp
50             ry += yp
51         cvs.create_line(sx, sy, rx, ry, fill="yellow")
52         dis = math.sqrt((rx-sx)**2 + (ry-sy)**2) * math.cos(math.pi*rd/180)
53         wall_h = 8000/dis
54         if wall_h>HEIGHT: wall_h = HEIGHT
55         col = COLOR1
56         if wall(rx-0.5, ry)==False or wall(rx+0.5, ry)==False:
57             col = COLOR2
58         cvs.create_rectangle(wall_x-wall_w/2, wall_y-wall_h/2, wall_x+wall_w/2,
   wall_y+wall_h/2, fill=col, outline="")
59         wall_x += wall_w
60         rd = rd + 0.5
61
62 COLOR = ["black", "blue", "black", "black", "black", "black", "black", "black",
   "black", "gray"]
63
64 def draw_2d_map(): # 二次元の地図を表示
65     for y in range(ROW):
66         for x in range(COL):
67             X, Y = x*SIZE, y*SIZE
68             cvs.create_rectangle(X, Y, X+SIZE, Y+SIZE, fill=COLOR[MAZE[y][x]])
```

壁かを判定する関数
詳細は後述

キー入力時に呼ぶ関数
プレイヤーの向きの変更、前進と後退

詳細は後述

三次元空間を描く関数
レイキャスティングによる計算で立体的な迷路を表現する

詳細は後述

地図を描く色の定義

地図を描く関数
二重ループのfor文で二次元の地図を描く

詳細は後述

```
69     cvs.create_oval(pl_x-5, pl_y-5, pl_x+5, pl_y+5, fill="red")
70     cvs.create_text(200, 500, text="("+str(int(pl_x))+","+str(int(pl_y))+")", 
font=FNT, fill="white")
71     cvs.create_text(200, 550, text=pl_a, font=FNT, fill="white")
72
73 def main(): # メイン処理
74     cvs.delete("all")
75     draw_2d_map()
76     draw_3d_space(pl_x, pl_y, pl_a)
77     if MAZE[int(pl_y/SIZE)][int(pl_x/SIZE)]==1:
78         cvs.create_text(WIDTH/2, HEIGHT/2, text="おめでとう！¥nゴールに到着しました。", 
font=FNT, fill="white")
79         return
80     root.after(50, main)
81
82 root = tkinter.Tk()
83 root.title("3Dダンジョン ラビリンス・エクスプローラー")
84 root.bind("<Key>", pkey)
85 cvs = tkinter.Canvas(width=WIDTH, height=HEIGHT, bg="black")
86 cvs.pack()
87 main()
88 root.mainloop()
```

- 73: メイン処理を行う関数
- 74: 描いたものをすべて消す
- 75: 地図を描く
- 76: 三次元空間を描く
- 77: ゴールに到達したか
- 78: 到達したらメッセージを表示する
- 79: 関数を抜ける
- 80: main()を実行し続ける
- 82: ウィンドウを作る
- 83: タイトルを指定
- 84: イベント時に呼ぶ関数
- 85: キャンバスを用意
- 86: キャンバスを配置
- 87: main()関数を呼び出す
- 88: ウィンドウの処理を開始

(3) プログラムの確認② ―― maze_data1.py

迷路を定義したmaze_data1.pyを確認します（コードB-2）。このファイルには、次の2つが記述されています。

- 迷路の構造を記述した二次元配列
- 迷路の大きさや色を返す関数と、プレイヤーの初期座標と向きを返す関数

▼コードB-2　maze_data1.py

```
01 DATA = [
02     [9,9,9,9,9,9,9,9,9,9,9,9,9,9,9,9,9],
03     [9,0,0,0,0,9,0,0,0,0,0,0,0,0,0,0,9],
04     [9,0,0,9,0,0,0,9,9,0,9,9,0,0,0,0,9],
05     [9,0,0,9,9,9,9,9,0,0,0,9,0,9,9,0,9],
06     [9,0,0,0,9,0,9,0,0,0,0,9,0,9,9,0,9],
07     [9,0,0,0,0,0,9,0,0,0,9,9,0,0,0,0,9],
08     [9,0,0,0,9,9,9,9,9,0,9,0,0,0,0,0,9],
09     [9,0,0,0,0,0,0,0,9,0,9,0,9,9,9,0,9],
10     [9,9,9,0,0,0,9,0,9,0,9,0,0,0,0,0,9],
11     [9,0,0,0,9,0,0,0,9,0,9,0,9,0,9,0,9],
12     [9,0,0,9,9,0,9,0,9,0,9,0,9,0,9,9,9],
13     [9,0,0,0,0,0,0,0,0,0,9,0,0,0,0,0,9],
14     [9,0,0,0,0,9,0,0,9,0,9,0,0,0,0,0,9],
15     [9,0,9,9,0,9,9,0,9,0,9,0,9,9,9,0,9],
16     [9,0,9,9,0,0,9,0,0,0,9,0,9,1,9,0,9],
17     [9,0,0,0,0,0,0,0,9,0,0,0,9,0,0,0,9],
18     [9,9,9,9,9,9,9,9,9,9,9,9,9,9,9,9,9]
19 ]
20
```

- 01–19: 迷路の構造

```
21 # 行数、列数、1マスの大きさ、横方向の壁の色、縦方向の壁の色を返す
22 def get_param():
23     return len(DATA), len(DATA[0]), 24, "#40c0ff", "#80ff80"
24
25 # プレイヤーの初期座標と向きを返す
26 def init_player():
27     return 36, 36, 0
```

関数1 詳細は後述（22〜23行目）

関数2 詳細は後述（26〜27行目）

1〜19行目の二次元配列で迷路の構造を定めています。値0が通路、1がゴール、9が壁になります。

22〜23行目に、迷路の行数、列数、通路や壁の1マス分の大きさ、x軸と平行な壁の色、y軸と平行な壁の色の値を返す、get_param()という関数を定義しています。また、26〜27行目に、プレイヤーの初期座標と向きを返す、init_player()という関数を定義しています。これらの関数の詳細は、B-5節で説明します。

(4) maze_data1.pyをインポートする

ラビリンス・エクスプローラーは、labyrinth_explorer.pyにmaze_data1.pyをインポートし（コードB-1の3行目）、迷路のデータをlabyrinth_explorer.pyで参照するようにしています（コードB-1の6行目）。また、maze_data1.pyに定義した関数を、labyrinth_explorer.pyから呼び出し、必要な値を受け取っています（コードB-1の7〜8行目）。

Pythonのモジュール

本書第8章までは、tkinter、random、mathなど、Pythonに最初から備わるモジュール（標準ライブラリ）を使ってプログラムを作りました。しかし、コードB-2のmaze_data1.pyのように、Pythonのモジュールを自作することもできます。たとえば、ゲーム制作に役立つ関数を自分でプログラミングし、game_func.pyというファイル名で保存したとします。新しいゲームを作るとき、プログラムの冒頭でimport game_funcと記述してgame_func.pyをインポートし、自分で定義した関数を使うことができます（図B）。

ラビリンス・エクスプローラーは、迷路のデータ定義と、迷路の大きさやプレイヤーの初期座標などを返す関数を、別のプログラム（maze_data1.py）に記述しています。それをモジュールとしてゲーム本体のプログラム（labyrinth_explorer.py）にインポートして使っています。

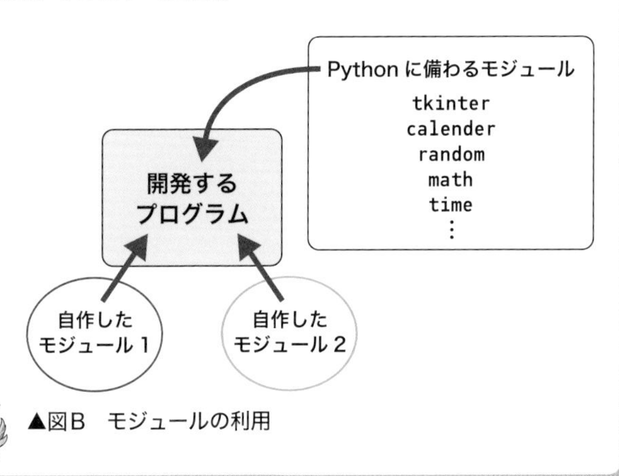

▲図B　モジュールの利用

B4 プログラムの全体像

ラビリンス・エクスプローラーの処理の流れ、使っている変数と配列、定義した関数について説明します。

(1) 処理の流れ

処理の流れをフローチャートで示します（図B-5）。main()関数で、この処理を行っています。

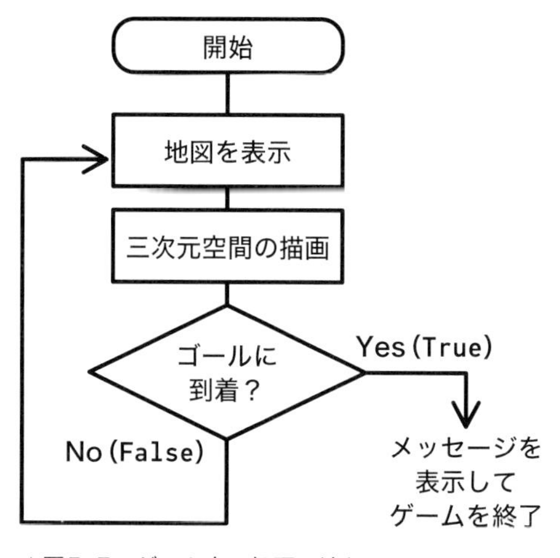

▲図B-5　ゲーム中の処理の流れ

ラビリンス・エクスプローラーのmain()関数は、たったの8行です。main()の中で、地図を表示する関数と、三次元空間を描く関数を呼び出しています。

プレイヤーの向きを変え、前後に移動する処理は、キーを押したときに呼び出す関数で行っています。

(2) 変数と配列

このプログラムで使っている変数と配列を確認します（表B-1）。

英語で行をrow、列をcolumnといいます。ROWとCOLは、その英単語を基にした変数名です。

▼表B-1　宣言した変数、配列

変数名	用途
WIDTH、HEIGHT	ゲーム画面の大きさ（ピクセル数）を定義（定数として使用）
MAZE[][]	迷路のデータ（maze_data1.pyに定義した二次元配列を参照する）
ROW、COL	迷路のマスの行の数と列の数（定数として使用）
SIZE	迷路の1マスの大きさ（地図の1マスのピクセル数。定数として使用）
COLOR1、COLOR2	三次元空間の壁を描く色（定数として使用）。COLOR1はx軸方向の壁の色、COLOR2はy軸方向の壁の色
pl_x、pl_y、pl_a	プレイヤーの座標、向き

図B-6を使って説明していきます。

pl_x、pl_yには、迷路内でプレイヤーがいる位置（座標）を代入します。迷路の左上角を原点(0, 0)とします。

pl_aには、プレイヤーがどちらを向いているかという値を代入します。向きは度の値とします。東向き（二次元の地図上で右方向）が0度で、時計回りに数え、一周すると360度です。

数学ではy軸上向きが正方向で、角度は反時計周りに数えますが、コンピューターでは一般的にy軸下向きが正方向で、角度は時計回りに数えます。

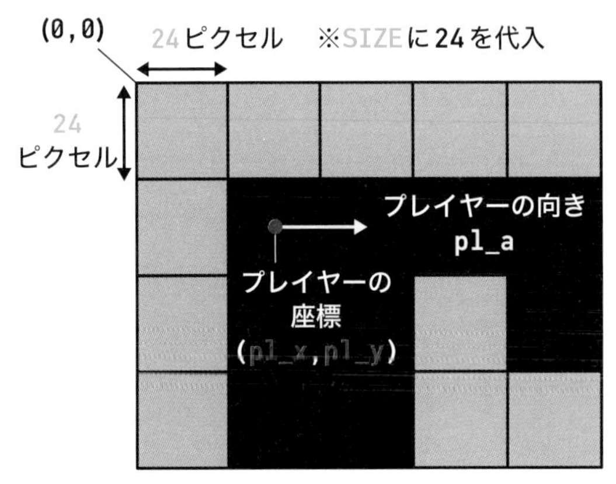

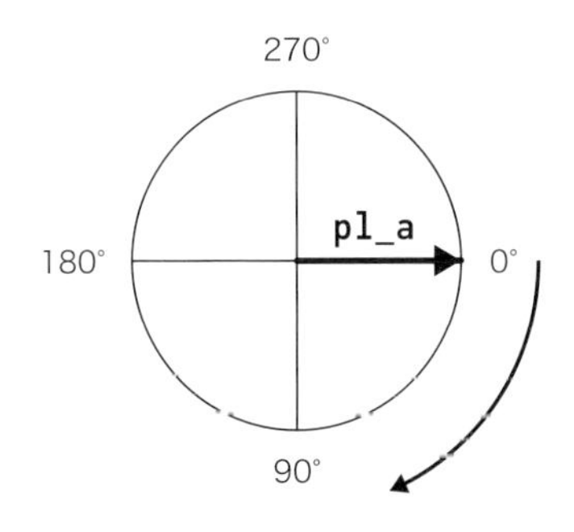

▲図B-6 プレイヤーの座標と向きの変数（pl_x、pl_y、pl_a）

(3) 定義した関数

次に、定義した関数も確認します（表B-2）。

▼表B-2 定義した関数

関数名	役割
wall(x, y)	引数の(x, y)の位置が壁かを判定する関数
pkey(e)	キーを押したときに呼び出す関数。プレイヤーの向きと座標を変更する。詳細はB-5節
draw_3d_space(sx, sy, sa)	三次元空間を計算して描く関数。詳細はB-6節
draw_2d_map()	二次元の地図を表示する関数。詳細はB-5節
main()	メイン処理を行う関数

5つの関数を定義していますね。中でもdraw_3d_space()関数が重要そうかな？

そうですね。三次元の迷路を描画するために使います。B-5節とB-6節で、これら5つの関数で行っている処理を確認しますよ。

(4) 三角関数

三角関数は、高校数学で学びます。
初めての方も忘れてしまった方も、
ここで基本をおぼえましょう。

ラビリンス・エクスプローラーには、三角関数を使った計算式があります。次の節からプログラムを詳しく見ていきますが、三次元空間を表現する計算を理解するには、三角関数の知識が必要となります。ここで三角関数の基本を押さえましょう。

三角形の角の大きさと辺の長さの比を表す関数が**三角関数**です。図B-7において、$\sin\theta=\dfrac{y}{r}$、$\cos\theta=\dfrac{x}{r}$、$\tan\theta=\dfrac{y}{x}$と定めたものが三角関数になります。

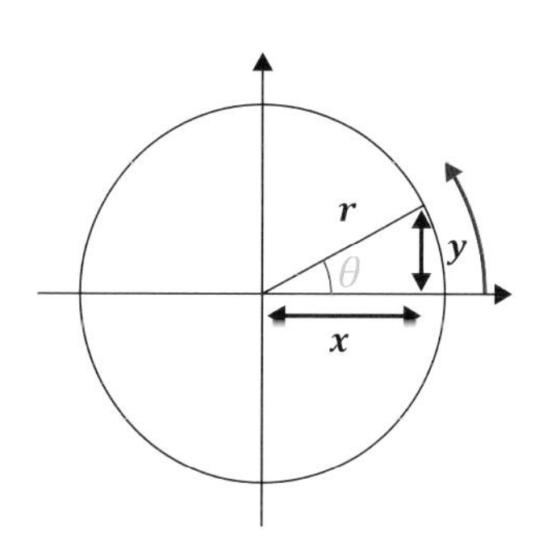

三角関数

$$\sin\theta=\frac{y}{r}$$

$$\cos\theta=\frac{x}{r}$$

$$\tan\theta=\frac{y}{x}$$

(x, y)は、半径rの円の円周上の座標です。

難しそうですが、
がんばっておぼえます！

▲図B-7　三角関数の公式

図B-7は、数学で学ぶ内容に合わせ、y軸上向きを正方向、角度は反時計回りに数えています。

サイン（sin）とコサイン（cos）の値は、-1から1の間で変化します。タンジェント（tan）は、−∞から+∞の間で変化します。∞は、無限大を意味する記号です。θが0度から始まり90度に近づくとき、$\tan\theta$は0から始まり、正の無限大に近づいていきます。

Pythonで三角関数を使うには、mathモジュールをインポートします。そして、`math.sin(角度)`、`math.cos(角度)`、`math.tan(角度)`で、それぞれの三角関数の値を求めます。

角度の引数で注意点があります。これらの関数の引数には、度ではなく、**ラジアン**という単位の値を与えます。ラジアンは、日本語で**弧度**（こど）と呼ばれ、角度を表す単位の一種です。度とラジアンは、表B-3の関係にあります。

▼表B-3　度とラジアンの関係

度	0°	90°	180°	270°	360°
ラジアン	0	$\dfrac{\pi}{2}$	π	$\dfrac{3}{2}\pi$	2π

度をラジアンに変換するには、$\pi\times$度$\div 180$という式で計算します。

πは円周率です。

B⑤ 処理の詳細

続いて、ラビリンス・エクスプローラーの処理の詳細を見ていきましょう。

(1) maze_data1.pyからデータを受け取る

labyrinth_explorer.pyは、maze_data1.pyとセットで動作するプログラムです。maze_data1.pyに定義したデータを、labyrinth_explorer.pyで受け取る仕組みになっています。その方法について説明します。

labyrinth_explorer.pyの3行目でmaze_data1をインポートしています。

```
03 import maze_data1
```

maze_data1.pyに定義した迷路のデータを扱うために、labyrinth_explorer.pyの6行目でMAZEという配列を宣言しています。MAZE = maze_data1.DATAという記述で、maze_data1.pyにあるDATA[行][列]の中身を参照できる、MAZE[行][列]という二次元配列が作られます。

7～8行目で、maze_data1.pyに定義した関数を呼び出し、迷路は何行何列のマスでできているか、1マスの大きさ、迷路の壁の色、プレイヤーの初期座標と向きを受け取って、変数に代入しています。

```
06 MAZE = maze_data1.DATA
07 ROW, COL, SIZE, COLOR1, COLOR2 = maze_data1.get_param()
08 pl_x, pl_y, pl_a = maze_data1.init_player()
```

SIZEに代入される値は、画面左側の二次元の地図を描くとき、壁1つ分や床1つ分のピクセル数になります。具体的には、SIZEに24を代入しています。

(2) maze_data1.pyの関数

labyrinth_explorer.pyの7～8行目で受け取る値を確認するために、ここでいったん、maze_data1.pyをエディタで開いて、プログラムを見てみましょう。maze_data1.pyには、get_param()とinit_player()という2つの関数があります。

①get_param()関数（22・23行目）

この関数は、21行目のコメントのとおり、迷路の行数（y方向に何マスあるか）、列数（x方向に何マスあるか）、1マスの大きさ、x軸方向の壁の色、y軸方向の壁の色を返します。

```
21 # 行数、列数、1マスの大きさ、横方向の壁の色、縦方向の壁の色を返す
22 def get_param():
23     return len(DATA), len(DATA[0]), 24, "#40c0ff", "#80ff80"
```

三次元空間を描くとき、壁の向きの違いで、明るい水色と明るい緑で壁を塗り分けています（画面左側の地図上のx軸に平行な壁と、y軸に平行な壁の色を変えています）。それらの色を、この関数で返しています。labyrinth_explorer.pyの56行目のif文で、y軸に平行な壁を判定して色を塗り分けています。

23行目のlen()は、len(二次元配列)と記述すると、その二次元配列の行数が返ります。また、len(一次元配列)と記述すると、その一次元配列の要素数が返ります。つまり、len(DATA)で迷路がy方向に何マスあるかを返し、len(DATA[0])でx方向に何マスあるかを返しています。

②init_player()関数（26・27行目）

この関数は、プレイヤーの初期座標と向きを返します。プレイヤーの初期座標を、図B-8のように(36, 36)としています。

```
25 # プレイヤーの初期座標と向きを返す
26 def init_player():
27     return 36, 36, 0
```

ラビリンス・エクスプローラーは、迷路の1マスの幅と高さを24ピクセルとしていますが、この値は自由に変えることができます。また、プレイヤーがどこからスタートするかも、初期座標を変更することで変えることができます。

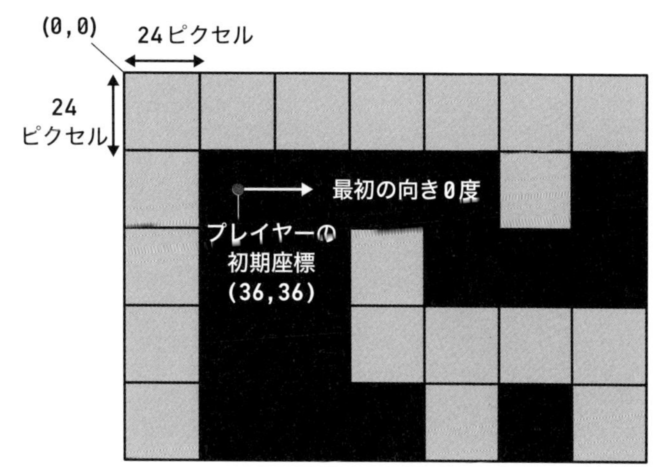

▲図B-8　プレイヤーの初期座標と向き

(3) labyrinth_explorer.pyに定義した関数

ゲーム本体のプログラムであるlabyrinth_explorer.pyの確認に戻ります。labyrinth_explorer.pyには、次の5つの関数を定義しています。

①wall(x, y)関数（12〜15行目）

引数(x, y)の位置が壁かを調べる関数です。壁ならTrueを返し、そうでないならFalseを返します。この関数は、ax, ay = int(x/SIZE), int(y/SIZE)という式で、引数の座標xをSIZEで割った整数をaxに代入し、座標yをSIZEで割った整数をayに代入しています。axが二次元配列MAZE[行][列]の列の値、ayが行の値になります。

座標を配列の添え字に変換する計算を、第8章のシューティングゲームで学びましたね。wall()関数で行っている計算の意味があいまいな方は、p.227で復習しましょう。

②pkey(e)関数（17〜33行目）

キーボードのキーを押したときに呼び出す関数です。左右キーを押したときの処理から説明します。

```
19      key = e.keysym
20      if key=="Left": pl_a -= 10
21      if key=="Right": pl_a += 10
22      if pl_a<0: pl_a += 360
23      if pl_a>359: pl_a -= 360
```

20行目のif文で、カーソルキーの←（左）を押したらpl_aを10減らし、21行目のif文で、→（右）を押したらpl_aを10増やしています。22〜23行目のif文で、pl_aが0〜359の範囲で変化するようにしています。

次に、カーソルキーの↑↓（上下）を押したときの処理を説明します。

```
24      s = 0
25      if key=="Up": s = 1
26      if key=="Down": s = -1
27      if s!=0:
28          xp = s*math.cos(math.pi*pl_a/180)
29          yp = s*math.sin(math.pi*pl_a/180)
30          for i in range(5):
31              if wall(pl_x+xp, pl_y+yp): break
32              pl_x += xp
33              pl_y += yp
```

この部分で、↑（上）キーを押したら前に進めるかを調べ、進めるなら前進し、↓（下）キーを押したら向いている反対方向に進めるかを調べ、進めるなら後退する計算をしています。

24行目で変数sに0を代入しておき、25〜26行目で↑（上）キーが押されたら1を、↓（下）キーが押されたら-1を代入します。

前後に移動する際、進む先に壁があるなら、それ以上は進まないようにしています。その処理を28〜33行目で行っています。

28〜29行目で、進む向きのx軸方向の変化量をxpに代入し、y軸方向の変化量をypに代入しています。xpとypの値は、プレイヤーの向きを代入したpl_aの値から、三角関数を使って計算しています。↓（下）キーで後退するときは、sに-1を代入するので、xpとypはプレイヤーの向きと逆に進ませるための値になります。

31行目のif文で、(pl_x+xp, pl_y+yp)の位置が壁かを調べ、壁なら繰り返しを中断します（図B-9）。進む先が壁でないなら、x座標にxpの値を加え、y座標にypの値を加えて、座標を変化させています。

xp、ypはそれぞれ-1から1の間の数です。進む先に壁がなければ、x座標にはxpを5回加え、y座標にはypを5回加えています。30行目のfor文の

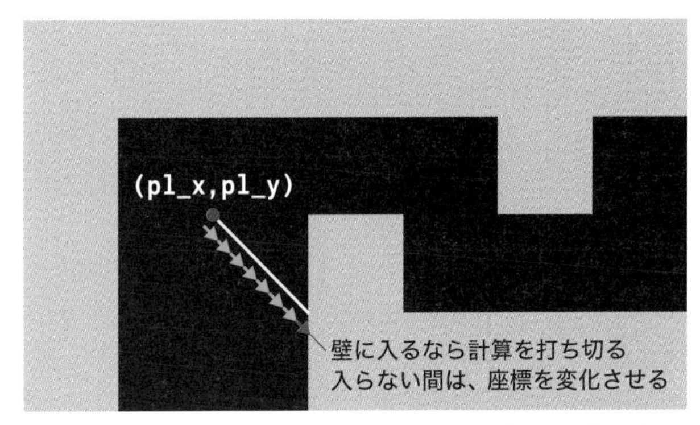
(pl_x,pl_y)
壁に入るなら計算を打ち切る
入らない間は、座標を変化させる

▲図B-9　プレイヤーの座標を変化させる際、壁に入らないようにする

繰り返し回数を増やすと、↑↓（上下）キーを押したときに移動する距離が大きくなります。

このように繰り返しを使って座標を少しずつ変化させることで、壁のすぐ隣までプレイヤーを移動させることができます。

③draw_3d_space(sx, sy, sa)関数（35〜60行目）

三次元空間を描画する関数です。引数は、プレイヤーの座標と、向きです。この関数には、**プレイヤーが見ている正面の左手45度から、右に向かって90度の範囲で壁までの距離を測り、その距離から壁を描く**処理を記述しています。これが、ラビリンス・エクスプローラーの肝心かなめとなる処理です。この関数の詳細を次の節で説明します。

draw_3d_space()が、このプログラムの最も重要な関数です。次節でじっくり確認します。

④draw_2d_map()関数（64〜71行目）

迷路の二次元の地図を表示する関数です。変数yとxを使ったforの二重ループで迷路のデータを調べ、壁があるところを矩形の描画命令で塗って、地図を描いています。

また、この関数では、プレイヤーのいる地図上の位置に赤丸を描き、地図の下にプレイヤーの座標と向きの値を表示しています。

⑤main()関数（73〜80行目）

画面に描いたものをすべて消し、draw_2d_map()とdraw_3d_space()関数を呼び出して、二次元の地図と三次元の空間を描いています。

プレイヤーがゴールに達したら、そのことをcreate_text()で画面に表示しています。ゴールに到達しない間は、after()命令でmain()を呼び出し続け、リアルタイム処理を行っています。

関数に役割分担させる大切さがよくわかりました。RPGのパーティで、腕力のある戦士は肉弾戦、回復魔法の得意な神官は後方支援など、役割分担して効率よく戦うのと似ていますね！

そうですね、役割分担は様々な分野で大切なものです。仕事や学校行事でも皆が力を合わせると、何倍もの成果が出たりします。プログラムも、それぞれの役割を持つ関数を定義して、うまく使えば、ムダのない処理を実行できます。そうすることでバグも起きにくくなりますよ。

特別付録 3Dダンジョン探検プログラムで学ぼう

B6 三次元空間の表現技法を理解しよう

最後に、三次元の迷路を描くdraw_3d_space()関数について説明します。

(1) draw_3d_space()を確認しよう

35〜60行目に定義したdraw_3d_space()関数を抜き出して確認します。

```
35 def draw_3d_space(sx, sy, sa):
36     cvs.create_rectangle(480, 0, 1200, 300, fill="navy", outline="")
37     for i in range(20): # 床の描画
38         col = "#{:02x}{:02x}{:02x}".format(192-8*i, 224-8*i, 255-8*i)
39         cvs.create_rectangle(480, 300+15*i, 1200, 300+15*(i+1), fill=col, outline="")
40     wall_w = 4
41     wall_x = 482
42     wall_y = 300
43     rd = -45
44     for i in range(180):
45         rx, ry = sx, sy
46         xp = math.cos(math.pi*(sa+rd)/180)/5
47         yp = math.sin(math.pi*(sa+rd)/180)/5
48         while wall(rx, ry)==False:
49             rx += xp
50             ry += yp
51         cvs.create_line(sx, sy, rx, ry, fill="yellow")
52         dis = math.sqrt((rx-sx)**2 + (ry-sy)**2) * math.cos(math.pi*rd/180)
53         wall_h = 8000/dis
54         if wall_h>HEIGHT: wall_h = HEIGHT
55         col = COLOR1
56         if wall(rx-0.5, ry)==False or wall(rx+0.5, ry)==False:
57             col = COLOR2
58         cvs.create_rectangle(wall_x-wall_w/2, wall_y-wall_h/2, wall_x+wall_w/2, wall_y+wall_h/2,
fill=col, outline="")
59         wall_x += wall_w
60         rd = rd + 0.5
```

迷路の壁を描くために、表B-4のローカル変数を関数内で宣言しています。

関数の中で宣言した変数を**ローカル変数**といい、関数の外で宣言した変数を**グローバル変数**といいます。

▼表B-4 壁を描くためのローカル変数

変数名	宣言した行番号	用途
wall_w	40	壁1枚当たりの幅
wall_x、wall_y	41、42	壁の中心座標
rd	43	プレイヤーの正面の左手45度から計算を始めるための変数
wall_h	53	プレイヤーと壁の距離から計算した壁の高さ

これらの変数を使って、縦に細長い矩形を、左から右に180枚並べ、プレイヤーの正面に見える壁を描いています。その計算方法を（2）～（5）で説明します。

(2) draw_3d_space()関数の引数

この関数は、引数sx、syにプレイヤーの位置（座標）、saにプレイヤーの向きを与えて呼び出します。saの角度を中心に、左に45度から右に45度、全部で90度の範囲に光を放ち、壁までの距離を測ります(図B-10)。光線の角度を変えていく計算に変数rdを使っています。

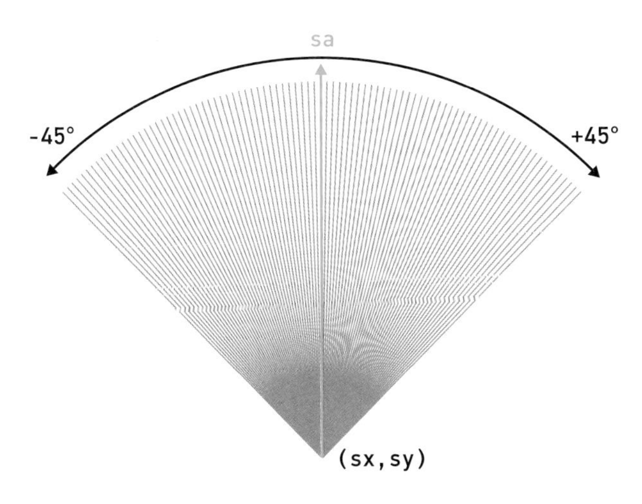

▲図B-10　光線を発射する範囲

「光線を発射（光を放つ）」という言葉は本当に光線を発射するのではなく、視線の先にある壁までの距離を測る方法の例えです。暗闇の中で、懐中電灯の光を左から右に向かって動かしながら、先にあるものを探る様子を想像してみましょう。このプログラムで使っているレイキャスティングのアルゴリズムは、そのようなイメージの計算を行っています。

(3) レイキャスティングのアルゴリズム

レイキャスティングのアルゴリズムについて説明します。

プレイヤーの正面の左手45度から計算を始めるために、43行目で変数rdに-45を代入しています。続く44行目の変数iを使ったfor文で、180回繰り返し、60行目でrdを0.5増やすことで、90度の範囲に光線を放ちます。

つまり、このプログラムでは、180本の光線を0.5度刻みで飛ばしています。180×0.5＝90の90が光を放つ範囲です。このプログラムでは光を0.5度刻みで飛ばしていますが、より小さな値ずつ変化させると、より正しく距離を計測でき、また壁を細かく描けるので、三次元空間をよりきれいに表現できます。ただし、距離の計算には一定の時間を費やすので、あまりに小さな値ずつ変化させると、計算時間が長くなり、処理が遅くなります。

光線を飛ばし始める座標は、引数のsx、sy（プレイヤーの位置）です（図B-11）。それらの値を45行目で変数rxとryに代入しています。また、46～47行目で、光線の座標を変化させるための値を、変数xpとypに代入しています。

```
45          rx, ry = sx, sy
46          xp = math.cos(math.pi*(sa+rd)/180)/5
47          yp = math.sin(math.pi*(sa+rd)/180)/5
```

xpとypに座標の変化量を代入しており、その計算に三角関数を使っています。

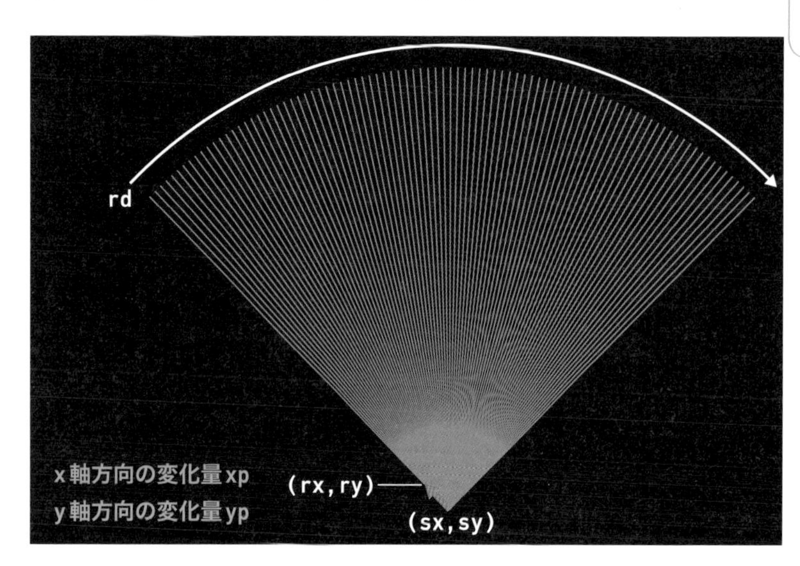

▲図B-11　光線を飛ばすために使う変数

三角関数の引数には、ラジアンの値を与えます。math.piがπ(3.141592653589793) です。

46〜47行目の式に5で割る記述があります。三角関数の計算結果をこのように割っているのは、xpとypをなるべく小さな値とし、壁までの距離を正確に測るためです。5で割らなくても距離を測れますが、割らないと、近接する複数の壁の距離が似た値となり、三次元空間を描く際に、壁がデコボコします。コードから/5を省いて実行すると、それを確認できます。

もっと大きな数で割ると、距離の計測がより正確になり、滑らかな壁を描くことができますが、あまりにも大きな数で割ると、計測に多くの計算を費やすことになり、低スペックのパソコンなどで処理が重くなります。

48〜50行目で光線を飛ばす計算を行っています。while文の条件式をwall(rx, ry)==Falseとし、rxにxpを加え、ryにypを加えることを、光が壁に達するまで繰り返します。wihle文が中断したとき、rxとryには、プレイヤーから放った光が、壁に当たったときの座標が代入されています。

```
48          while wall(rx, ry)==False:
49              rx += xp
50              ry += yp
51          cvs.create_line(sx, sy, rx, ry, fill="yellow")
```

wall()関数は、引数の座標が壁ならTrueを返します。

51行目で(sx, sy)と(rx, ry)を黄色の線で結び、光線を描いています。光線は、二次元の地図の上に描きます。この線は、レイキャスティングのアルゴリズムを理解するためのもので、コメントアウトしたり削除したりしても、三次元空間の計算に影響はありません。

(4) 壁までの距離を求める式

プレイヤーから放った光が壁に到達するまでの距離を、次の式で変数disに代入しています。

```
52        dis = math.sqrt((rx-sx)**2 + (ry-sy)**2) * math.cos(math.pi*rd/180)
```

この式は、2点間の距離を求める公式$\sqrt{(x_1 - x_2)^2 + (y_1 - y_2)^2}$に、三角関数のcos()の値を掛ける、複雑な式になっています。math.cos(math.pi*rd/180)を掛ける理由は、(6) で説明します。次の(5) で、この式で求めた距離から壁の高さを決める計算について説明します。

(5) 距離から壁の高さを決める

53行目で壁の高さを計算し、54行目のif文で、それがウィンドウの高さであるHEIGHTの値を超えないようにしています。HEIGHTには、5行目で600を代入しています。

```
53        wall_h = 8000/dis
54        if wall_h>HEIGHT: wall_h = HEIGHT
```

物体までの距離が遠いほど、その物体の見た目のサイズは小さくなります。wall_hの値を計算する式が、遠くのものは小さく見え、近くのものは大きく見えるという原理を表現するための式です（図B-12）。ある値（このプログラムでは8000）を距離で割って壁の高さを決めれば、遠くの壁を低く、近くの壁を高くすることができます。

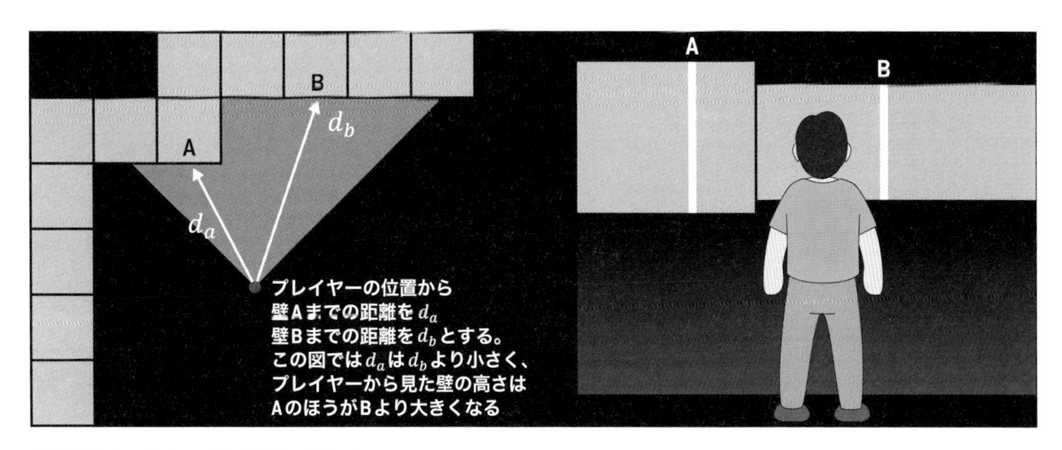

▲図B-12　壁の高さを計算で決める

今回は8000という値を使いましたが、この数値を変えると壁の高さが変わり、迷路の雰囲気や遠近感などが変化します。1000～20000くらいの範囲で変更して試してみましょう。

(6) 壁の湾曲を防ぐ計算を入れる

dis = math.sqrt((rx-sx)**2 + (ry-sy)**2)に、math.cos(math.pi*rd/180)を掛ける理由を説明します。

この式を理解するために、一度、math.cos(pi*rd/180)を掛けない状態にしてみましょう。52行目をdis = math.sqrt((rx-sx)**2 + (ry-sy)**2) # * **math.cos(math.pi*rd/180)**のように * math以降をコメントアウトして実行し、迷路の中を歩いてみてください。すると、プレイヤーの位置によって、図B-13のように壁が湾曲する（曲がって弓形になる）ことがわかります。

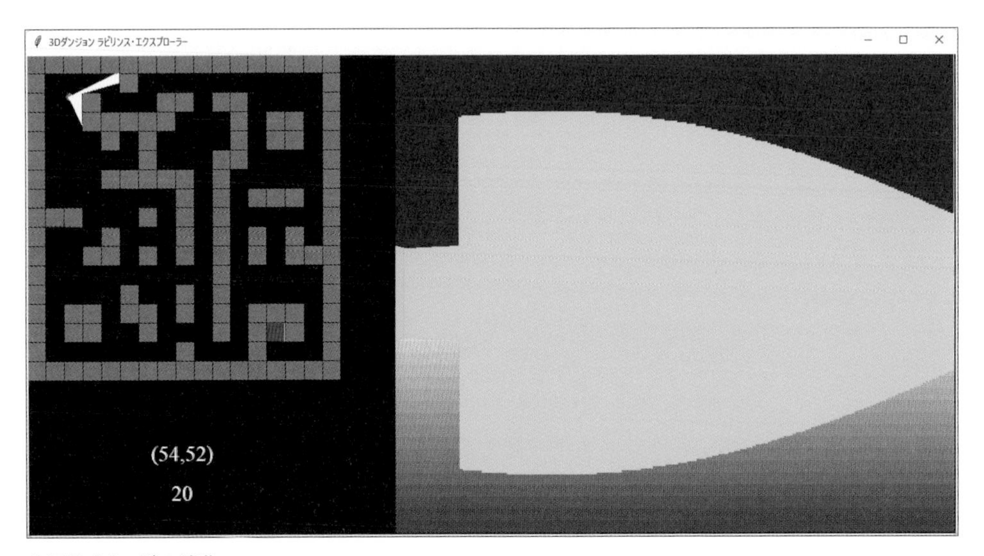

▲図B-13　壁の湾曲

湾曲する理由を、図B-14を使って説明します。

▲図B-14　壁までの距離

d_aがプレイヤーの位置（視点）から壁のAの位置までの距離、d_bが壁のBの位置までの距離です。プレイヤーがこの図の正面の壁を見るとき、$d_a > d_b$になります。図B-14の2つの黄色い線の長さのまま、「高さ $= 8000 \div$ 距離」で壁の高さを決めると、Bのほうが Aより高い壁になります。これが壁の歪みの原因です。図B-14のような壁とプレイヤーの位置関係において、三次元空間を描く壁の高さは、AもBも同じでなくてはなりません。

$\cos\theta$を掛けて距離を補正することで、Aまでの距離とBまでの距離を同じ値にすることができます。具体的には、図B-14のd_aに$\cos\theta$を掛けると、その値はd_bになります。つまり、距離を$r \times \cos\theta$と計算して求めることで、Aまでの距離とBまでの距離が同じ値になります。

$\cos\theta$を掛けて距離を補正

三角関数の定義より、$\cos\theta = \dfrac{d_b}{d_a}$

距離$\mathrm{dis} = d_a \times \cos\theta = d_a \dfrac{d_b}{d_a}$

よって$\mathrm{dis} = d_b$

角度θは、光を放つ計算に用いている変数rdの値です。このように、視線の先にある壁までの距離を、三角関数で補正することで、壁の湾曲を防ぐことができます。

なるほど。地図や迷路の描画で数学的な計算がたくさん出てきますね。がんばって学びます！

これらは、三次元空間を描く計算として最低限必要な式です。ここまで学んだ知識で読み解けるはずです。自信を持ちましょう。

COLUMN

オリジナルの迷路を作ろう

迷路のデータを定義したmaze_data1.pyを参考に、オリジナルの迷路作りに挑戦してみましょう。ラビリンス・エクスプローラーでは、迷路の大きさ（二次元配列の行と列の数）、1マスの大きさ、壁の色などを自由に設定できます。

新しい迷路を作る場合は、maze_data1.pyを直接書き換えるのではなく、maze_data2.pyなどのファイル名で、別のデータファイルを用意するとよいでしょう。たとえば、maze_data2.pyというファイルを作った場合は、labyrinth_explorer.pyの3行目と6〜8行目を、次のように書き換え、maze_data2.pyをインポートします。

```
01 import tkinter
02 import math
03 import maze_data2
04
05 WIDTH, HEIGHT = 1200, 600
06 MAZE = maze_data2.DATA
07 ROW, COL, SIZE, COLOR1, COLOR2 = maze_data2.get_param()
08 pl_x, pl_y, pl_a = maze_data2.init_player()
```

こうすれば、迷路を定義した複数のファイルを作り、色のついた数字だけを書き換えることで、色々な迷路の探検を楽しむことができます。以下は、真ん中に1本の柱だけがある、シンプルな正方形の部屋（図C）を定義した例です。

```
01 DATA = [
02     [9,9,9,9,9],
03     [9,0,0,0,9],
04     [9,0,9,0,9],
05     [9,0,0,0,9],
06     [9,9,9,9,9]
07 ]
08
09 def get_param():
10     return len(DATA), len(DATA[0]), 80, "#ffa0ff", "#ffc080"
11
12 def init_player():
13     return 120, 120, 45
```

この例にはゴールを設けていません。ゴールを設けるときは、その位置の配列の値を1にします。

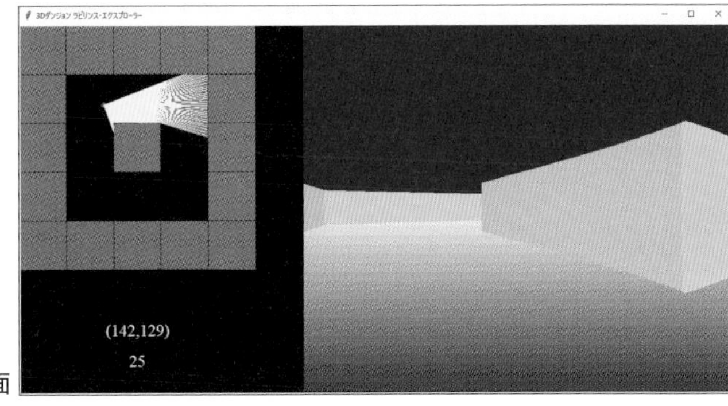

▶図C　新しい迷路の実行画面

おわりに

本書で最後まで学んでいただき、本当にありがとうございました。

本書を執筆する機会を与えてくださったインプレスの皆様に御礼申し上げます。

数あるプログラミング言語の中で、Pythonは近年、人気が高まり、ソフトウェア開発に利用する言語の1つとして採用する企業が増えました。また、学習用のプログラミング言語として、Pythonを使う教育機関も増えました。本書を読破された方は、Pythonでプログラミングをする、骨太の技術が身についたことでしょう。

また、自分でゲームを作りたい、あるいはゲームクリエイターを目指したいという方は、本書でゲーム開発の基礎知識を習得できたことでしょう。ゲーム制作は、プログラミングの知識を総動員して行う必要があるため、作れば作るほど、プログラミングの力が伸びます。様々なオリジナルゲームを制作して腕を磨きましょう。1から作るのはまだ難しいという方は、本書のゲームを改造してみましょう。プログラムを改造することでも、知識や技術力を伸ばすことができます。

本書が、皆様の目標や夢の一助となることを願っています。

廣瀬 豪

著者紹介

- **廣瀬 豪（ひろせ つよし） ゲームクリエイター／ゲーム制作技術伝承者**

早稲田大学理工学部卒。ナムコと任天堂子会社で働いた後、ゲーム制作会社を設立し、セガ、タイトー、ケムコなどのゲームを100タイトル以上開発してきた。現在は、技術書の執筆、プログラミングやゲーム開発の指導、教育番組のプログラミングコーナーの監修などを行っている。
プログラミングは中学生から始め、C/C++、C#、Java、JavaScript、Python、Scratch、アセンブリ言語など、様々な言語でゲーム開発やアルゴリズム研究を続けている。著書は、『7大ゲームの作り方を完全マスター! ゲームアルゴリズムまるごと図鑑』（技術評論社）、『野田クリスタルのこんなゲームが作りたい! Scratch3.0対応』（インプレス・共著）、『Pythonでつくる ゲーム開発 入門講座』（ソーテック社）ほか多数。

参加クリエイター

イラストレーター

- 師匠と弟子　**石原 洋香**
- 第5章 モグラ叩き　**日高 さくら**

第6章 テニスゲーム　**永田 もえ**

第7章 カーレース　**長尾 琉愛**

特別付録 A ヘルプ！プリンセス　**石原 美咲**

特別付録 B ダンジョン・エクスプローラー　**丸山 美咲**

第4章 COLUMN（Ninja Run）　**イロトリドリ**

第1章・第2章 COLUMN　**赤間 千紘**

ゲーム画面デザイナー

● 横倉 太樹　セキ リウタ　イロトリドリ　日高 さくら　永田 もえ

第4章 Ninja Run

第5章 モグラ叩き

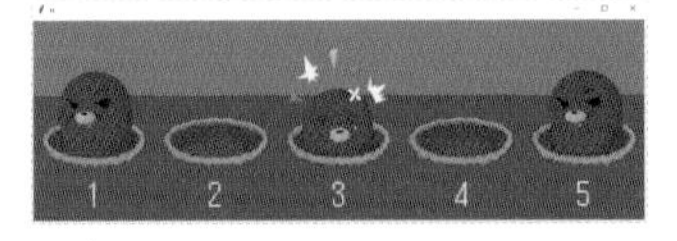

第6章 テニスゲーム

第8章 ギャラクシー・ディフェンダー

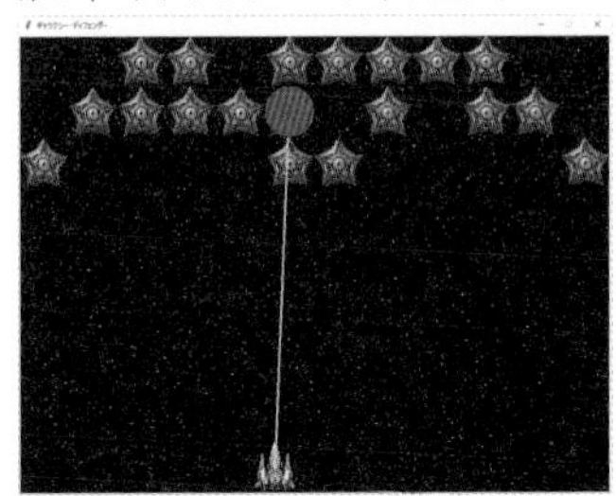

第7章 カーレース

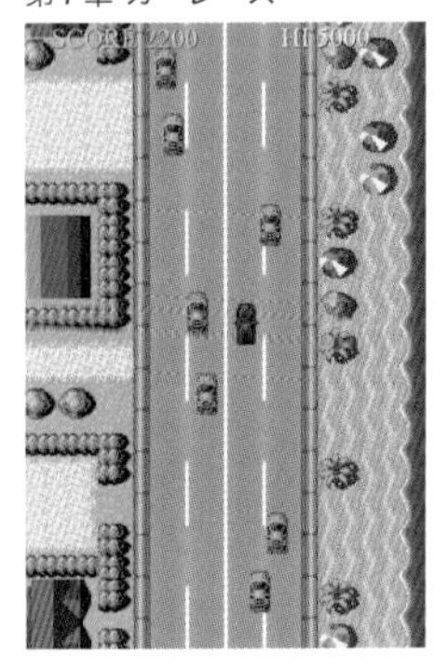

特別付録A ヘルプ！プリンセス

特別付録B ラビリンス・エクスプローラー

ドット絵デザイン

● セキ リウタ　横倉 太樹　WWSデザインチーム

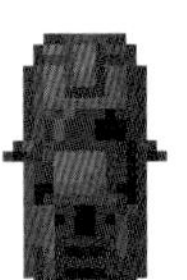

レビュー協力

廣瀬 まりあ

Special Thanks

菊地 寛之先生（学校法人 TBC学院 国際テクニカルデザイン・自動車専門学校）

索引 | INDEX

索引 | INDEX

索引 INDEX

装丁／本文デザイン　宮下裕一
DTP　株式会社シンクス
編集　コンピューターテクノロジー編集部
校閲　東京出版サービスセンター

■商品に関する問い合わせ先
このたびは弊社商品をご購入いただきありがとうございます。本書の内容などに関するお問い合わせは、下記のURLまたは二次元バーコードにある問い合わせフォームからお送りください。

https://book.impress.co.jp/info/

上記フォームがご利用いただけない場合のメールでの問い合わせ先
info@impress.co.jp
※お問い合わせの際は、書名、ISBN、お名前、お電話番号、メールアドレス に加えて、「該当するページ」と「具体的なご質問内容」「お使いの動作環境」を必ずご明記ください。なお、本書の範囲を超えるご質問にはお答えできないのでご了承ください。

- 電話やFAX でのご質問には対応しておりません。また、封書でのお問い合わせは回答までに日数をいただく場合があります。あらかじめご了承ください。
- インプレスブックスの本書情報ページ https://book.impress.co.jp/books/1122101052 では、本書のサポート情報や正誤表・訂正情報などを提供しています。あわせてご確認ください。
- 本書の奥付に記載されている初版発行日から3 年が経過した場合、もしくは本書で紹介している製品やサービスについて提供会社によるサポートが終了した場合はご質問にお答えできない場合があります。

■落丁・乱丁本などの問い合わせ先
FAX　03-6837-5023
service@impress.co.jp
※古書店で購入された商品はお取り替えできません。

Pythonではじめるゲーム制作 超入門
知識ゼロからのプログラミング&アルゴリズムと数学

2023年 9 月 1 日 初版第1刷発行
2024年 11月 1 日 初版第3刷発行

著　者　廣瀬 豪（ひろせ つよし）

発行人　高橋隆志

発行所　株式会社インプレス
〒101-0051　東京都千代田区神田神保町一丁目105番地
ホームページ　https://book.impress.co.jp/

印刷所　シナノ書籍印刷株式会社

ISBN978-4-295-01765-3 C3055

Printed in Japan